第２章　付属地図ファイルで白地図を作ろう
アジア
アフリカ
オセアニア
ヨーロッパ
南アメリカ
北アメリカ
0
400km
人口密度
（人/km²）
5,000
2,000
1,000
500
200
100
欠損値
事業者種別
JR在来線
公営鉄道
新幹線
第三セクター
民営鉄道
0
40km
第３章　都道府県別の統計地図と表現方法
（人）
12000000
0
資料：国勢調査
人口（2015年）
0
400km
（人）
20,000以上
10,000〜20,000
5,000〜10,000
資料：住民基本台帳人口移動報告年報
東京都への移動者(2015年)
0
400km

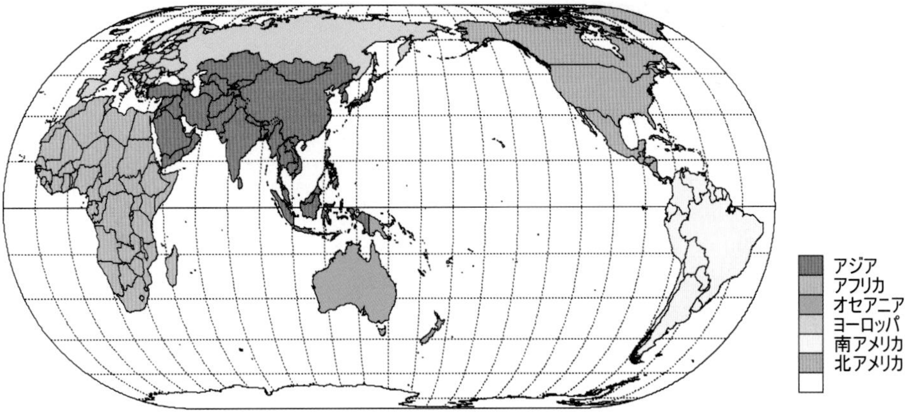

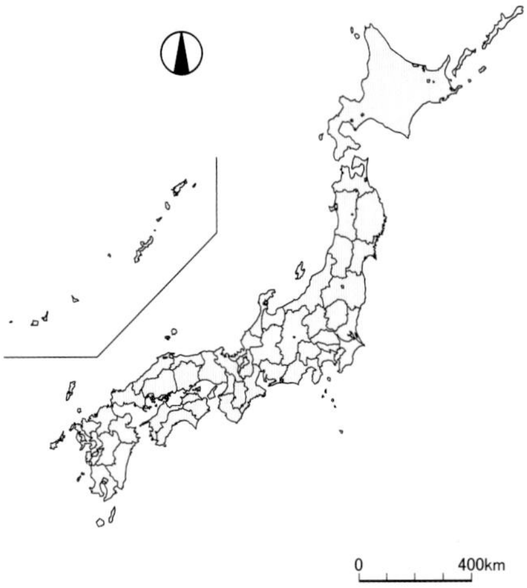

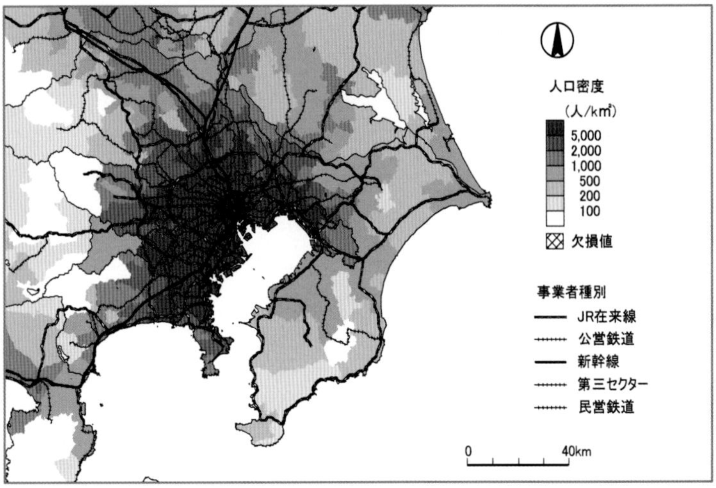

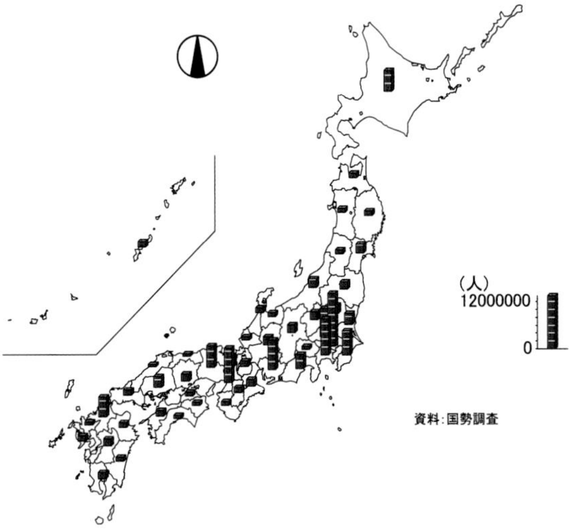

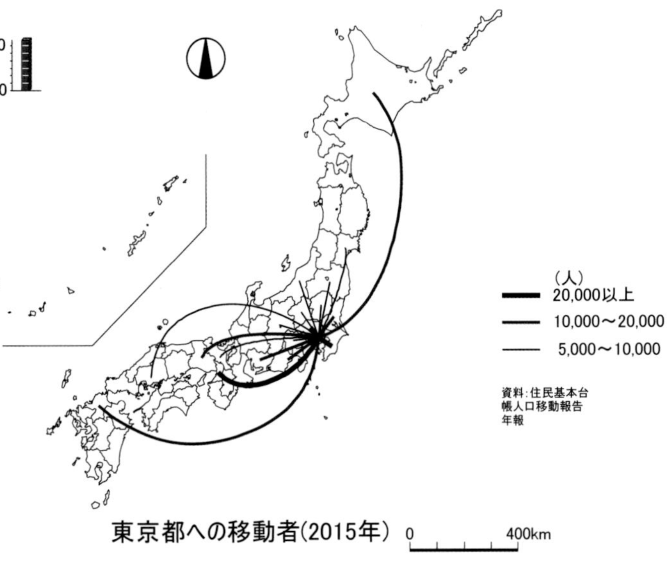

第４章　市区町村別の統計地図を作ろう

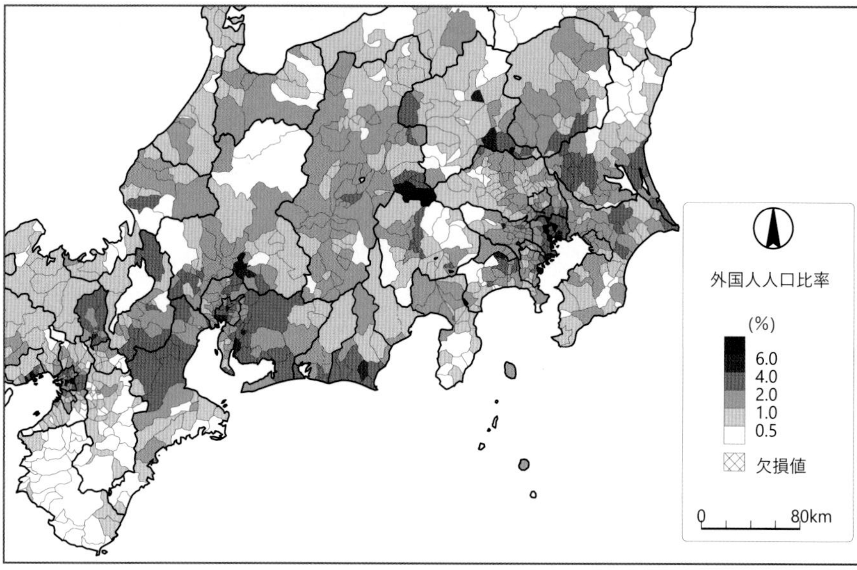

第５章　国別の出生率を地図化しよう

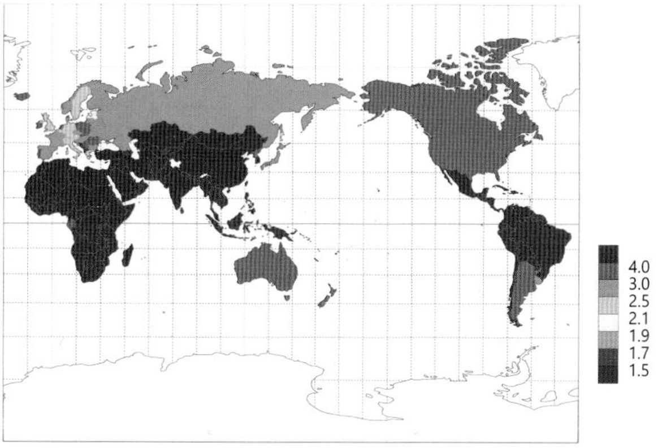

1950-1955

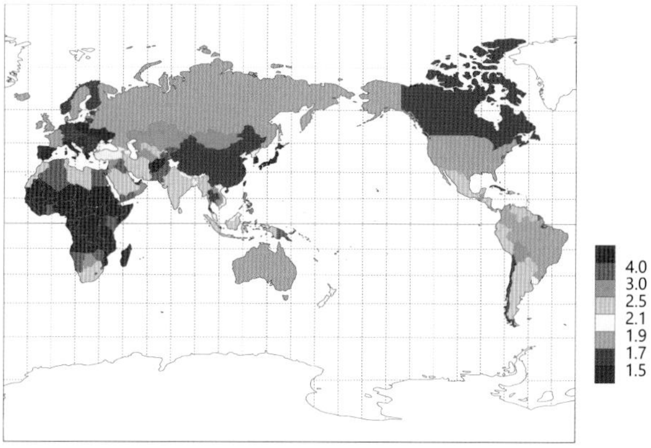

2015-2020

第６章　駅別乗車人員を地図化しよう

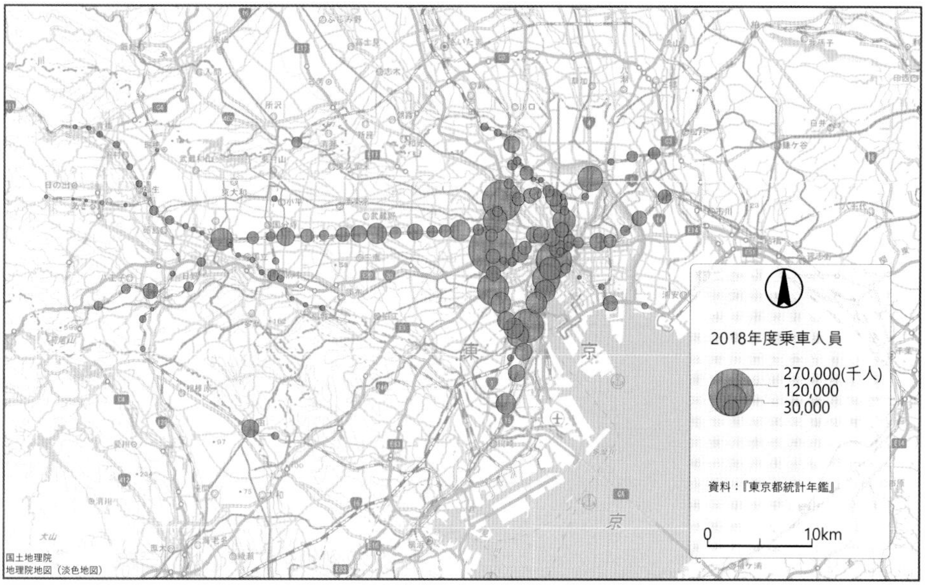

第7章　国土数値情報のシェープファイルを使おう

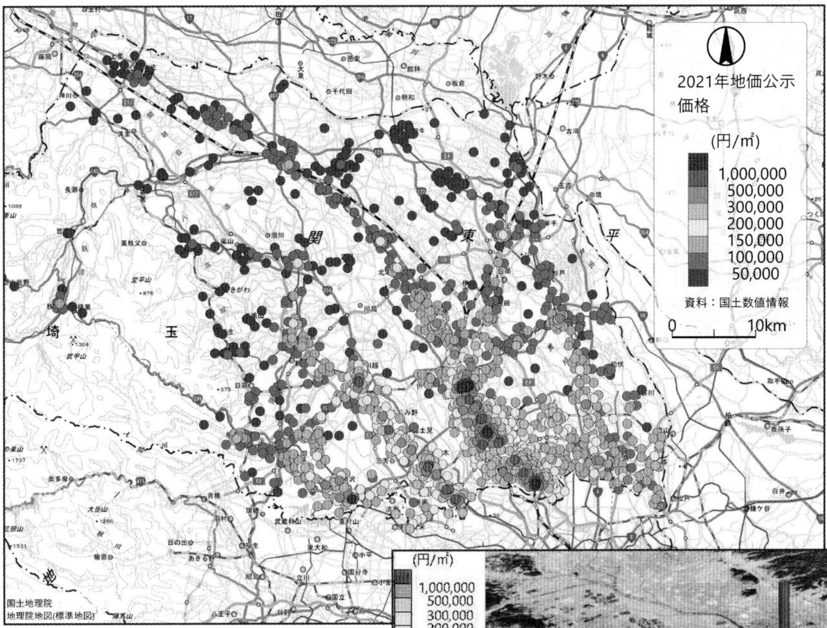

第8章　点データの読み込みとジオコーディング

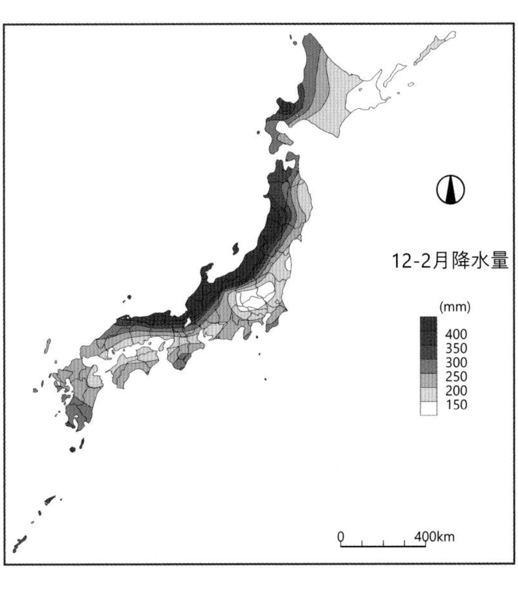

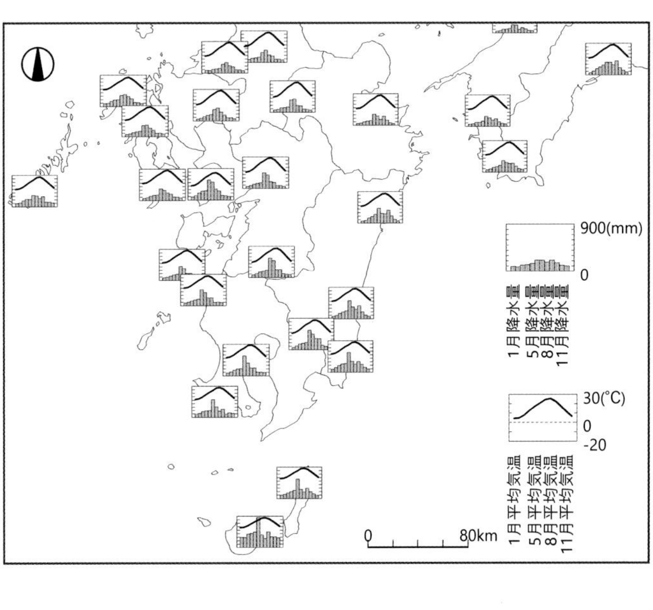

第9章　メッシュデータを地図化しよう

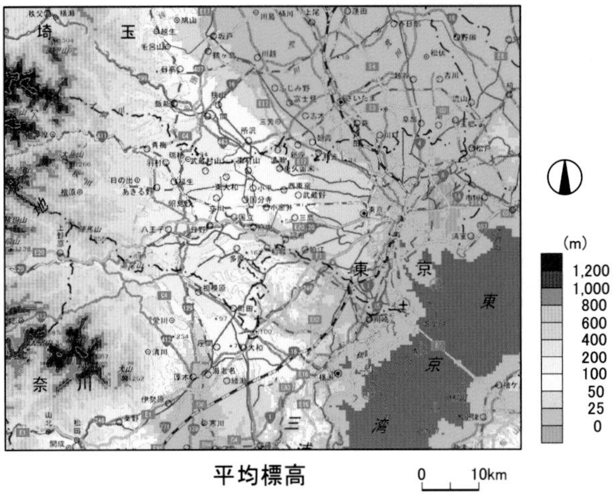

平均標高

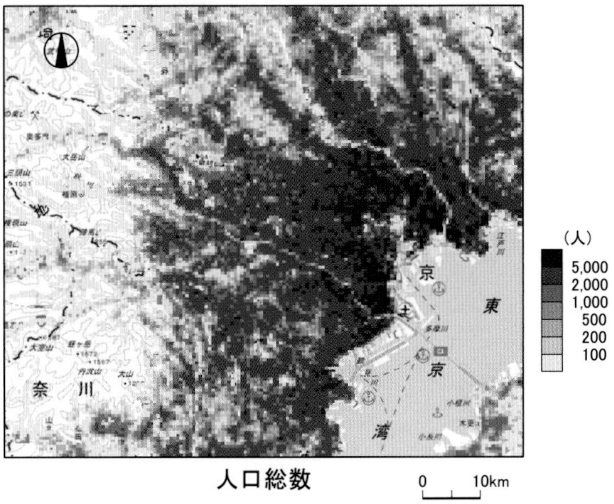

人口総数

第10章　国勢調査の小地域データを地図化しよう

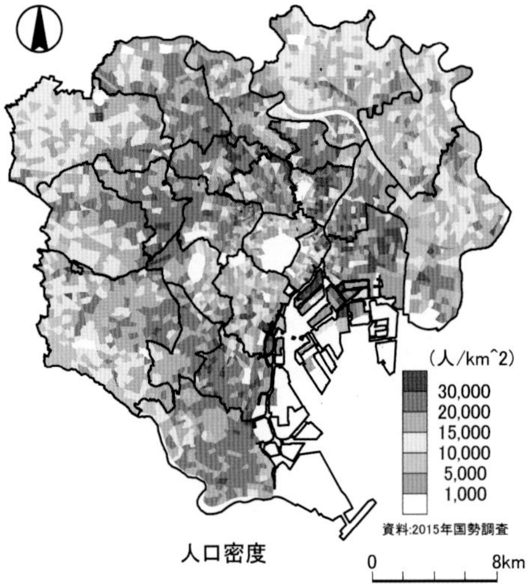

人口密度

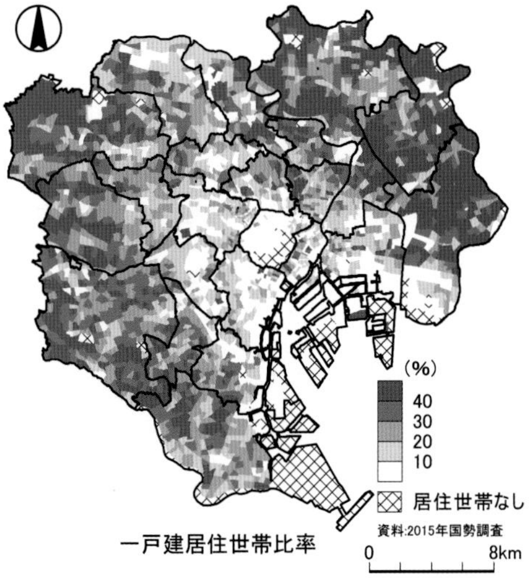

一戸建居住世帯比率

第11章　マップエディタで地図ファイルを作ろう

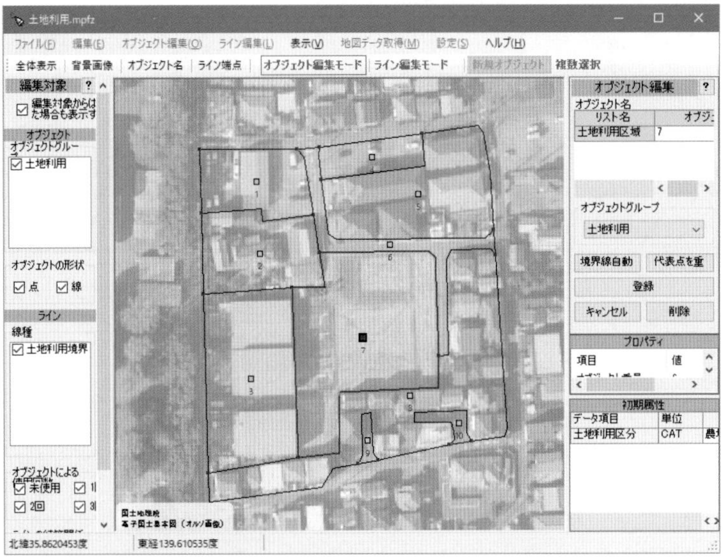

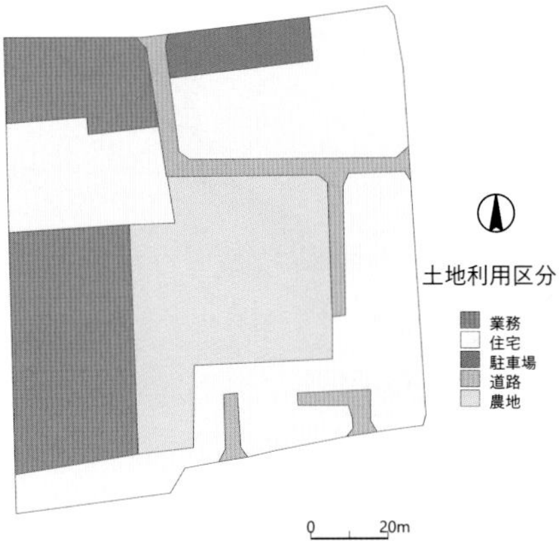

増補版

フリーGISソフト

MANDARA10入門

かんたん！オリジナル地図を作ろう

谷 謙二 著

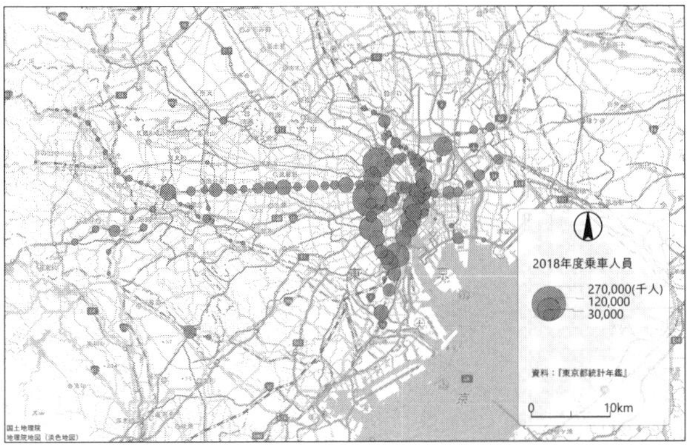

古今書院

はじめに　―増補版にあたって

データを地図化したい。そうした要望を簡単に実現するのが，地理情報分析支援システム「MANDARA」です。地理的な情報を管理し，地図化するソフトのことを地理情報システム（GIS）と呼び，さまざまな種類のシステムがあります。そうした中で，MANDARA の特徴として次のような点があげられます。

・Windows 上で動作する無料の GIS である
・GIS 特有の難しい用語を知らなくとも操作できる
・Excel 上のデータを簡単に取り込める
・市区町村地図，都道府県地図，世界地図など基本的な地図データが最初から付属している
・塗りつぶしだけでなく，記号表現や等値線等，多様な表現方法で地図化できる
・背景地図画像として，国土地理院の地理院地図など多様な外部タイルマップサービスを設定できる
・地図データを作成・編集できる

こうしたことから MANDARA は，1993 年の開発開始から 30 年近くにわたり，地理学などの学術，企業，行政，教育など多方面で利用されてきました。その間，外部の環境の変化から，MANDARA の仕様が旧式となってきたため，2018 年にプログラムを再構築した「MANDARA10（テン）」を正式版として公開しました。MANDARA10 では，従来版からの互換性を保つ一方で，より少ない手順で地図化できるよう改良しています。

本書は，開発者でもある筆者が，最短の手順で目的とする地図を作成できるよう解説した MANDARA10 の入門書です。2018 年の初版から 3 年経過し，その間ダウンロードするデータの更新，使用する Web サイトの操作の変化，MANDARA 自体の機能の追加などがありました。この増補版では，そうした変化に対応するとともに，マップエディタでの土地利用図の作成について新たに章を設けて解説しています。本書では，データの入手・設定から地図化まで，手順を追って丁寧に説明しており，基本的な内容から応用的な内容まで進みます。第 1 章から始めて，第 11 章まで終えれば，MANDARA をかなりの程度使いこなせるようになります。

MANDARA を使って地図を描きたいという人でも，そこで使われるデータはさまざまです。本書では，付属のデータに加え，「政府統計の総合窓口」の統計データや小地域データ，国土数値情報のメッシュデータ，国連の人口データなど，さまざまな外部データを使って地図化していきます。その際，世界（第 5 章），都道府県（第 3 章），市区町村（第 4 章），小地域（第 10 章），メッシュ（第 9 章），点（第 6,7,8 章）と，異なる空間スケールを取り上げています。操作を進める過程で，データの種類に応じた最適な地図表現や，MANDARA で使えるように Excel 上のデータを加工する方法について理解することができます。実際，本書では Excel 上の処理の説明にかなりのページを割いています。MANDARA は Excel を使う感覚で利用できる GIS ソフトです。

地図は，遠い－近い，広い－狭い，粗－密といった，事象の空間的関係を示すのに最も適した表現方法です。1 枚の地図で示されるすべての内容を，文章や表でわかりやすく説明することは不可能です。美しい地図は見る人にさまざまな想像力を働かせます。わかりやすく簡潔な地図表現は，作った人の意図を見る人に真っ直ぐに伝えます。MANDARA を活用して，思い通りの地図を描きましょう。最後になりますが，古今書院の原光一様には，本書の出版にご尽力いただきました。ここに感謝申し上げます。

2021 年 9 月　谷　謙二

増補版にあたっての主な変更点

第 2 章	p.20	付属地図ファイルに新しく追加された，経度 0 度を中心とする地図ファイル「WORLD2.mpfz」を紹介しています。
第 3 章	p.31	「面形状階級区分オブジェクト間の境界設定」機能，階級区分の枠の幅の変更について解説を追加しています。
第 4 章		e-Stat のダウンロード画面の変更に対応しました。
	p.51	合成オブジェクトの内訳の表示について解説を追加しました。
第 5 章		使用する出生率データを 2019 年のものに変更しました。
	p.62	地図上にデータ値を表示する方法を解説しました。
第 6 章	p.67	ダウンロードする乗客数データを 2018 年の CSV ファイルに変更しました。
	p.71	「棒の高さモード」での表示例を追加しました。
第 7 章		ダウンロードする地価公示データを令和 3 年，行政界データを令和 2 年，DID のデータを平成 27 年のものに変更しました。
	p.80	「総描の自動設定」機能について解説を追加しました。
第 8 章	p.90	「ジオコーディング」の利用元が Google Maps API から Yahoo! ジオコーダ API に変わっています。
	p.91	「緯度経度から地図化」のページについて解説を追加しました。
第 10 章		小地域データの取り込みをマップエディタから設定画面に変更しました。
	p.117	Google マップに出力していたものを Leaflet に変更しました。
第 11 章		マップエディタでの土地利用図の作成方法について新しく章を立てて解説しました。

本書で使用している MANDARA のバージョンは 10.0.1.5 です。また、本書で解説している Web サイトの画面は 2021 年 6 月から 8 月にかけてのもので，それ以降画面レイアウト等が変更されている場合もあります。

目　次

第 1 章　MANDARA をはじめよう！

1.1　MANDARA をインストールしよう

MANDARA ではさまざまなデータを地図化できますが，まずは一度使ってみないことには始まりません。さっそく MANDARA をインストールしてみましょう。インストールには，次のような Windows パソコンを用意します。「.NET Framework 4.5」は聞き慣れませんが，現在の Windows パソコンには最初から含まれています。

■インストールに必要なパソコン

OS: Microsoft Windows 7/8/8.1/10

.NET Framework 4.5 以降

必要なハードディスクの空き容量:　約 60MByte

インストールするファイルは，MANDARA の Web サイトから入手します。次の URL にアクセスし，MANDARA10 の最新バージョンをダウンロードしてください。本書はバージョン 10.0.1.5 で作成されていますが，新しいバージョンほど安定して動作します。もちろん，ソフトは無料です。

https://ktgis.net/mandara/

KTGIS.net
MANDARA
今昔マップ
研究室
Geocoding
サービス
災害関連
地理情報分析支援システム
MANDARA10
ダウンロード
エラー情報
掲示板
テキスト発売中！
機能と操作の流れ
簡単地図作成
地図ギャラリー
ドキュメント
対応OS：Windows 7/8/8.1/10
最新バージョン：10.0.1.5
エクセルで作成した地域統計データを地図化することに適した無料のGISソフトです。
幅広いユーザー層を持ち、地図を使って分析を行うさまざまな分野で利用されています。
市町村別等付属の地図データのほか、シェープファイルやKMLファイルからデータを取得できます。
塗りつぶしや記号、グラフ、等値線など多彩な表現方法でデータを地図化できます。
Webブラウザで動作する、「MANDARA-JS」試作版を公開しました（2020/4/16）
2016年公示価格

ダウンロードしたファイルを実行すると，インストーラが起動します。画面の指示に従ってインストールしてください。インストールの際は管理者権限で実行してください。

インストールすると，Windows のスタートボタン内に MANDARA が登録されます。

インストール後には，デスクトップに右のような MANDARA のアイコンが表示されます。ダウンロードしたファイルは削除しても構いません。

MANDARA10

本書では，データの編集に Microsoft Excel を使うので，同ソフトのインストールされた PC が必要です。第 7 章で使用する Google Earth もインストールしておくとよいでしょう。

なお，本書の操作画面は，OS では Windows 10 を使用し，MANDARA10 のバージョン 10.0.1.5 および Microsoft Excel for Microsoft 365 を使用しています。

1.2　MANDARA を実行しよう

インストールできたら MANDARA を実行してください。

最初の実行時に，[ドキュメント]フォルダ内に[MANDARA10]フォルダが作成され，地図ファイル等のデータファイルが作られます。

起動画面

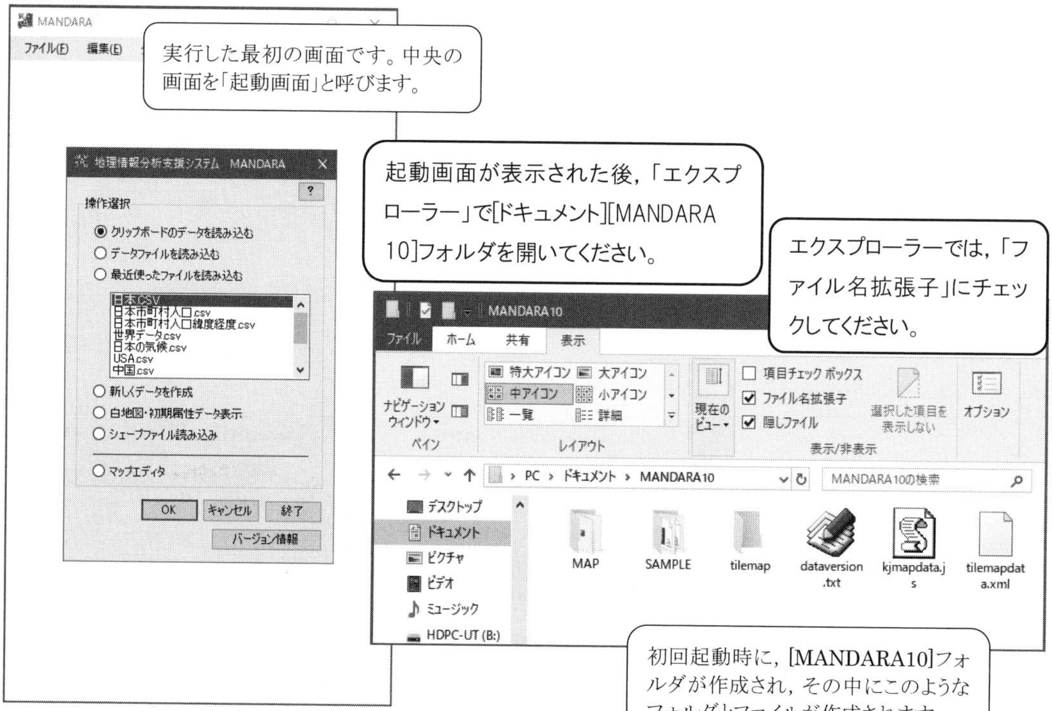

実行した最初の画面です。中央の画面を「起動画面」と呼びます。

起動画面が表示された後，「エクスプローラー」で[ドキュメント][MANDARA10]フォルダを開いてください。

エクスプローラーでは，「ファイル名拡張子」にチェックしてください。

初回起動時に，[MANDARA10]フォルダが作成され，その中にこのようなフォルダとファイルが作成されます。

[MAP]フォルダ

MANDARA 付属の地図ファイルが入っています。

[SAMPLE]フォルダ

MANDARA で表示するサンプルデータが入っています。

[tilemap]フォルダ

背景画像を表示した際に画像を保存するフォルダです。

他の 3 ファイル

背景画像表示用のデータです。

MANDARA10 を終了すると，[tilemap]フォルダはいったん削除され，ほかに描画設定の保存ファイルが追加されます。

確認したら，さっそくサンプルデータを開いて操作してみましょう。

1.3　MANDARAを操作してみよう

起動画面

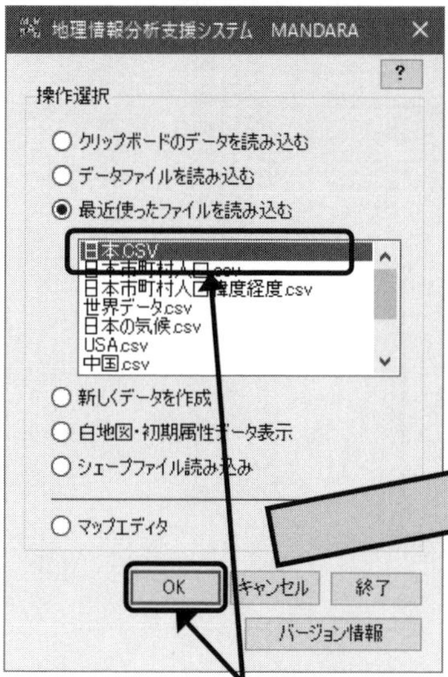

①最初の「起動画面」から「日本.CSV」を選択して[OK]をクリックします。すると，ファイルを読み込んで「設定画面」に移ります。

「日本.CSV」は，[MANDARA10][SAMPLE]フォルダに入っています。

設定画面

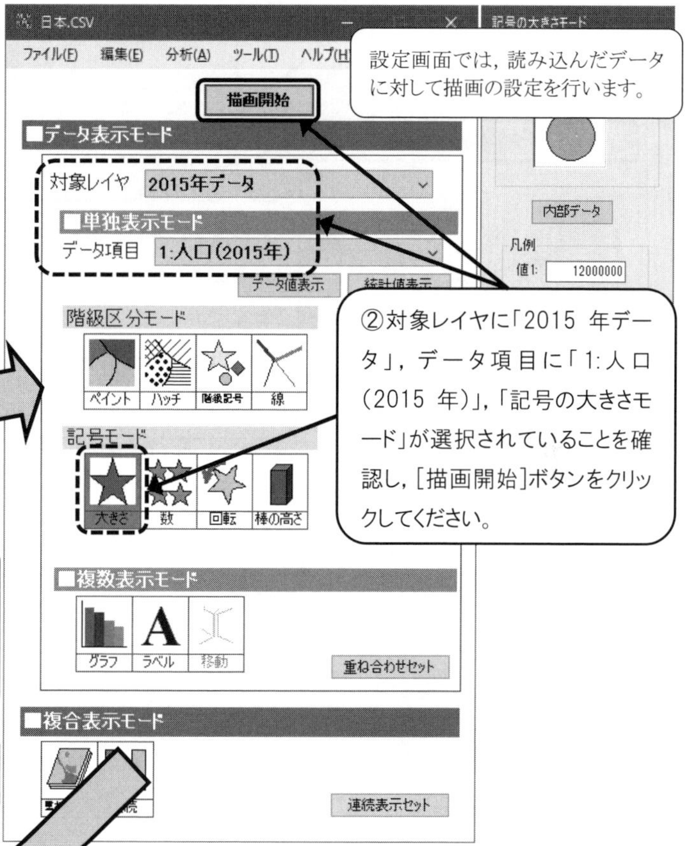

設定画面では，読み込んだデータに対して描画の設定を行います。

②対象レイヤに「2015 年データ」，データ項目に「1:人口(2015 年)」，「記号の大きさモード」が選択されていることを確認し，[描画開始]ボタンをクリックしてください。

出力画面

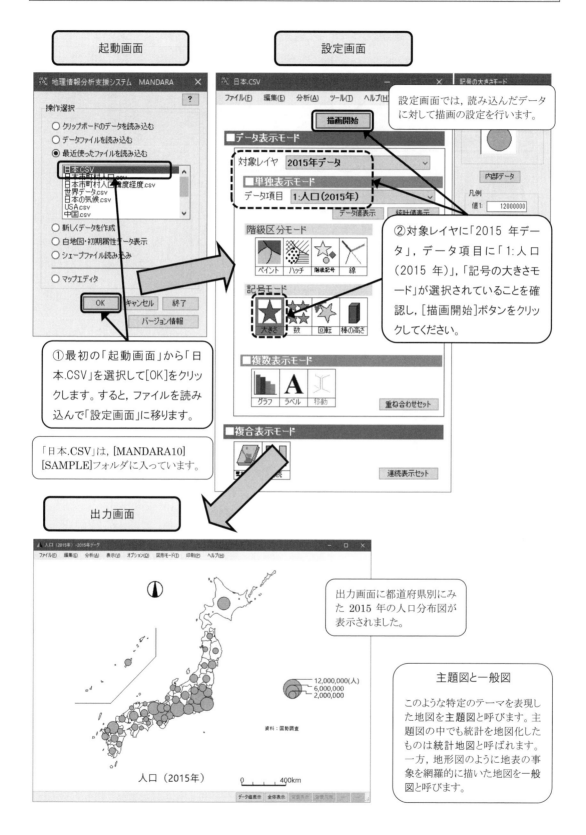

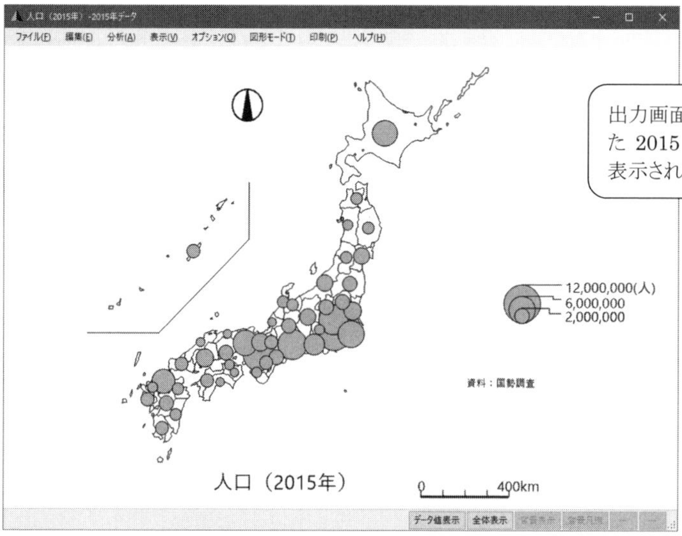

出力画面に都道府県別にみた 2015 年の人口分布図が表示されました。

主題図と一般図

このような特定のテーマを表現した地図を主題図と呼びます。主題図の中でも統計を地図化したものは統計地図と呼ばれます。一方，地形図のように地表の事象を網羅的に描いた地図を一般図と呼びます。

設定画面

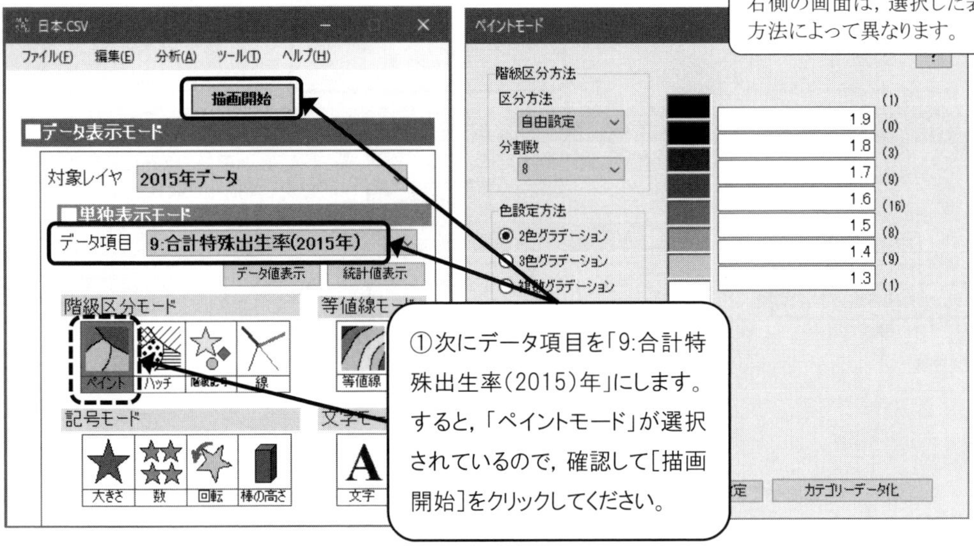

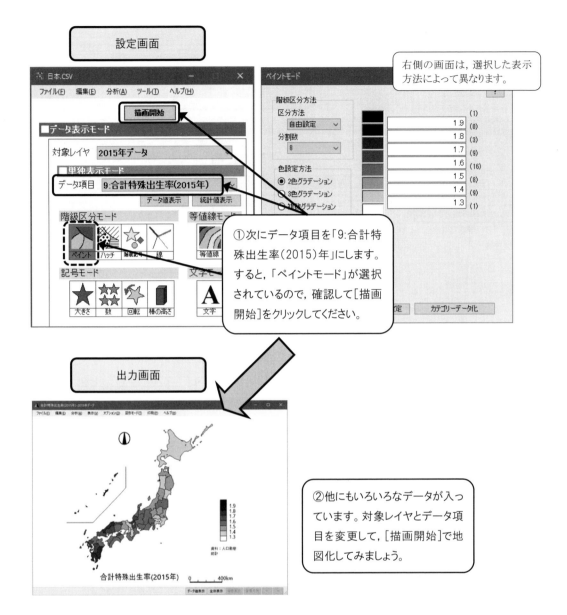

右側の画面は，選択した表示方法によって異なります。

①次にデータ項目を「9:合計特殊出生率(2015)年」にします。すると，「ペイントモード」が選択されているので，確認して[描画開始]をクリックしてください。

出力画面

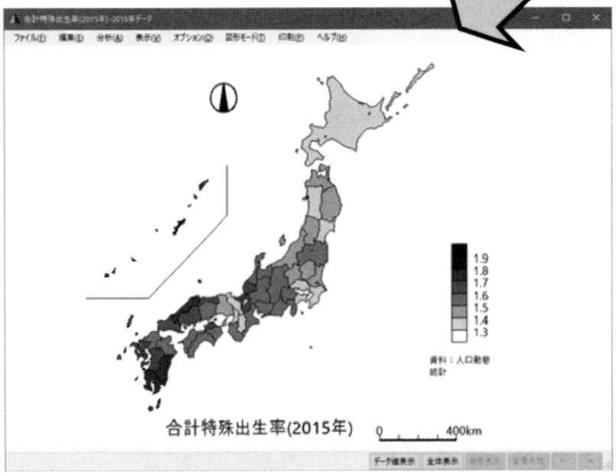

②他にもいろいろなデータが入っています。対象レイヤとデータ項目を変更して，[描画開始]で地図化してみましょう。

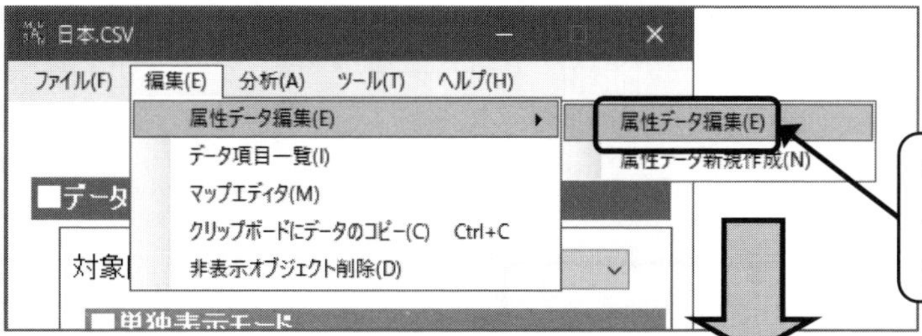

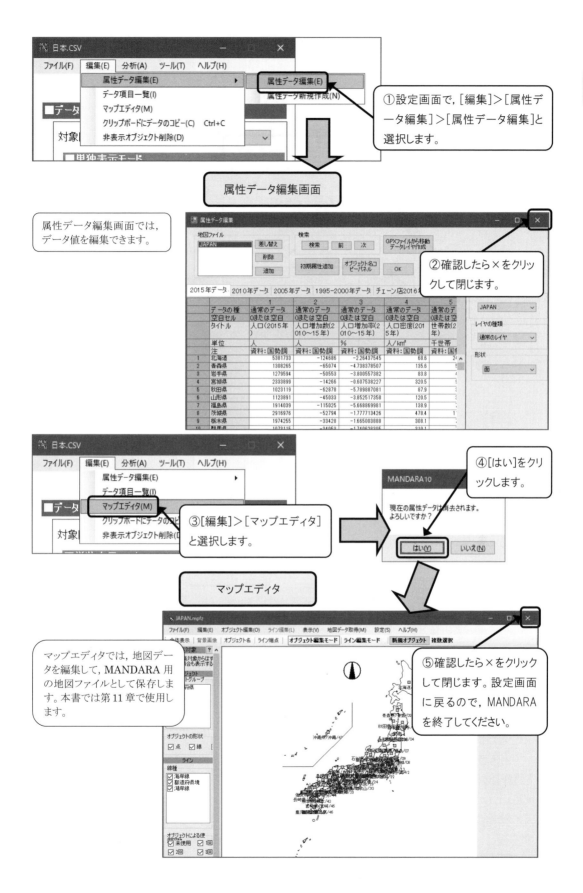

①設定画面で，[編集]>[属性データ編集]>[属性データ編集]と選択します。

属性データ編集画面

属性データ編集画面では，データ値を編集できます。

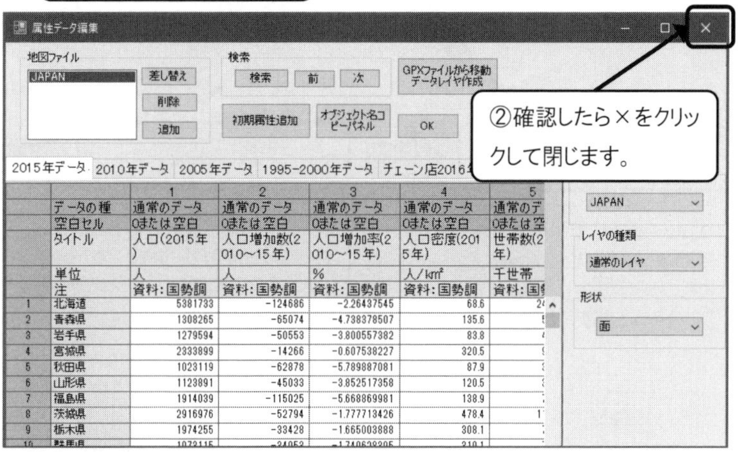

②確認したら×をクリックして閉じます。

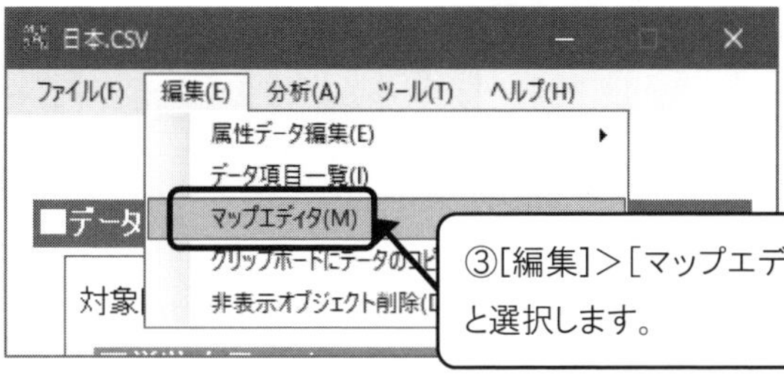

③[編集]>[マップエディタ]と選択します。

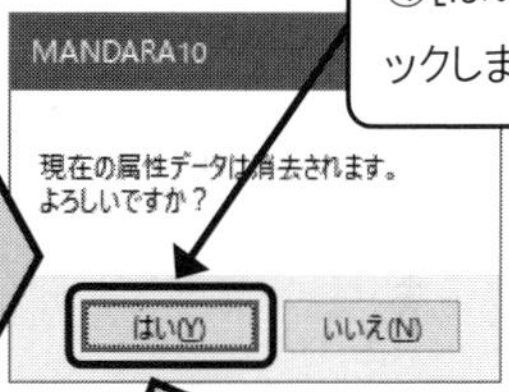

④[はい]をクリックします。

マップエディタ

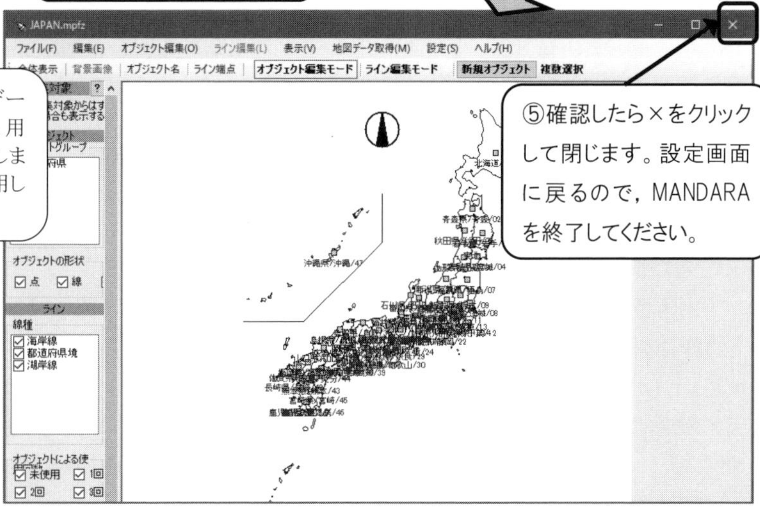

マップエディタでは，地図データを編集して，MANDARA 用の地図ファイルとして保存します。本書では第 11 章で使用します。

⑤確認したら×をクリックして閉じます。設定画面に戻るので，MANDARA を終了してください。

1.4　MANDARA の仕組み

■画面構成

これで MANDARA の主要な 5 つの操作画面を見たことになります。5 つの画面間の行き来は次の図のようになります。

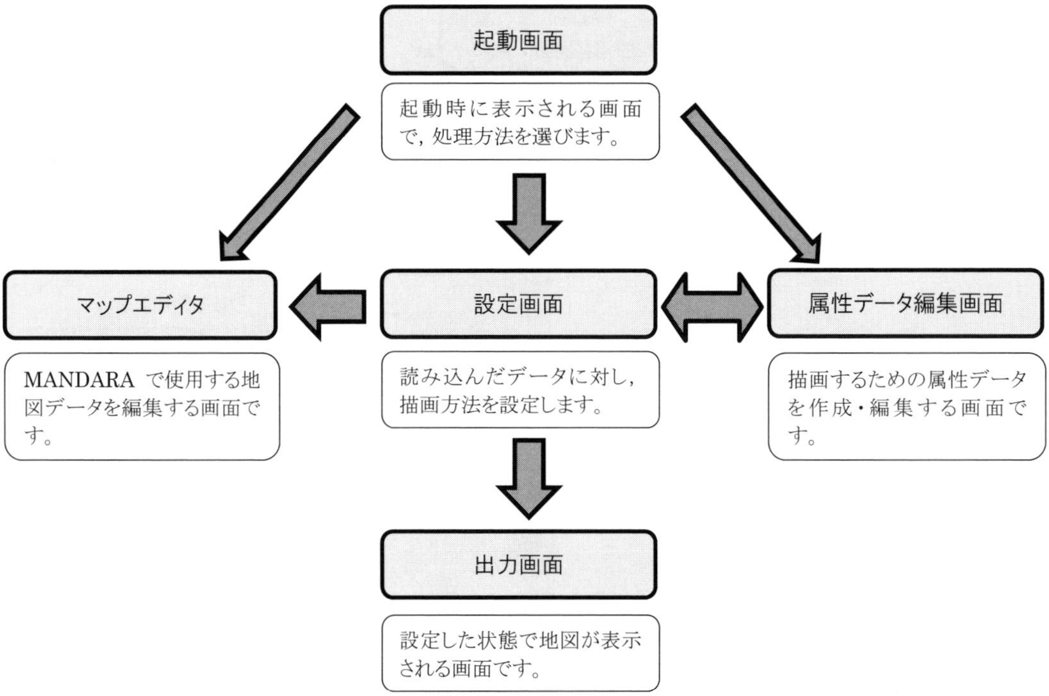
起動画面
起動時に表示される画面で，処理方法を選びます。
マップエディタ
MANDARA で使用する地図データを編集する画面です。
設定画面
読み込んだデータに対し，描画方法を設定します。
属性データ編集画面
描画するための属性データを作成・編集する画面です。
出力画面
設定した状態で地図が表示される画面です。

■2 つのデータ

MANDARA で「データ」といった場合，2 種類のデータがあります。1 つは，「東京都の人口」，「大阪市の小売店舗数」のような，場所に付随するデータです。これを「**属性データ**」と呼んでいます。もう 1 つは，「東京都の境界線座標」，「大阪市の境界線座標」のような，場所そのものの形状を規定するデータです。これを「**空間属性**」と呼びます。また，MANDARA では，「東京都」や「大阪市」のようなものを「**オブジェクト**」と呼んでいます。オブジェクトの形状は，**点**・**線**・**面**の 3 種類で，これらの組み合わせで地表を表現します。こうしたデータを**ベクター形式**のデータと呼びます。

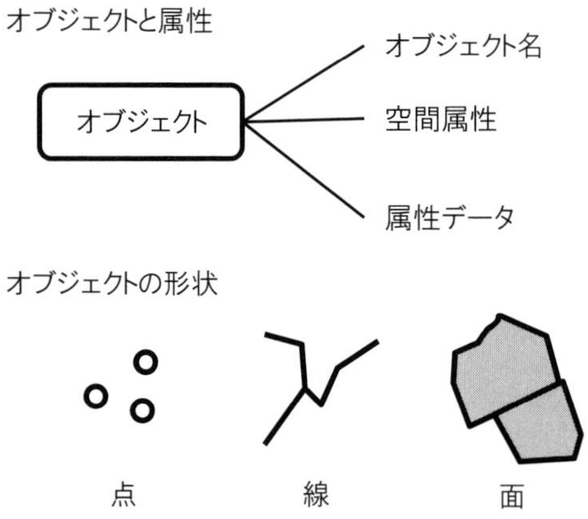
オブジェクトと属性
オブジェクト
オブジェクト名
空間属性
属性データ
オブジェクトの形状
点
線
面

この 2 種類のデータを管理するシステムが，地理情報システム（GIS）です。MANDARA では，オブジェクトの空間属性は地図ファイルに保存されています。

地図ファイル内の空間属性を編集する画面が「マップエディタ」，地図ファイルを呼び出して，ユーザの持つ属性データと結合させ，結合したデータに描画設定を行う画面が「設定画面」になります。

地図ファイル中のオブジェクトと，ユーザの属性データを結びつけるキーとして使用するのが，「**オブジェクト名**」です。両者を結合する方法については第 3 章以降で解説します。

1.5 各章で作る地図

第2章以降，いろいろな地図を作っていきます。ここで全体を概観しましょう。

第2章

第2章では，白地図·初期属性データ表示機能を使い，MANDARA付属の地図ファイルを表示します。

世界の国別地図です。いろいろ投影法を変えて表示します。

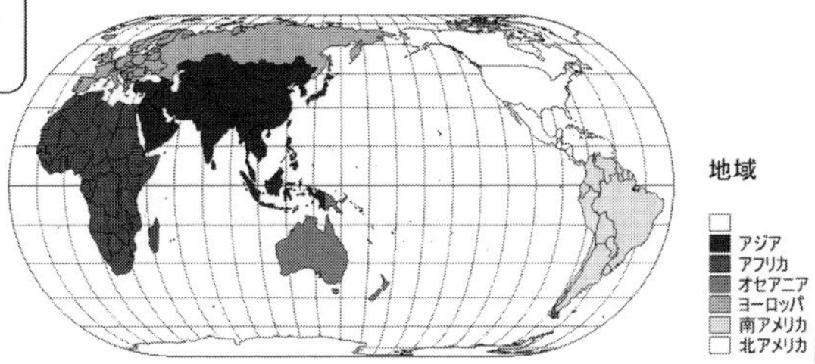

日本の白地図です。

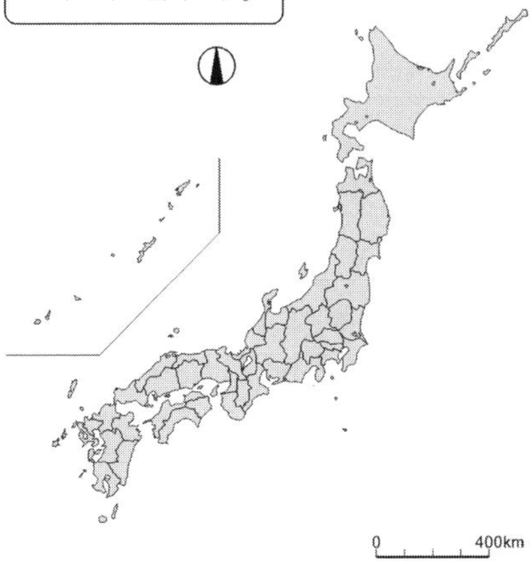

付属の市区町村地図ファイルと鉄道路線地図ファイルを重ねた図です。

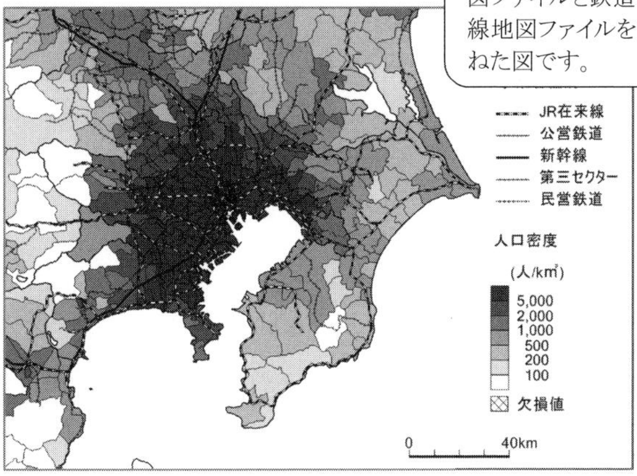

第3章

第3章では，MANDARA付属の都道府県別データを使い，データの種類に応じた表現方法で地図化します。

棒の高さや流線図など，さまざまな表現方法があります。

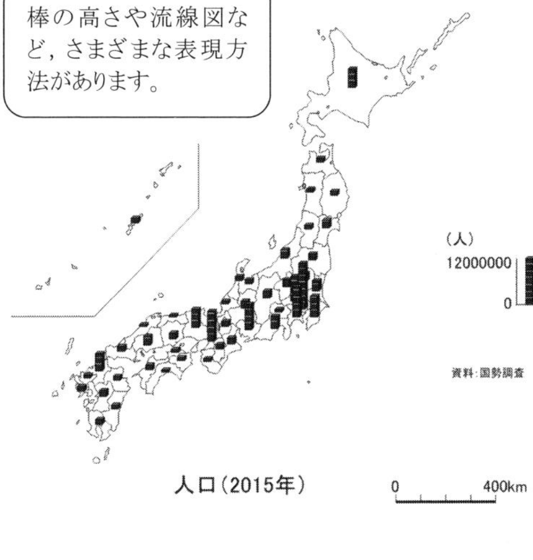

人口(2015年)

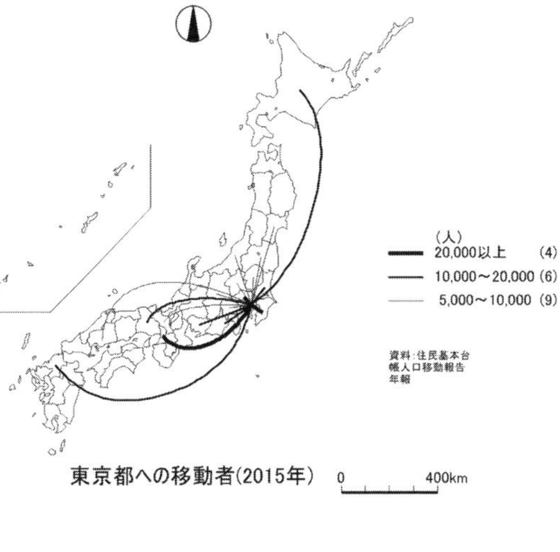

東京都への移動者(2015年)

第 4 章

第 4 章では，「政府統計の総合窓口」の国勢調査データを使い，市区町村ごとのデータを地図化し，2000 年と 2015 年のデータを時系列集計機能で比較します。

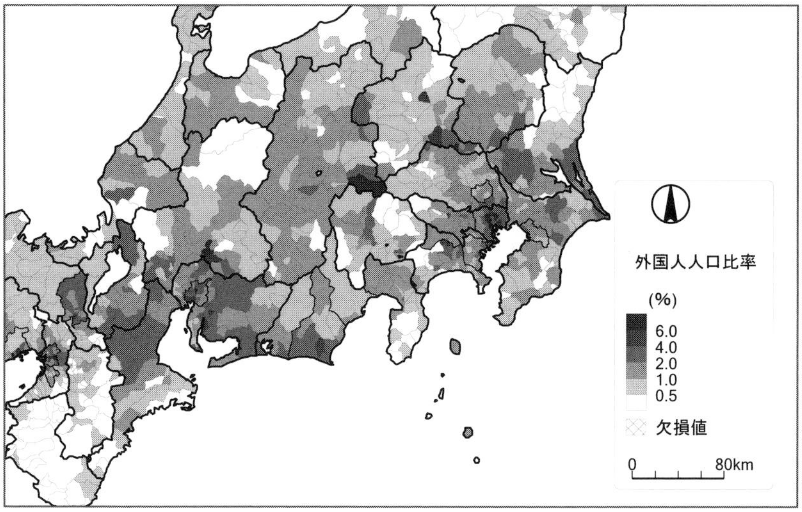

2015 年の市区町村別の外国人人口の割合を示した地図です。

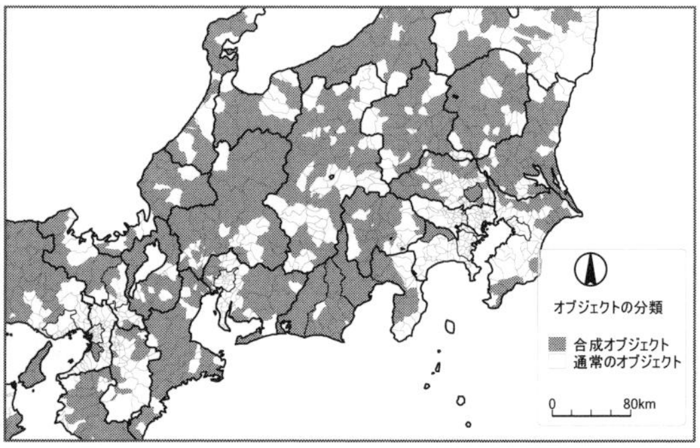

時系列集計機能で求めた，2000 年から 2015 年の間に合併等で領域の変化があった地域です。

第 5 章

第 5 章では，国・地域ごとのデータの表示と，国連の人口統計データのダウンロードから国コードを使った地図データと属性データのマッチング，地図化までの方法を解説します。

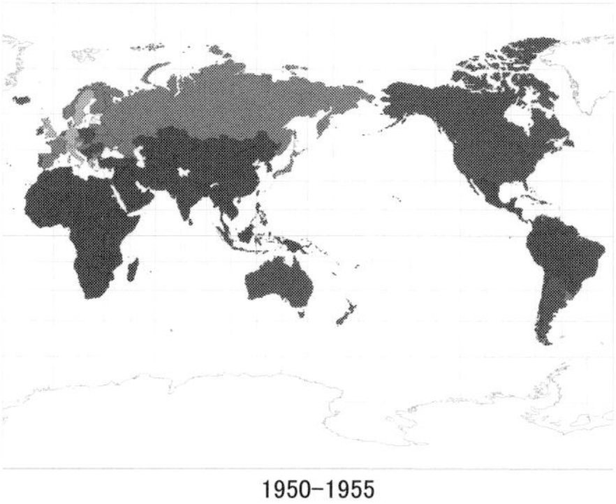

1950–1955

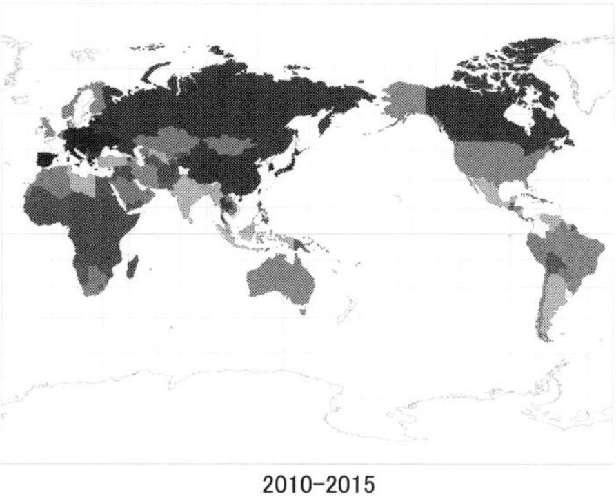

2010–2015

国連人口部の「世界人口予測」の合計特殊出生率データを地図化します。

第6章

第6章では，東京都のJRの駅について，駅別の乗車人員のデータを地図ファイル「日本鉄道緯度経度.mpfz」を使って地図化します。その際，MANDARA の**空間検索機能**を使用します。

『東京都統計年鑑』の駅別乗車人員データを地図化します。

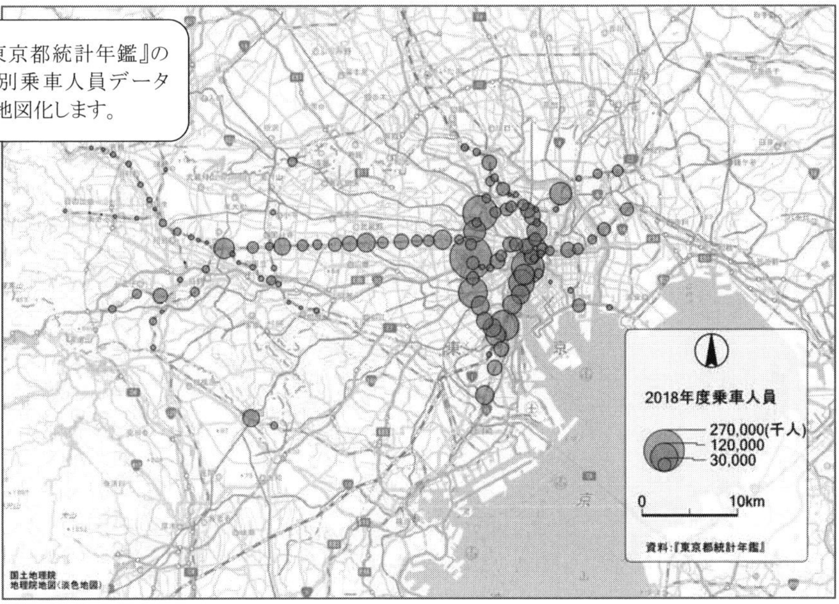

第7章

第 7 章では，代表的な GIS データのファイルフォーマットの**シェープファイル**を扱います。国土数値情報の地価データを地図化し，KML 形式で出力して Google Earth で表示します。

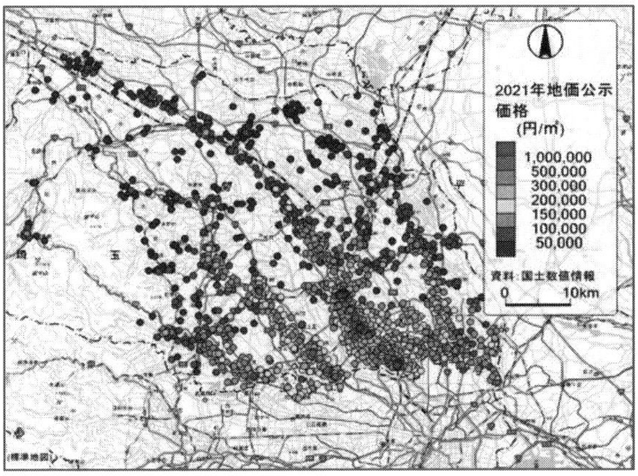

埼玉県の地価データを地図化します。

KML 形式で出力し，Google Earth で表示したものです。

第 8 章

第 8 章では，緯度経度の点データについて，MANDARA タグを使って地図化します。地名から緯度経度に変換する「ジオコーディング」についても紹介します。

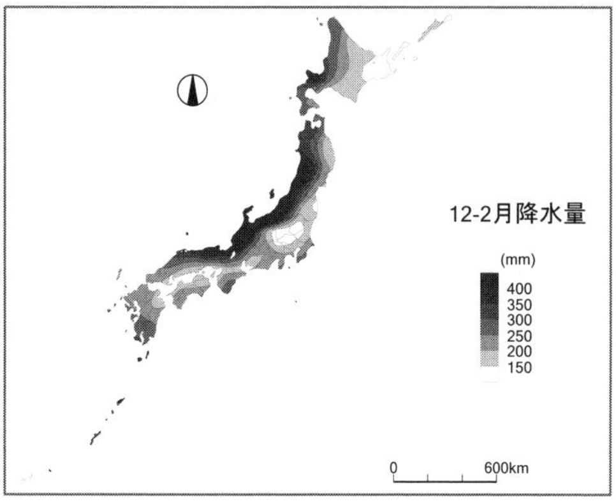

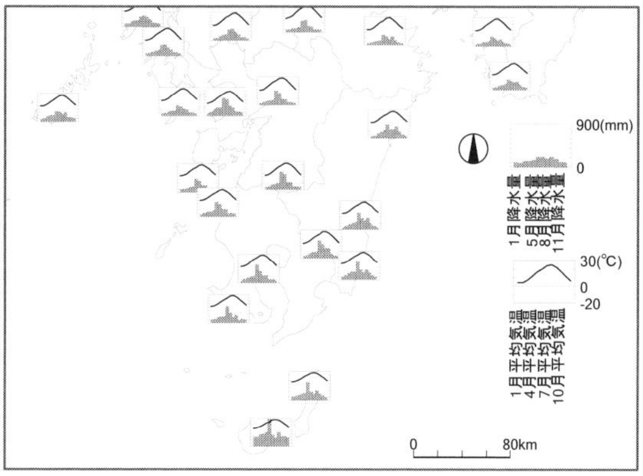

気象観測地点の点データから，等値線図や雨温図を作成します。

第 9 章

第 9 章では，日本で広く使われている標準地域メッシュを使ったデータを地図化します。使用するデータは国土数値情報の標高・傾斜度メッシュと国勢調査の人口メッシュです。

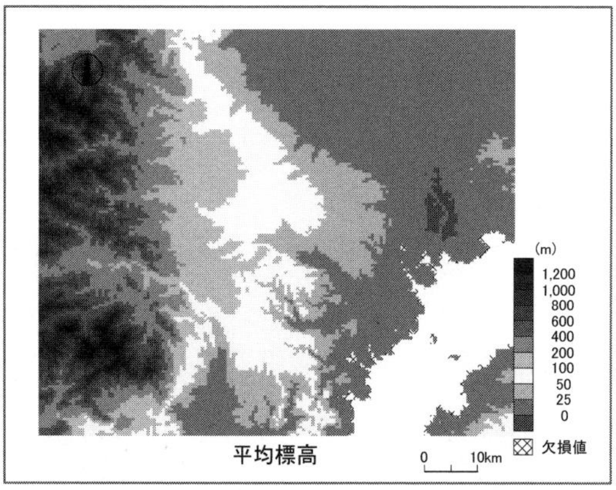

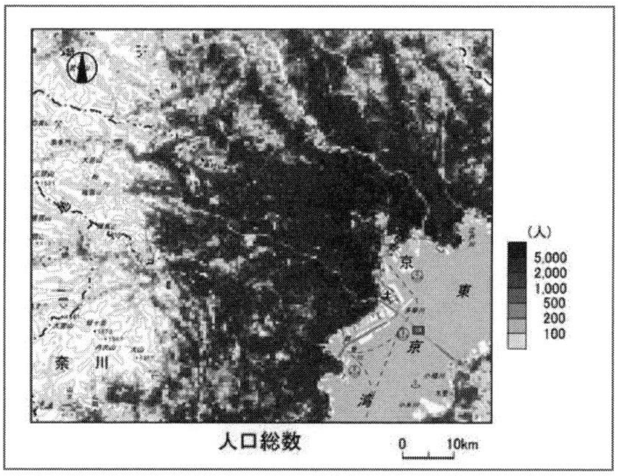

4 次メッシュデータをダウンロードして地図化し，データを比較します。

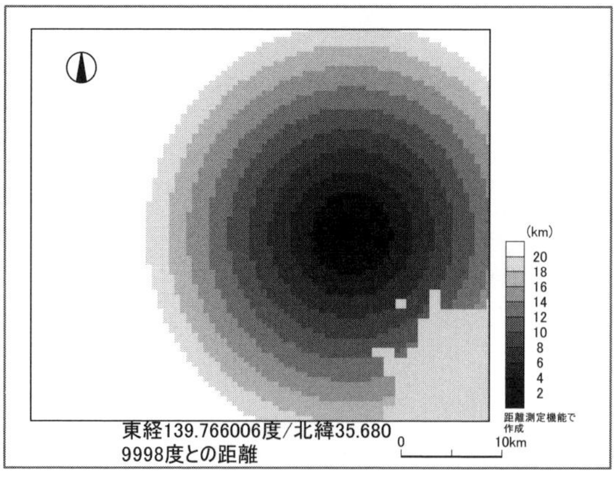

東京駅からの距離を取得して表示したものです。

第 10 章

第 10 章では，国勢調査の町丁・字等の小地域データを地図化し，インタラクティブな Web 地図に出力します。

東京都 23 区の小地域データのうち，人口密度と住宅の建て方別世帯数を地図化します。

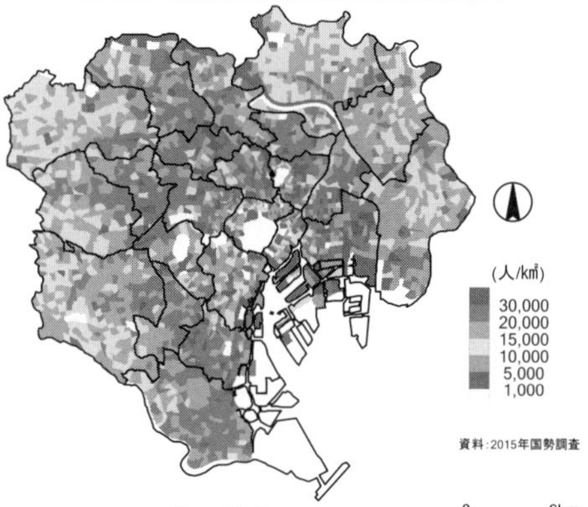

人口密度

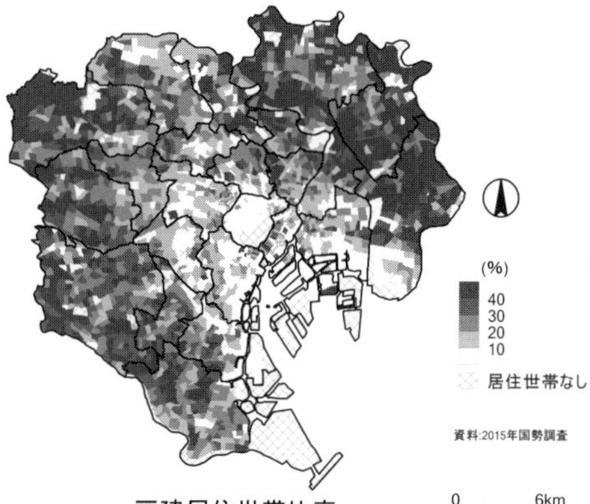

一戸建居住世帯比率

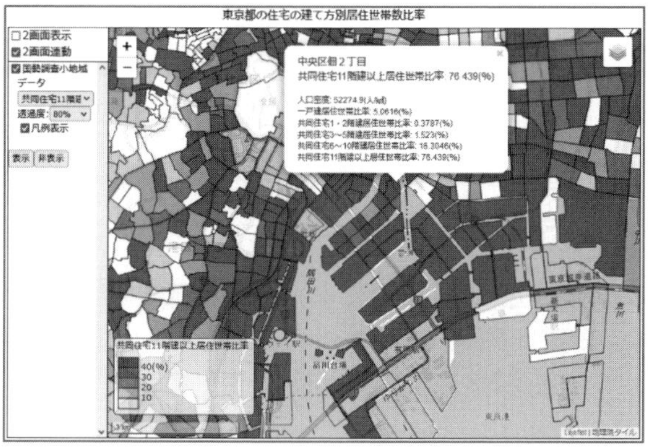

Web ブラウザ上で地理院地図上に統計地図を重ねて表示したものです。

第 11 章

第 11 章では，マップエディタで土地利用に関する地図データを作成し，地図ファイルとして保存して地図化します。

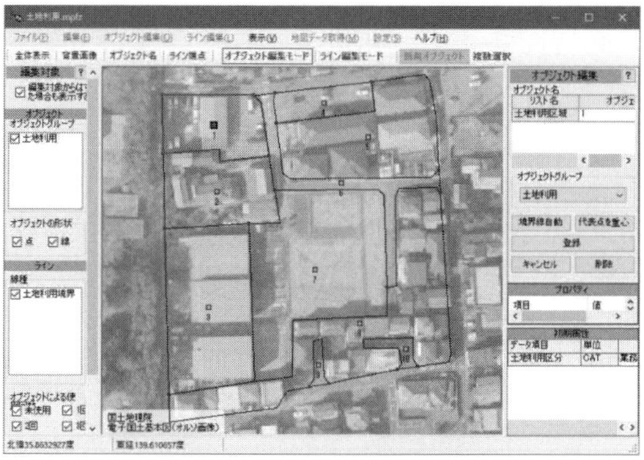

マップエディタでデータ編集中の画面です。

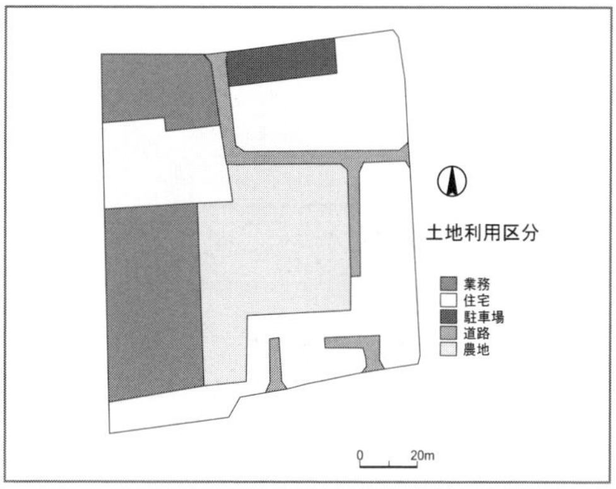

作成した土地利用図です。

第 2 章　付属地図ファイルで白地図を作ろう

本章の内容

① MANDARA の付属地図ファイルの種類
② 白地図・初期属性データ表示機能を使った白地図の作成
③ 地図ファイル中のオブジェクトの確認
④ 緯度経度情報を持つ地図ファイルへの背景画像の重ね合わせ
⑤ 時間情報を持つ地図ファイルで，時期を指定して白地図とデータの表示
⑥ 2 つのレイヤの重ね合わせ（オーバーレイ）表示
⑦ MANDARA 属性データファイルの保存

第 2 章では，付属地図ファイルを**白地図・初期属性データ表示機能**を使って白地図として表示し，地図ファイルの中身を見ていきます。

2.1　付属地図ファイル

インストール時に作成される[ドキュメント][MANDARA10][MAP]フォルダには，付属の地図ファイルが入っています。付属の地図ファイルを使う限りは，外部の地図データを取り込むことなく，地図化できます。地図ファイルには，地図として表示するオブジェクトの座標など空間属性が記録されています。

[ドキュメント][MANDARA10][MAP]フォルダを Windows の「エクスプローラー」で開くと次のようなファイルが入っています。これらの地図ファイルを使用する場合は，外部の地図データを探したり，細かい地図の境界線データの編集作業などを行ったりする必要はありません。

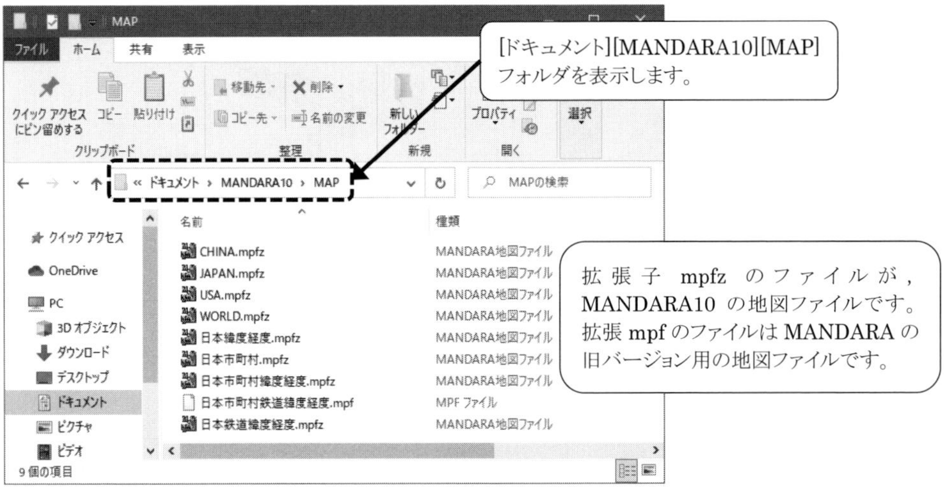

付属の地図ファイルの概要は以下のようになっています。これらの地図ファイルについて，「白地図・初期属性データ表示機能」を使って内容を確認し，表示機能を試していきます。

地図ファイル名	概要	オブジェクト名	座標系，時間情報
JAPAN.mpfz	47 都道府県の日本地図ファイル	都道府県名，01～47 までの行政コード	座標系なし，時間情報なし
日本緯度経度.mpfz			緯度経度，時間情報なし
日本市町村.mpfz	市区町村地図	・市町村，東京都特別区の場合は「埼玉県さいたま市」など県名+市区町村名 ・政令指定都市の区の場合は「さいたま市中央区」など政令市名＋区名 ・「13101」など 5 桁の行政コード	座標系なし，1960 年以降の時間情報あり
日本市町村緯度経度.mpfz	市区町村地図。初期属性データとして国勢調査の人口データを含む。		緯度経度，1990 年以降の時間情報あり
日本鉄道緯度経度.mpfz	日本の鉄道・駅地図データで，緯度経度情報を含む地図。初期属性データとして運営会社情報を含む。	・駅の場合は「東海旅客鉄道東海道新幹線東京駅」のように運営会社名＋路線名＋駅名 ・路線の場合は「東海旅客鉄道東海道新幹線」のように運営会社名＋路線名	緯度経度，1990 年以降の時間情報あり
WORLD.mpfz	世界の国別地図（日本中心）	「日本」「Japan」「JP」「JPN」「392」のように，日本語表記，英語表記，ISO3166-1 の 2 文字のコード，同 3 文字のコード，同 3 桁の数字，のいずれかが可能	緯度経度，時間情報なし
WORLD2.mpfz	世界の国別地図（経度 0° 中心）		
USA.mpfz	アメリカ合衆国の州別地図	「ハワイ州」などの州名	座標系なし，時間情報なし
CHINA.mpfz	中国の省別地図	「福建省」「北京市」などの省と直轄市	座標系なし，時間情報なし
日本市町村鉄道緯度経度.mpf	市区町村と鉄道の地図	MANDARA 旧バージョンとの互換性のために入れてあります。	緯度経度，時間情報なし

地図ファイル内のオブジェクトには，それぞれの ID として「オブジェクト名」が設定されています。第 3 章で独自のデータを作成する際には，オブジェクト名がキーとなります。

地図ファイルには，座標系の設定してあるものと，設定していないものがあります。緯度経度の座標系が設定してある地図ファイルを使うと，他の地図ファイルや背景画像との重ね合わせ，投影法の変換などが可能になります。JAPAN.mpfz など座標系の設定していない地図ファイルは，一部のオブジェクトを実際の位置からずらすことで，大きく表示できるようにしています

時間情報を含む地図ファイルは，MANDARA では「**時空間モード地図ファイル**」と呼び，オブジェクトの変遷が記録されています。そのため，日付を指定してその時期の地図を表示できます。

2.2 白地図・初期属性データ表示機能で日本地図を見る

2.2.1 JAPAN.mpfz

「白地図・初期属性データ表示機能」を使って，地図ファイルの中身を見ていきましょう。

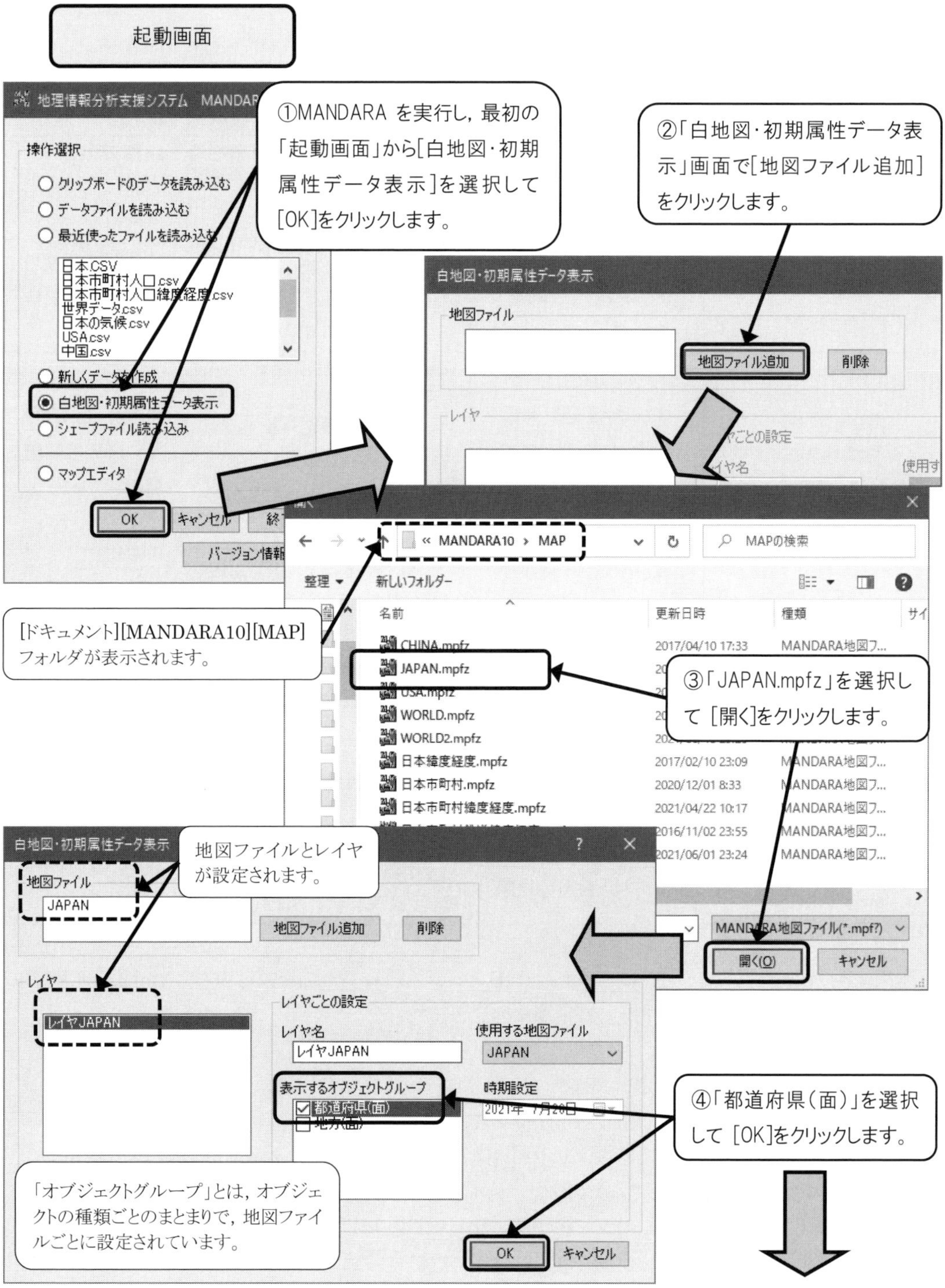

設定画面

設定画面が表示されました。

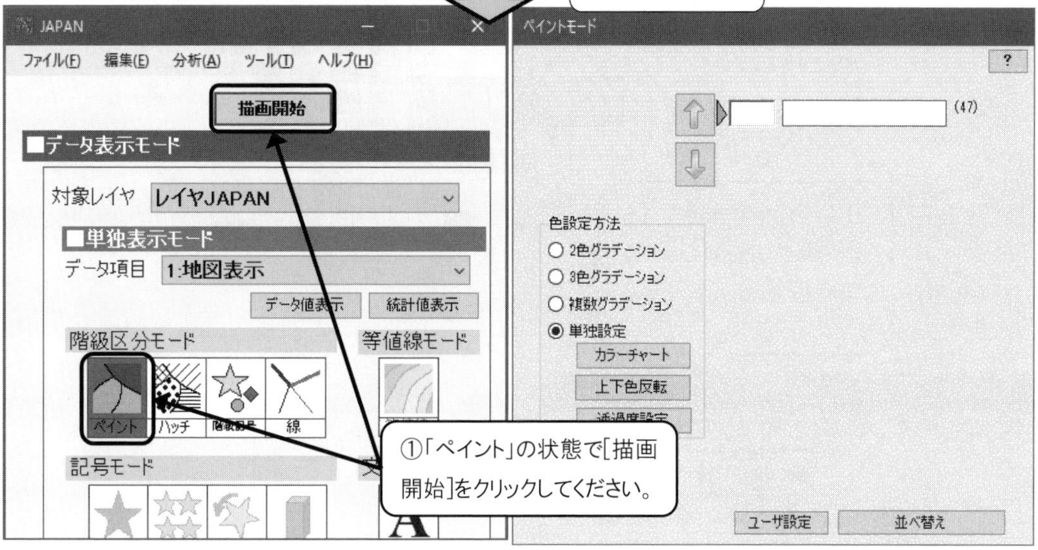

①「ペイント」の状態で[描画開始]をクリックしてください。

出力画面

出力画面に日本地図が表示されました。

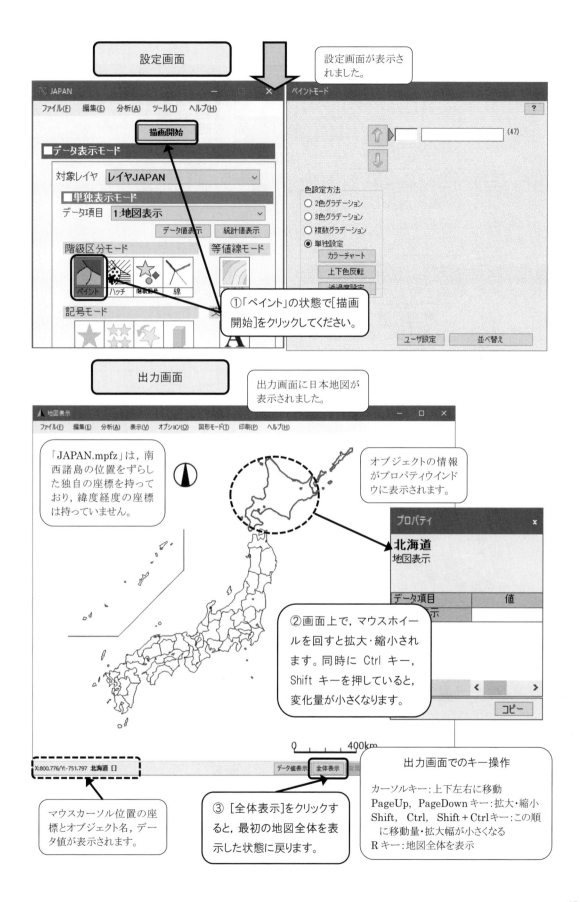

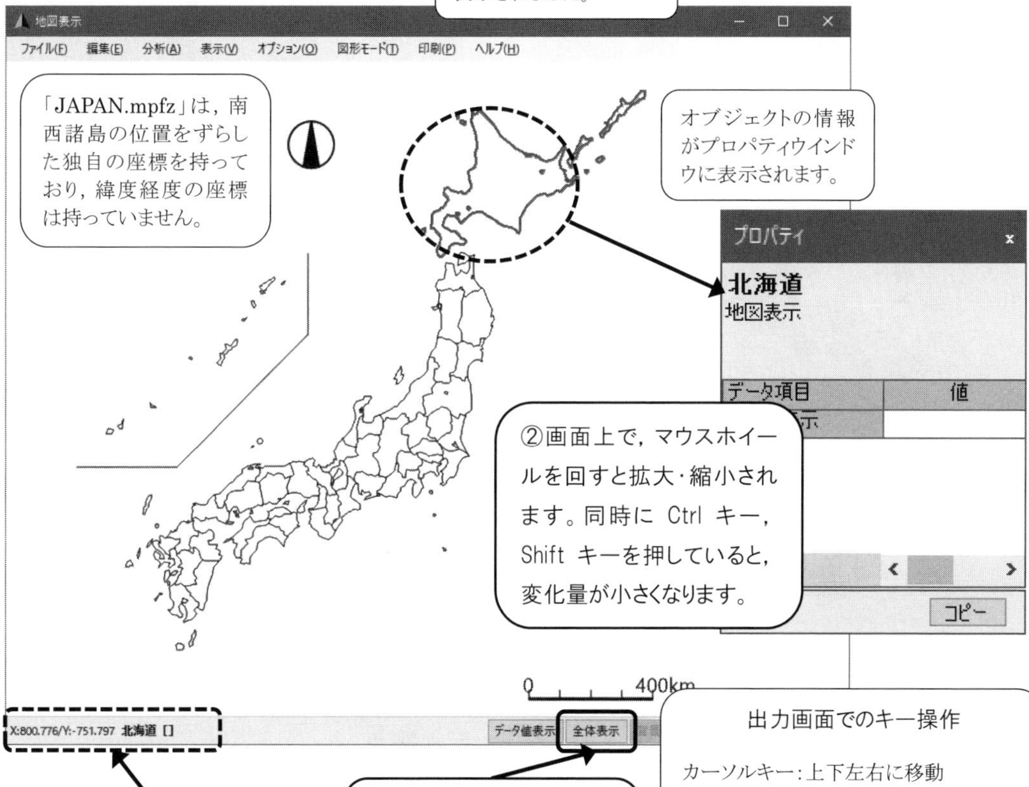

「JAPAN.mpfz」は，南西諸島の位置をずらした独自の座標を持っており，緯度経度の座標は持っていません。

オブジェクトの情報がプロパティウインドウに表示されます。

②画面上で，マウスホイールを回すと拡大・縮小されます。同時に Ctrl キー，Shift キーを押していると，変化量が小さくなります。

マウスカーソル位置の座標とオブジェクト名，データ値が表示されます。

③ [全体表示]をクリックすると，最初の地図全体を表示した状態に戻ります。

出力画面でのキー操作

カーソルキー：上下左右に移動
PageUp，PageDown キー：拡大・縮小
Shift，Ctrl，Shift＋Ctrlキー：この順に移動量・拡大幅が小さくなる
R キー：地図全体を表示

塗りつぶす色を変えて表示してみます。

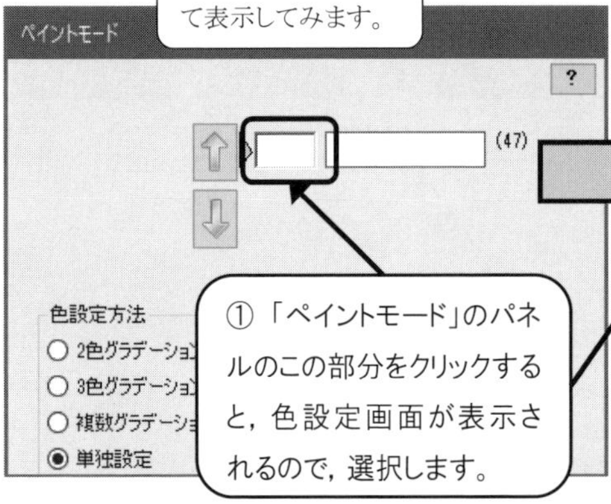

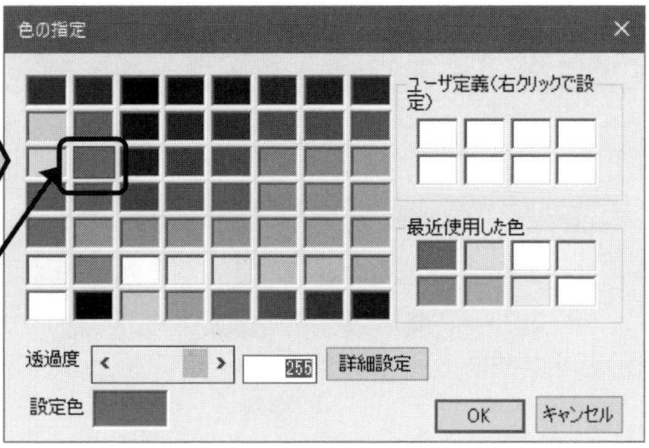

①「ペイントモード」のパネルのこの部分をクリックすると，色設定画面が表示されるので，選択します。

② [描画開始]をクリックします。

地図をコピーして Word に貼り付けてみましょう。

出力画面に色つきで描画されました。

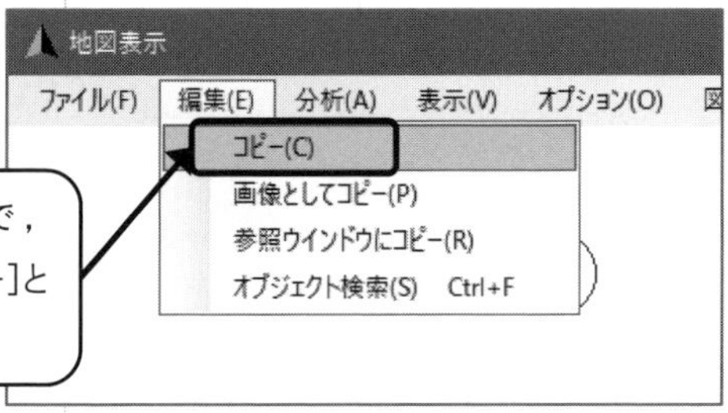

③出力画面で，[編集]＞[コピー]と選択します。

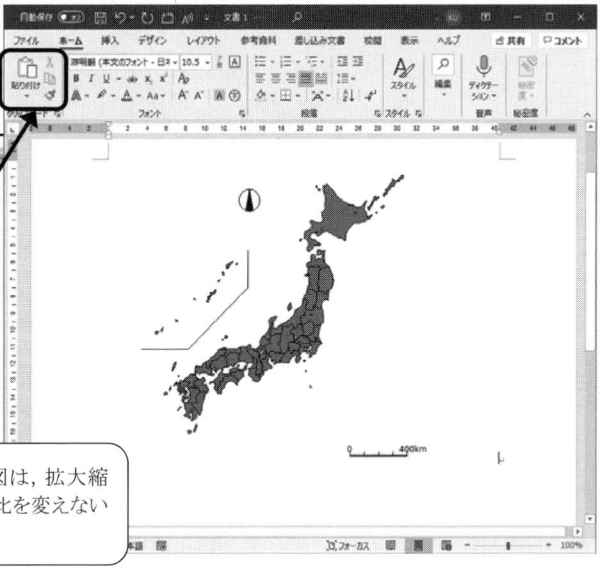

④Word を起動して，貼り付けます。

貼り付けた地図は，拡大縮小の際に縦横比を変えないようにしましょう。

2.2.2 日本緯度経度.mpfz

次に,「日本緯度経度.mpfz」を使ってみます。この地図ファイルは「JAPAN.mpfz」と同じく日本地図のデータですが,緯度経度情報を持っています。

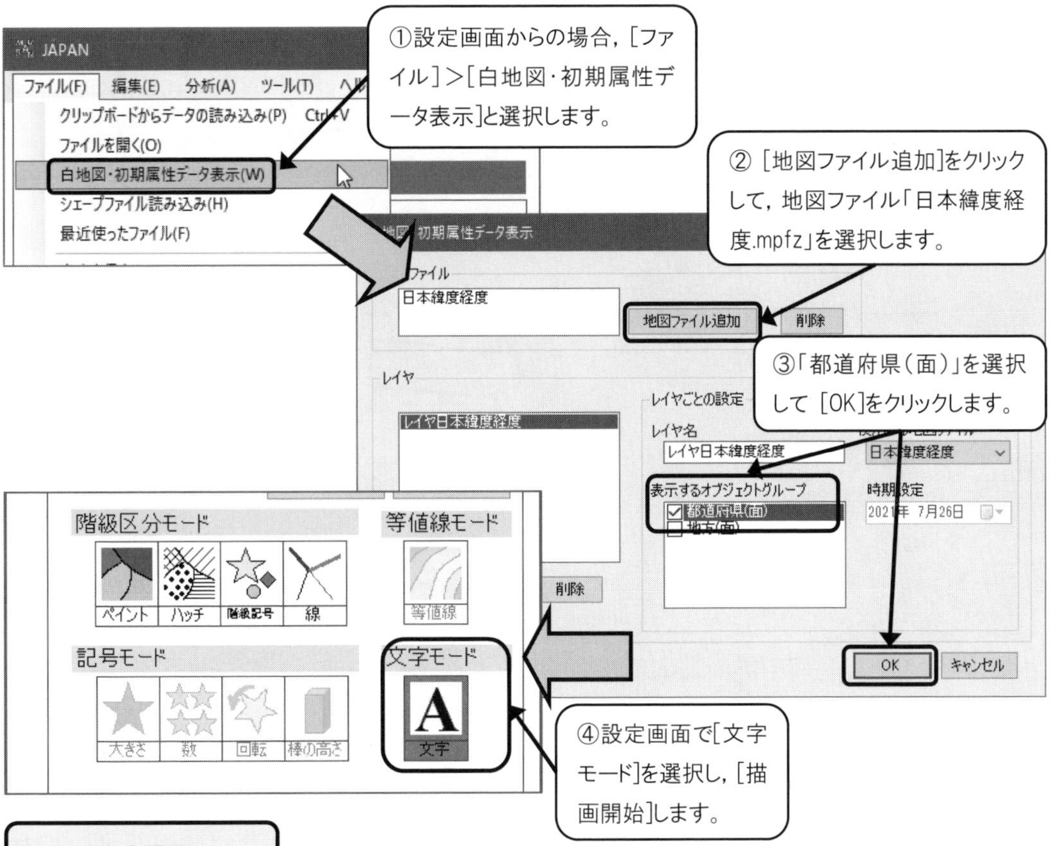

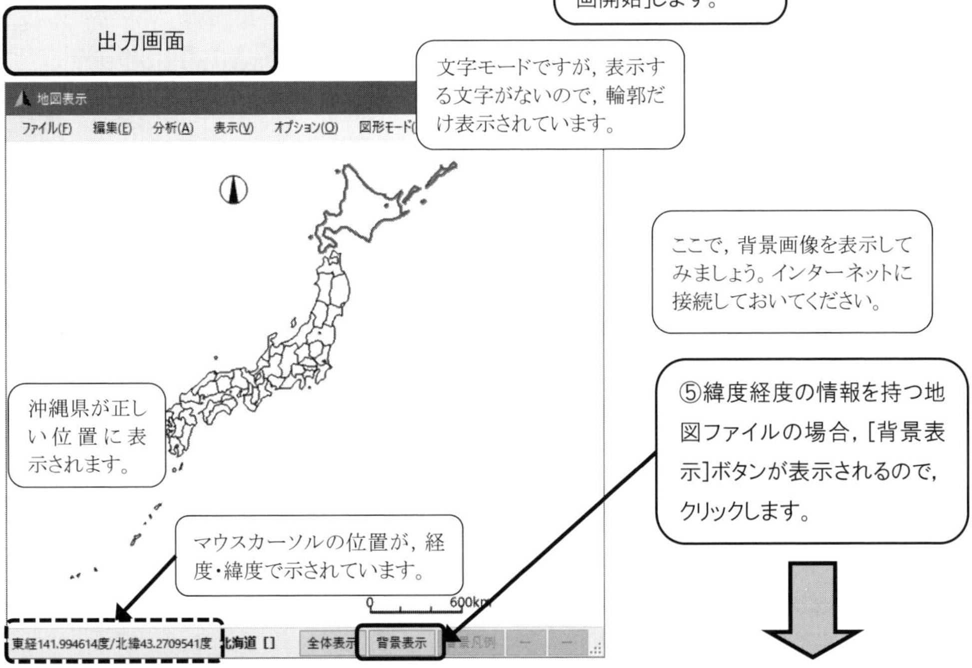

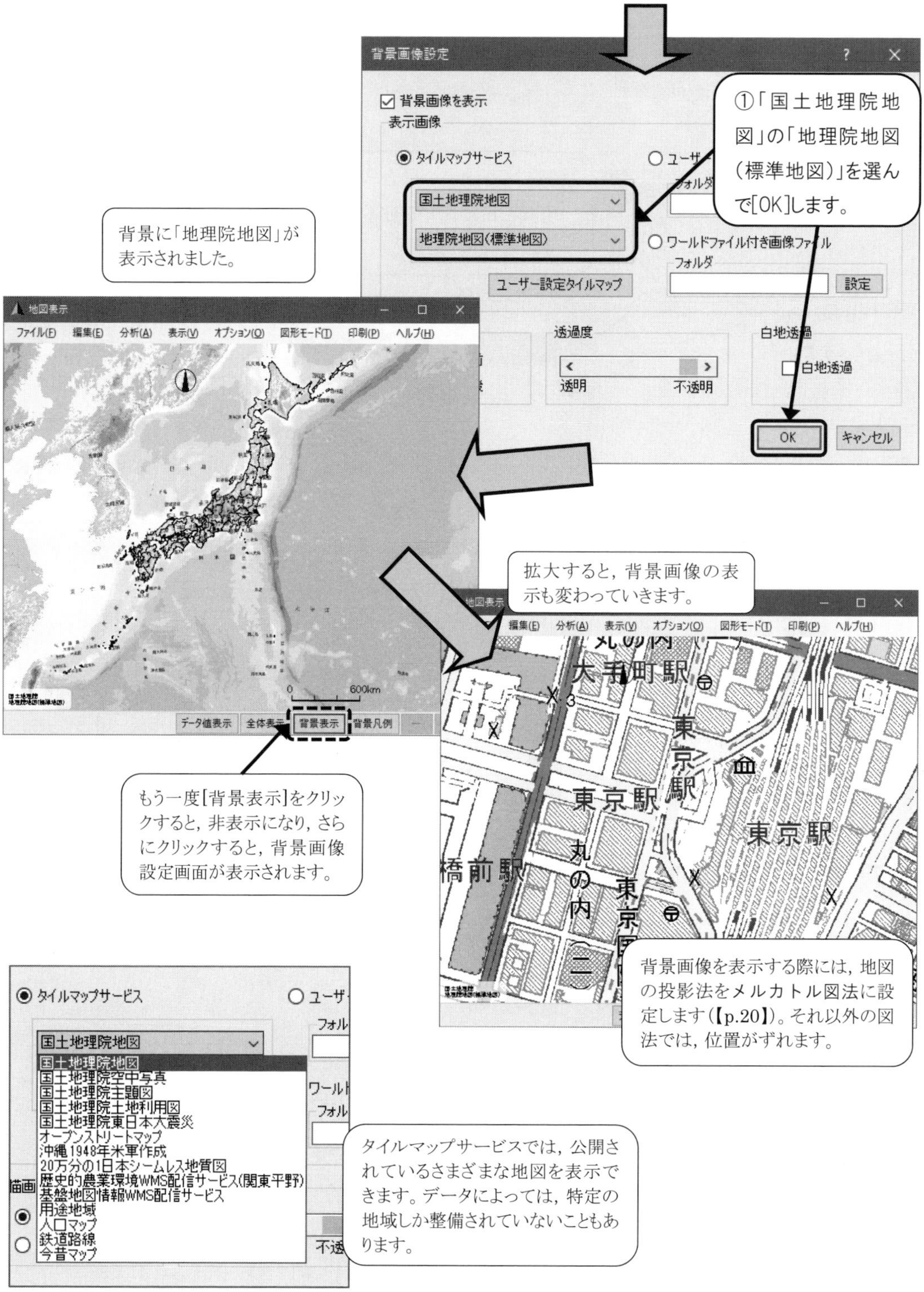
背景画像設定
背景画像を表示
表示画像
タイルマップサービス
国土地理院地図
地理院地図(標準地図)
ユーザー設定タイルマップ
ワールドファイル付き画像ファイル
フォルダ
設定
透過度
透明
不透明
白地透過
OK
キャンセル
①「国土地理院地図」の「地理院地図(標準地図)」を選んで[OK]します。
背景に「地理院地図」が表示されました。
地図表示
ファイル(F) 編集(E) 分析(A) 表示(V) オプション(O) 図形モード(T) 印刷(P) ヘルプ(H)
600km
データ値表示
背景表示
背景凡例
もう一度[背景表示]をクリックすると，非表示になり，さらにクリックすると，背景画像設定画面が表示されます。
拡大すると，背景画像の表示も変わっていきます。
大手町駅
東京駅
背景画像を表示する際には，地図の投影法をメルカトル図法に設定します(【p.20】)。それ以外の図法では，位置がずれます。
国土地理院地図
国土地理院空中写真
国土地理院主題図
国土地理院土地利用図
国土地理院東日本大震災
オープンストリートマップ
沖縄1948年米軍作成
20万分の1日本シームレス地質図
歴史的農業環境WMS配信サービス(関東平野)
基盤地図情報WMS配信サービス
用途地域
人口マップ
鉄道路線
今昔マップ
タイルマップサービスでは，公開されているさまざまな地図を表示できます。データによっては，特定の地域しか整備されていないこともあります。

緯度経度座標系の情報を持つ地図ファイルを使用すると，背景画像を重ねることができます。他にも，緯度経度の点情報を重ねたり(第 8 章)，メッシュのデータを重ねたり(第 9 章)することができます。

先ほどの「JAPAN.mpfz」は，緯度経度の情報がないために，こうした作業はできません。しかし，南西諸島の位置を動かすことで日本全体を大きく表示できるので，都道府県の主題図の作成に適しています。

2.3 世界地図と投影法

次は世界地図の地図ファイル「WOLD.mpfz」を使い，投影法の変換を行ってみます。

①前節と同様に，設定画面の[ファイル]>[白地図・初期属性データ表示]を選択します。

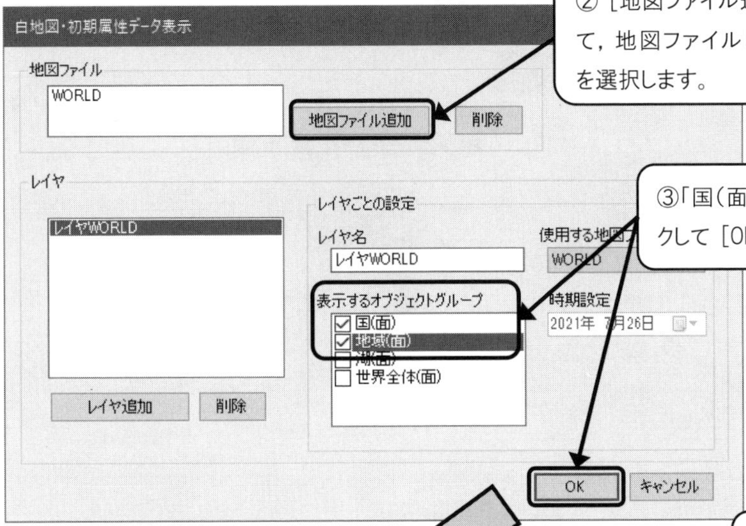

② [地図ファイル追加]をクリックして，地図ファイル「WORLD.mpfz」を選択します。

③「国（面）」と「地域（面）」にチェックして [OK]をクリックします。

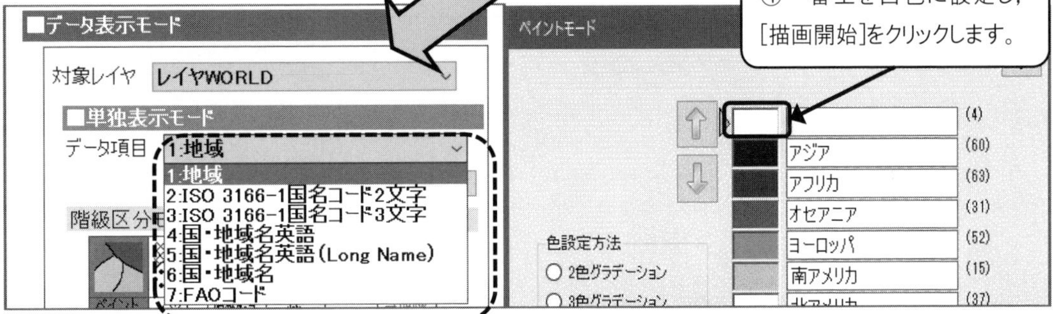

④一番上を白色に設定し，[描画開始]をクリックします。

「WORLD.mpfz」には，データ項目欄にデータが入っています。これは地図ファイルに含まれているデータで，「初期属性データ」と呼びます。

出力画面

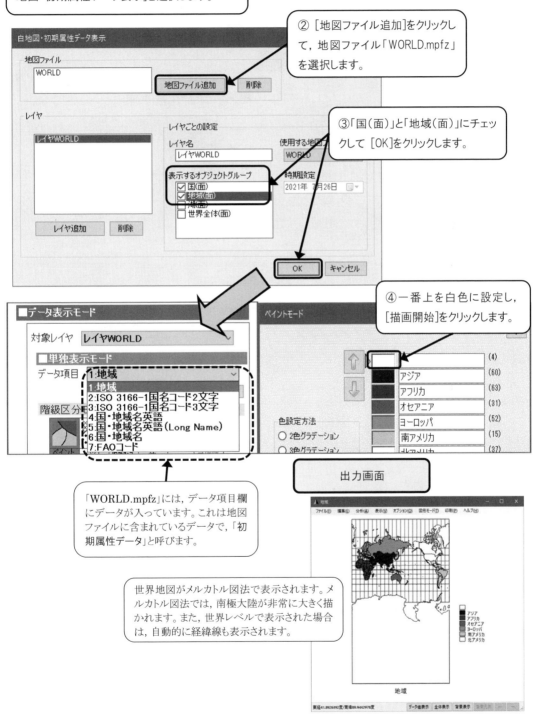

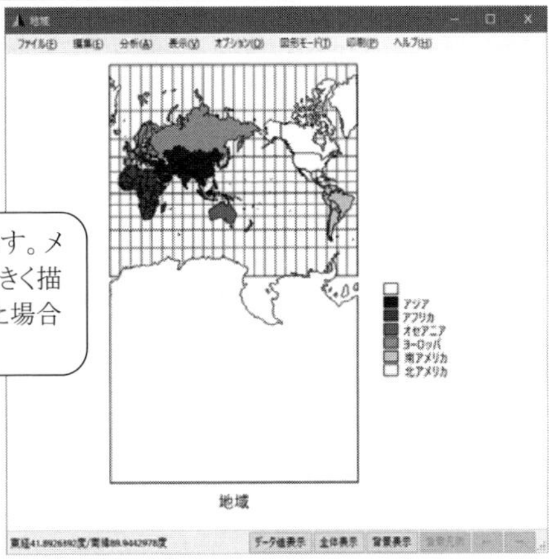

世界地図がメルカトル図法で表示されます。メルカトル図法では，南極大陸が非常に大きく描かれます。また，世界レベルで表示された場合は，自動的に経緯線も表示されます。

投影法によって世界地図の形状は大きく変わります。投影法を変えてみましょう。

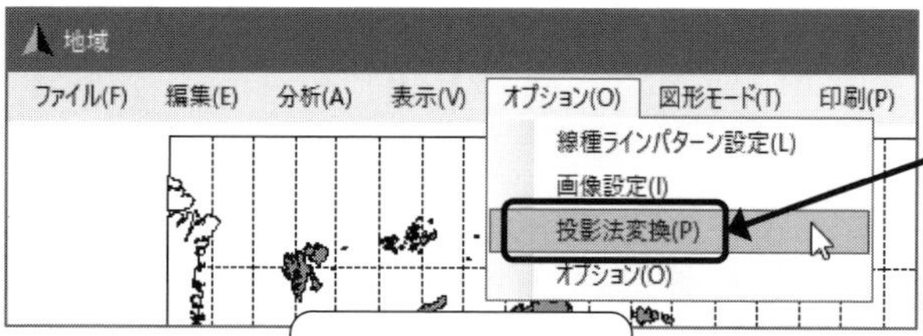

①出力画面の[オプション]>[投影法変換]を選択します。

現在の投影法は「メルカトル図法」です。

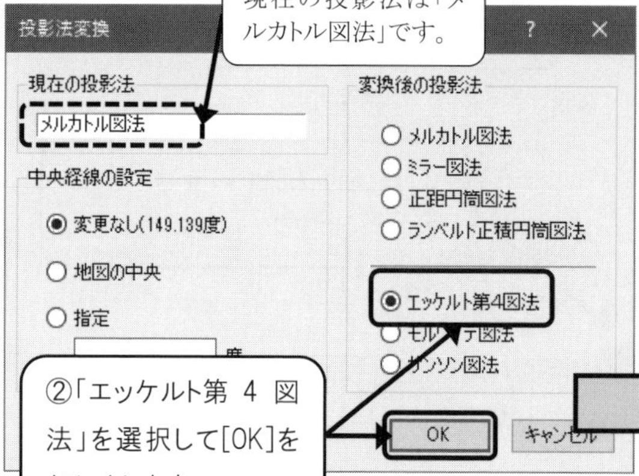

②「エッケルト第 4 図法」を選択して[OK]をクリックします。

エッケルト第 4 図法に変換されました。

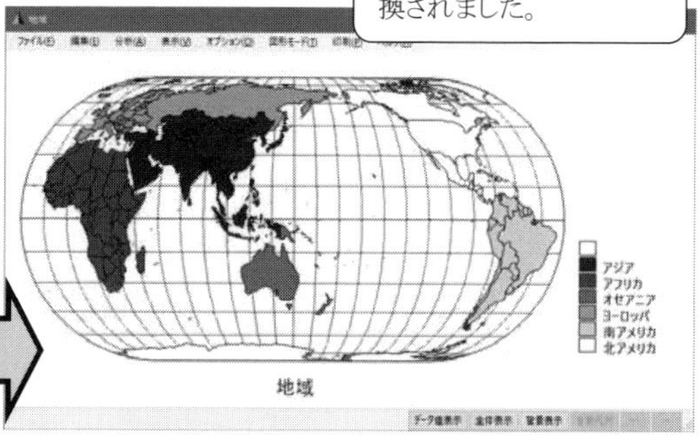

エッケルト第 4 図法は面積が正しく，統計地図の表示に適しています。

※メルカトル図法以外の投影法では，背景画像を重ねた際にずれが生じます。

他の投影法

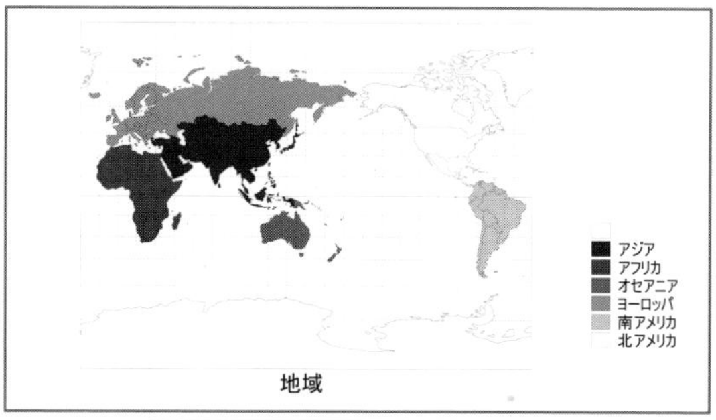

ミラー図法は，世界地図をバランスよく表示できます。

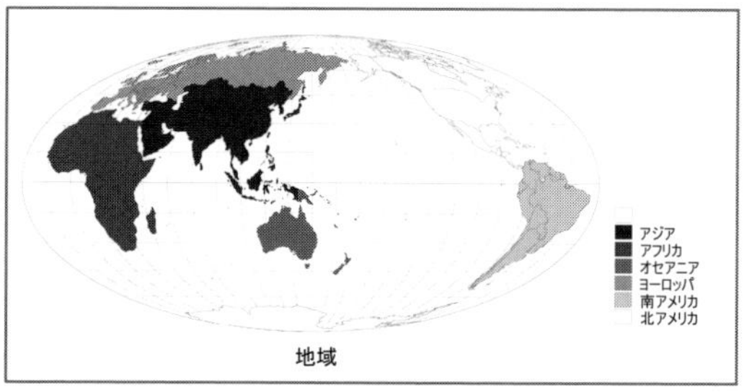

モルワイデ図法は，面積が正しく，統計地図の表示に適しています。

地図ファイル「WORLD2.mpfz」

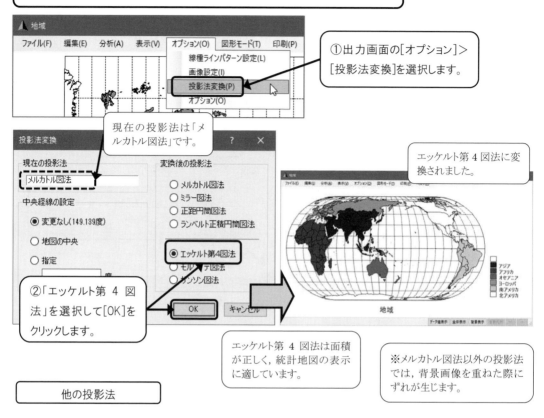

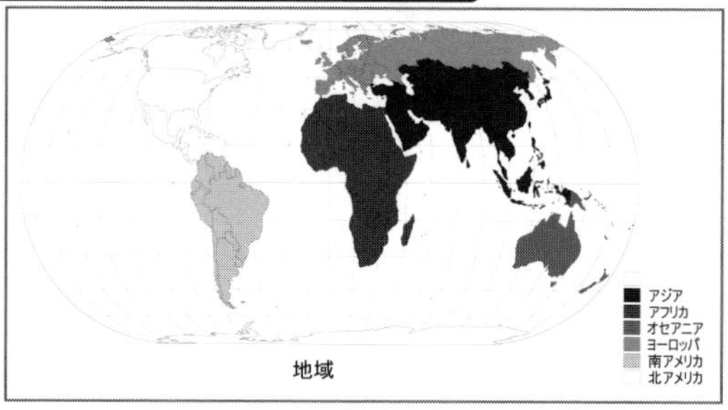

地図ファイル「WORLD2.mpfz」を使うと，経度 0° を中心とした世界地図を描画できます。ヨーロッパやアフリカの国々の形状の歪みが小さくなります。

2.4 時空間モード地図ファイルと重ね合わせ

ここまで，1 つの地図ファイルを表示しましたが，次に 2 つの地図ファイル「日本市町村緯度経度.mpfz」と「日本鉄道緯度経度.mpfz」を同時に読み込んで表示してみます。

この 2 つの地図ファイルは，1990 年以降の市区町村，鉄道路線・駅の変化を含む「時空間モード地図ファイル」なので，1990 年以降の任意の日付を指定して，その日付の地図を表示できます。

さらに，「日本市町村緯度経度.mpfz」は，5 年ごとの 10 月 1 日に実施される国勢調査の人口データを「初期時間属性データ」として保持しており，データを別途用意することなく地図化できます。

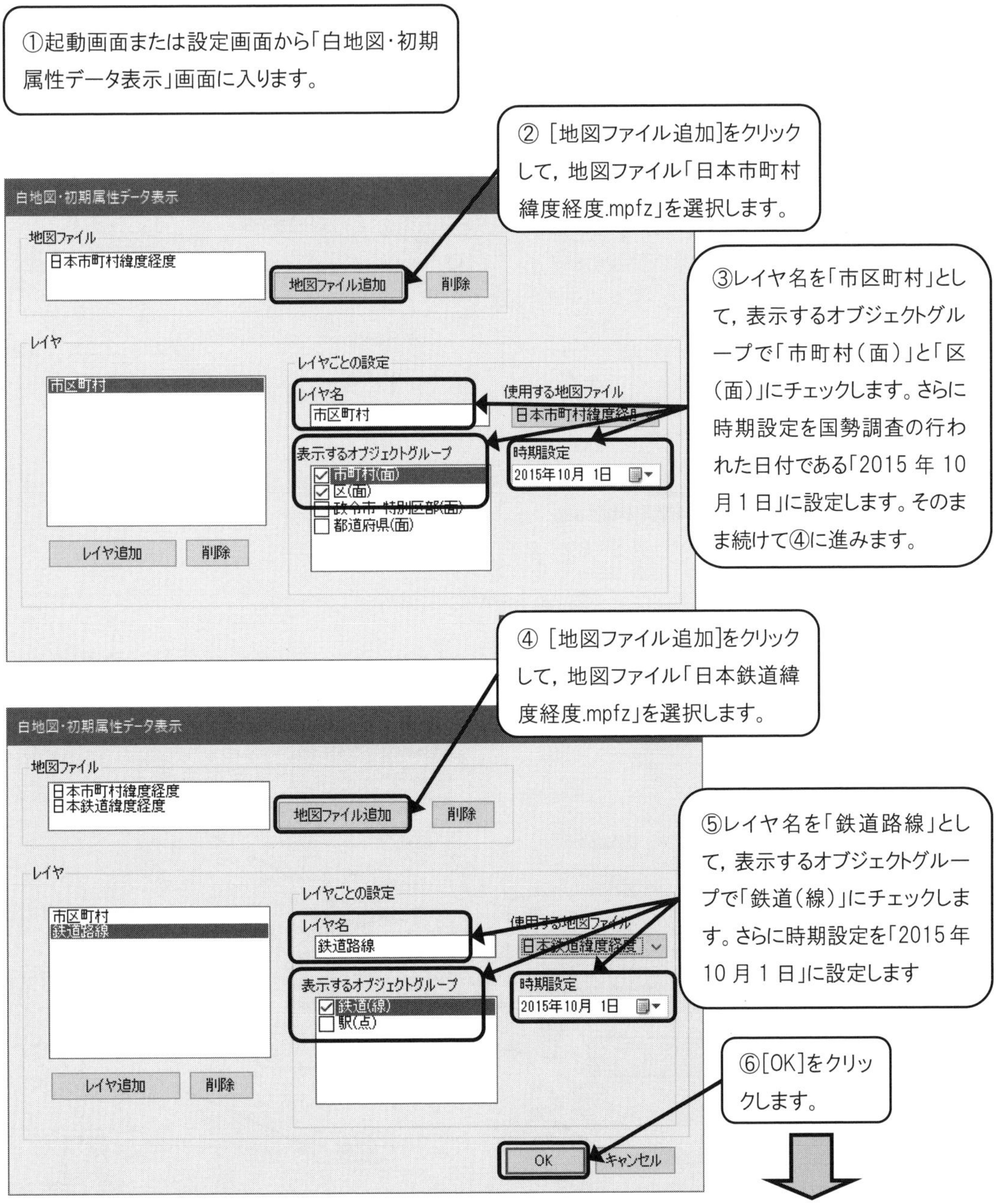
①起動画面または設定画面から「白地図・初期属性データ表示」画面に入ります。
② [地図ファイル追加]をクリックして，地図ファイル「日本市町村緯度経度.mpfz」を選択します。
白地図・初期属性データ表示
地図ファイル
日本市町村緯度経度
地図ファイル追加
削除
③レイヤ名を「市区町村」として，表示するオブジェクトグループで「市町村（面）」と「区（面）」にチェックします。さらに時期設定を国勢調査の行われた日付である「2015 年 10 月 1 日」に設定します。そのまま続けて④に進みます。
レイヤ
市区町村
レイヤごとの設定
レイヤ名
市区町村
使用する地図ファイル
表示するオブジェクトグループ
市町村(面)
区(面)
政令市・特別区部(面)
都道府県(面)
時期設定
2015年10月 1日
レイヤ追加
削除
④ [地図ファイル追加]をクリックして，地図ファイル「日本鉄道緯度経度.mpfz」を選択します。
白地図・初期属性データ表示
地図ファイル
日本市町村緯度経度
日本鉄道緯度経度
地図ファイル追加
削除
⑤レイヤ名を「鉄道路線」として，表示するオブジェクトグループで「鉄道（線）」にチェックします。さらに時期設定を「2015 年 10 月 1 日」に設定します
レイヤ
市区町村
鉄道路線
レイヤごとの設定
レイヤ名
鉄道路線
使用する地図ファイル
日本鉄道緯度経度
表示するオブジェクトグループ
鉄道(線)
駅(点)
時期設定
2015年10月 1日
レイヤ追加
削除
⑥[OK]をクリックします。
OK
キャンセル

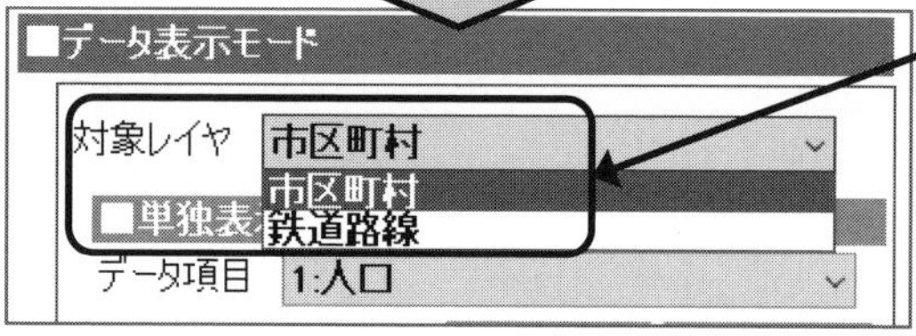

①対象レイヤを見ると「市区町村」と「鉄道路線」のレイヤが入っています。

④分割数を「7」にして，一番上をクリックして赤色にします。さらに右側に数値を図のように入力します。入力したら[描画開始]してください。

②市区町村レイヤで，データ項目を見ると，初期属性としていろいろな人口データが入っています。ここでは「6:人口密度」を選択します。

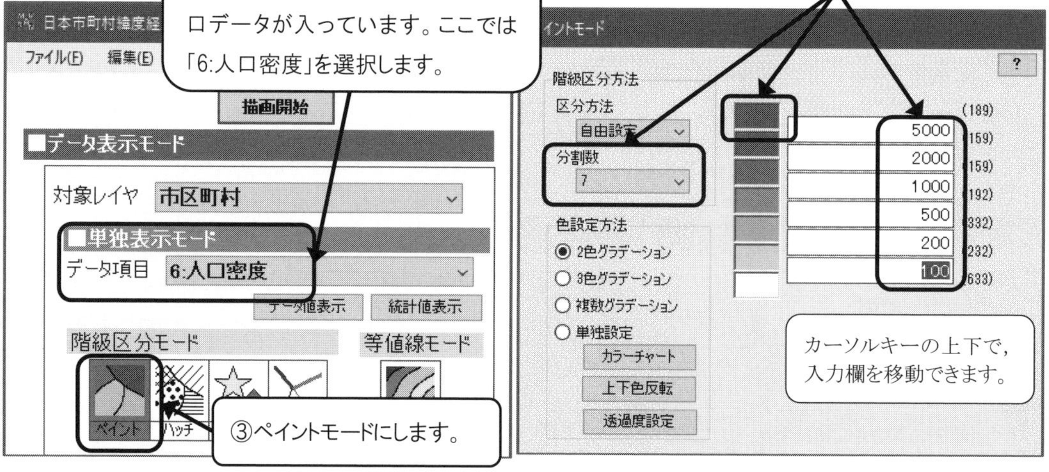

③ペイントモードにします。

カーソルキーの上下で，入力欄を移動できます。

出力画面

表示されましたが，市区町村の境界線の密度が高く，黒くなってデータが読めません。ラインパターンを変えてみます。

⑥それぞれクリックし，「都道府県」「政令市・特別区部」「海岸線・湖岸線」を「実線」に，「市町村」「区」を「透明」に設定します。

⑤出力画面の[オプション]>[線種ラインパターン設定]と選択します。

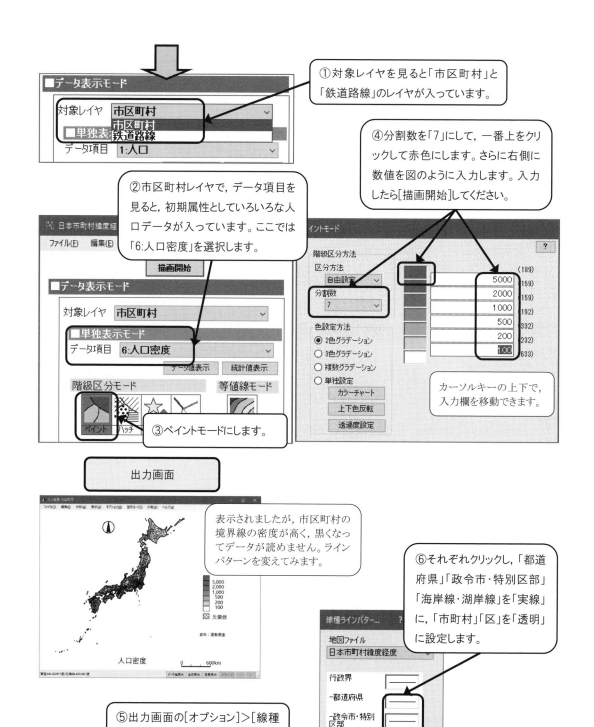

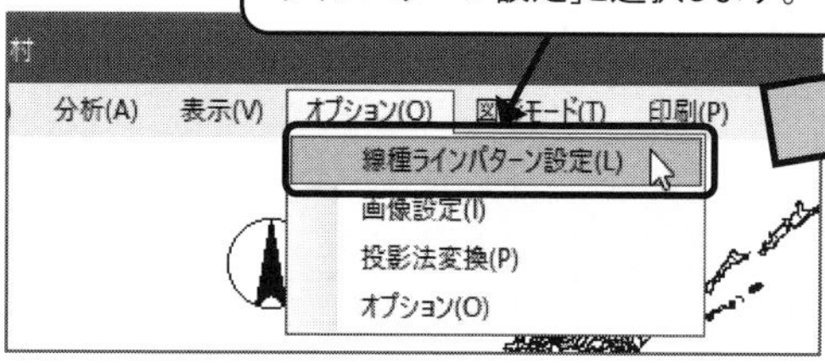

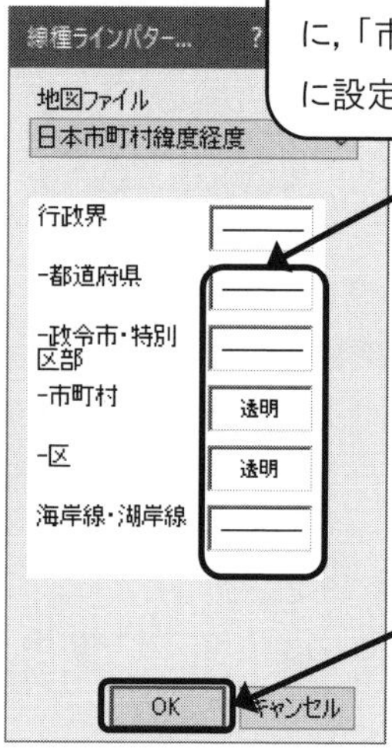

⑦[OK]をクリックします。

データが読みとりやすくなりました。
(人/km²)
5,000
2,000
1,000
500
200
100
欠損値
資料：国勢調査
人口密度
600km
次に鉄道路線を表示します。
①対象レイヤを「鉄道路線」，データ項目を「1:事業者種別」にします。
対象レイヤ 鉄道路線
■単独表示モード
データ項目 1:事業者種別
データ値表示
統計値表示
階級区分モード
等値線モード
ペイント
ハッチ
階級記号
線
②線モードにします。
JR在来線 (172)
公営鉄道 (56)
新幹線 (7)
第三セクター (85)
民営鉄道 (271)
③ラインパターンを図のように設定して[描画開始]します。
出力画面
事業者種別ごとに分類された地図が表示されました。
JR在来線
公営鉄道
新幹線
第三セクター
民営鉄道
事業者種別
600km
先ほどの人口密度の地図と，鉄道路線図を重ねて表示しましょう。
■複数表示モード
グラフ
ラベル
移動
重ね合わせセット
④[重ね合わせセット]をクリックします。
⑤対象レイヤを「市区町村」として，データ項目に「6:人口密度」を選択し，[重ね合わせセット]をクリックします。
■複合表示モード
重ね合わせ
連続
⑥重ね合わせ表示モードを選択して，[描画開始]します。
重ね合わせ表示モード
重ね合わせデータセット
データセット1
データセット追加
データセット削除
タイトル
常に重ねる
重ね合わせデータ
レイヤ データ 表示... 凡...
市区町村 人口密度 ペイント 表示
鉄道路線 事業者種別 線 表示
先ほど[重ね合わせセット]した 2 つの項目が入っています。

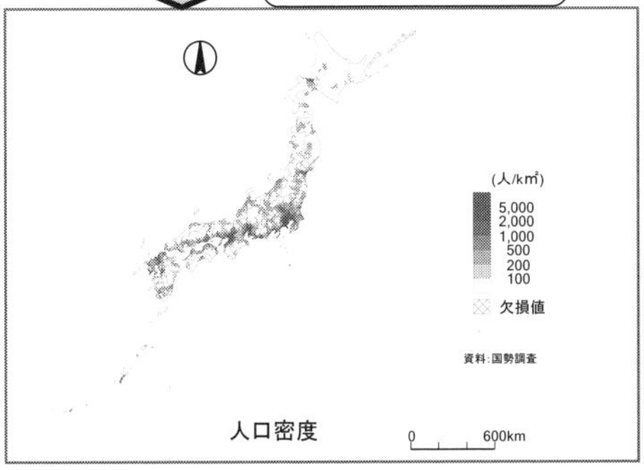

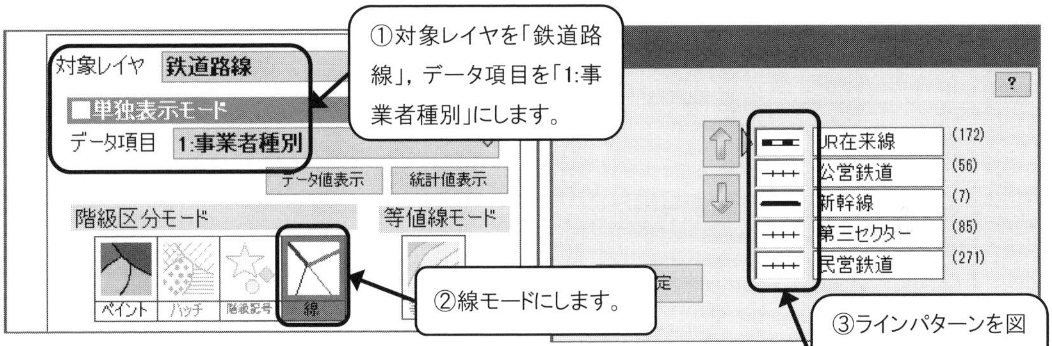

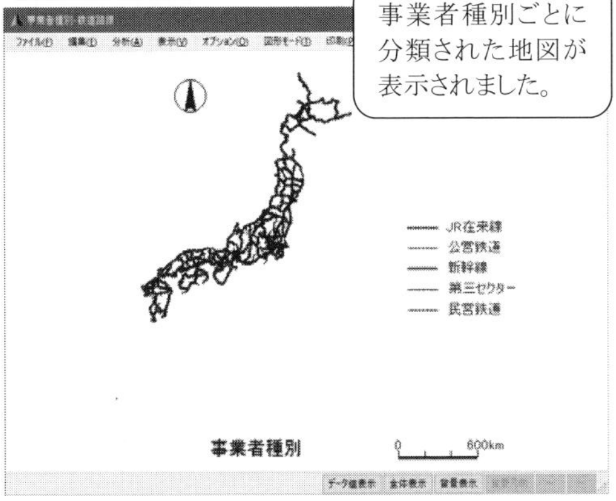

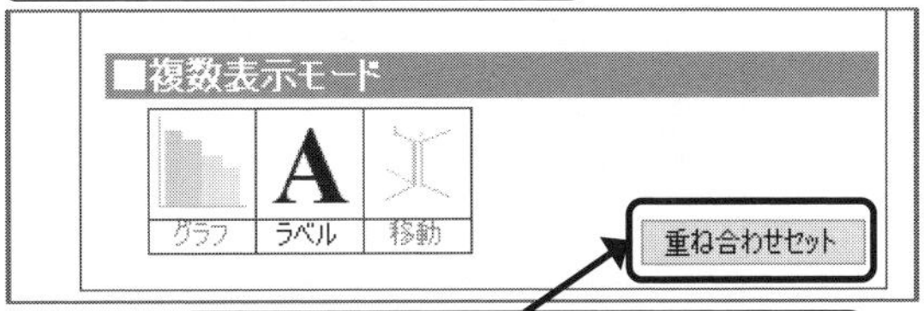

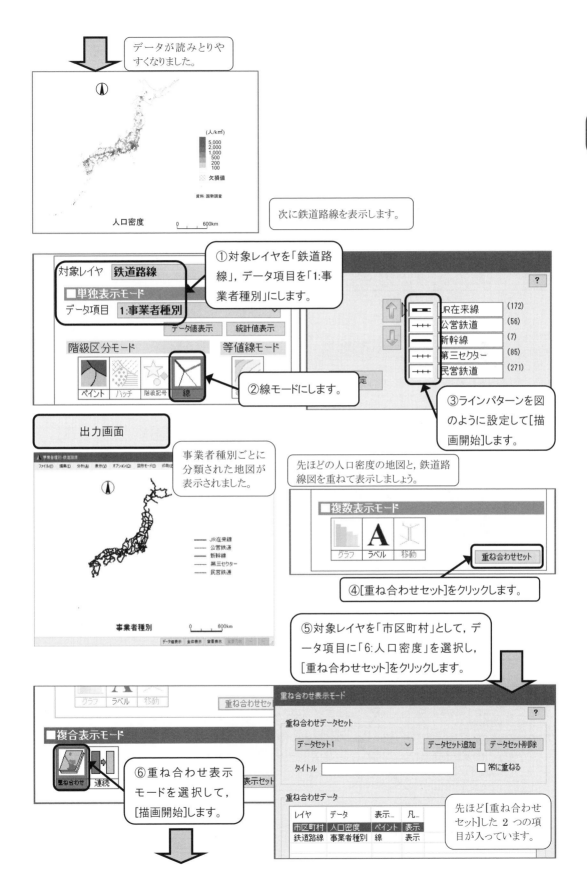

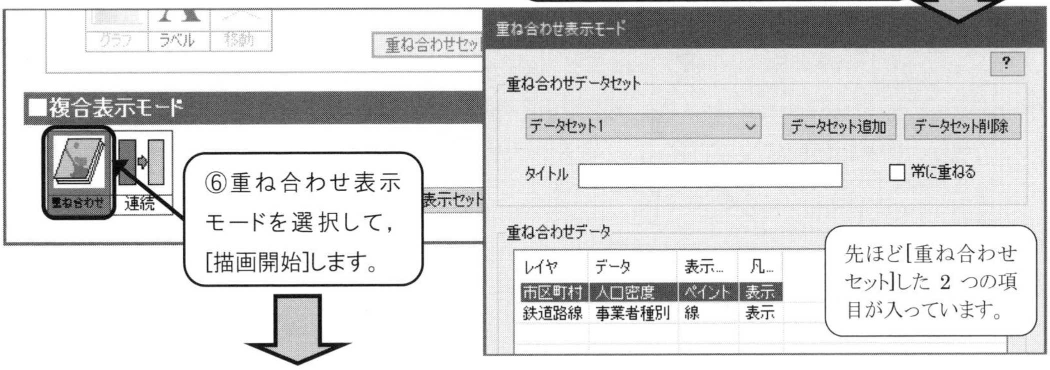

2 つのデータが重なって表示されました。このようにレイヤを重ねることを GIS では「オーバーレイ」と呼びます。

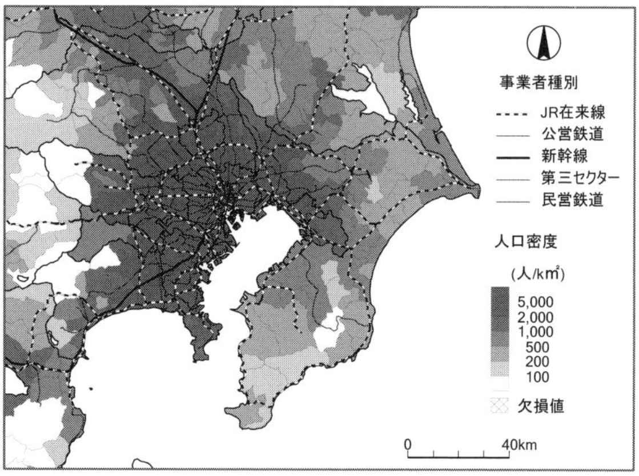

いろいろ設定を行ったので，この設定を MANDARA の属性データファイルとして保存します。

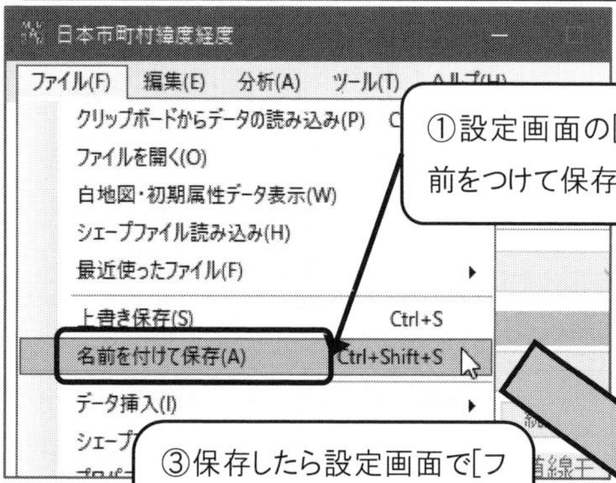

①設定画面の[ファイル]>[名前をつけて保存]を選択します。

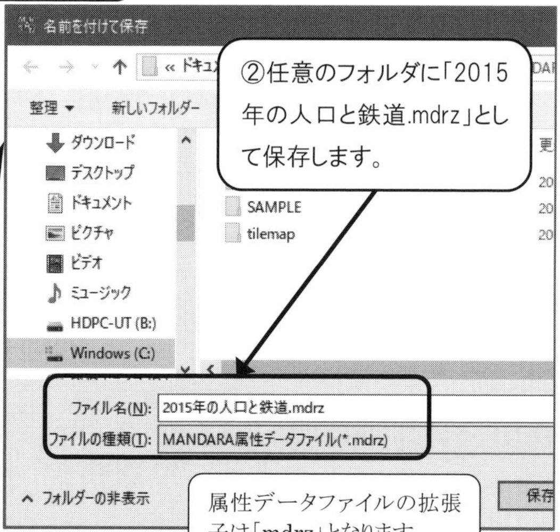

②任意のフォルダに「2015 年の人口と鉄道.mdrz」として保存します。

属性データファイルの拡張子は「mdrz」となります。

③保存したら設定画面で[ファイル]>[終了]とし，MANDARA を終了させます。

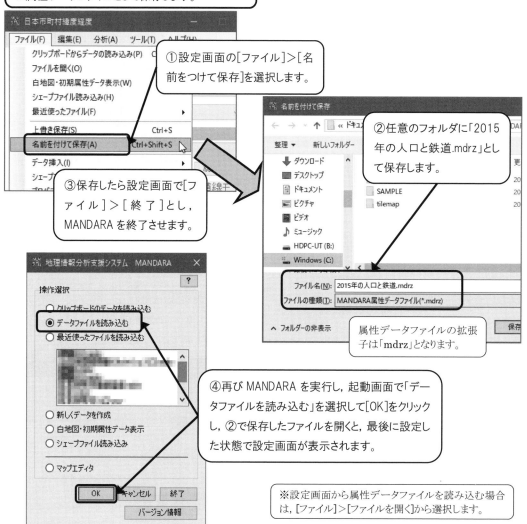

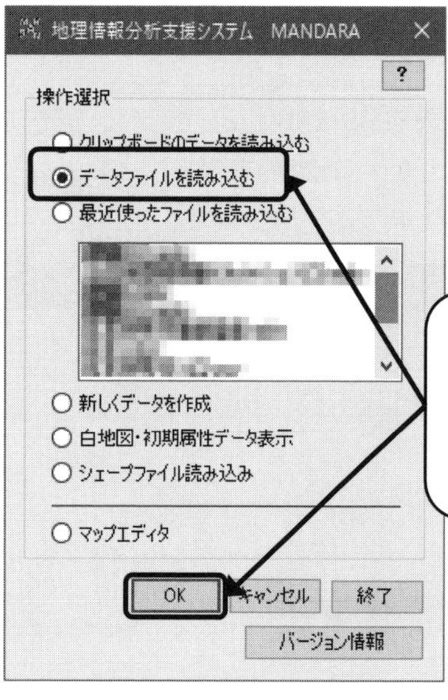

④再び MANDARA を実行し，起動画面で「データファイルを読み込む」を選択して[OK]をクリックし，②で保存したファイルを開くと，最後に設定した状態で設定画面が表示されます。

※設定画面から属性データファイルを読み込む場合は，[ファイル]>[ファイルを開く]から選択します。

第 3 章　都道府県別の統計地図と表現方法

本章の内容

① 地図ファイル「JAPAN.mpfz」を使った基本的な MANDARA タグの設定
② 属性データ編集画面
③ データの種類と表示方法
④ 階級区分の方法

第 3 章では，Excel 上にある独自の都道府県別データを取り込んで地図化する方法と，データの種類に応じた表現方法について解説します。

3.1　統計情報に MANDARA タグをつける

Excel 上にある地域統計データを MANDARA に取り込み，付属地図ファイルの上に表示するには，データを解釈するための「MANDARA　タグ」を Excel 上に追加します。そして，タグを追加したデータをコピーして，MANDARA にクリップボード経由で読み込ませます。

まず練習で，Excel を実行し，次の四国の人口データを入力してください。

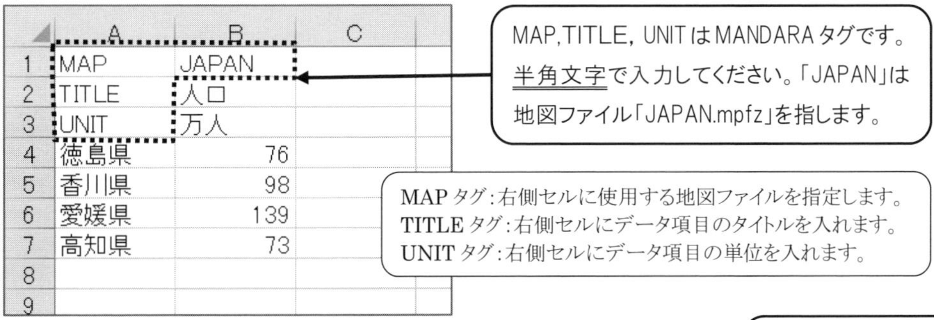
A
B
C
MAP
JAPAN
TITLE
人口
UNIT
万人
徳島県
76
香川県
98
愛媛県
139
高知県
73
MAP,TITLE, UNIT は MANDARA タグです。半角文字で入力してください。「JAPAN」は地図ファイル「JAPAN.mpfz」を指します。
MAP タグ：右側セルに使用する地図ファイルを指定します。
TITLE タグ：右側セルにデータ項目のタイトルを入れます。
UNIT タグ：右側セルにデータ項目の単位を入れます。

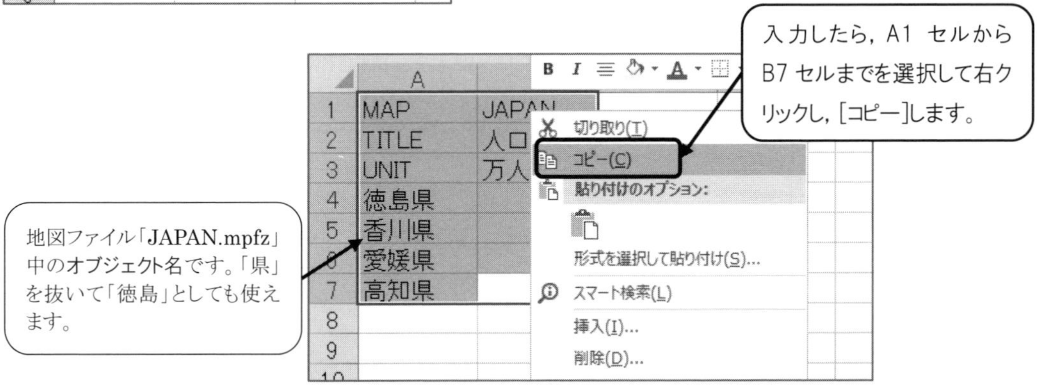
入力したら，A1　セルから B7 セルまでを選択して右クリックし，[コピー]します。
地図ファイル「JAPAN.mpfz」中のオブジェクト名です。「県」を抜いて「徳島」としても使えます。
MAP
TITLE
人口
UNIT
万人
徳島県
香川県
愛媛県
高知県
切り取り(T)
コピー(C)
貼り付けのオプション:
形式を選択して貼り付け(S)...
スマート検索(L)
挿入(I)...
削除(D)...

起動画面

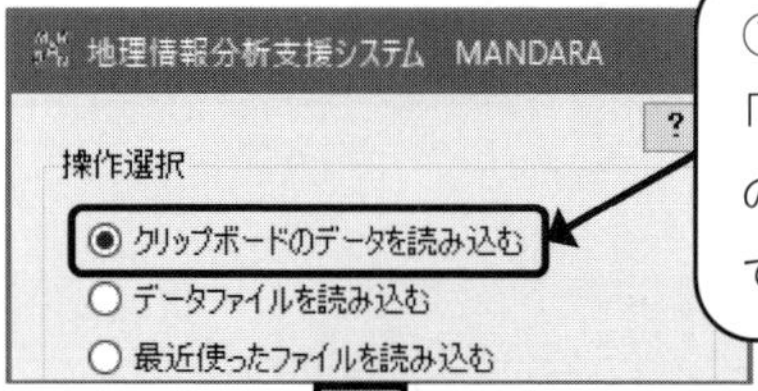

①MANDARA を実行し，最初の「起動画面」から[クリップボードのデータを読み込む]を選択して[OK]をクリックします。

クリップボードとは，コピーした情報が記憶されているPC 内の領域です。

② [描画開始]をクリックします。

TITLE タグで指定したデータ項目「人口」が入っています。

記号の大きさモードが選択されています。

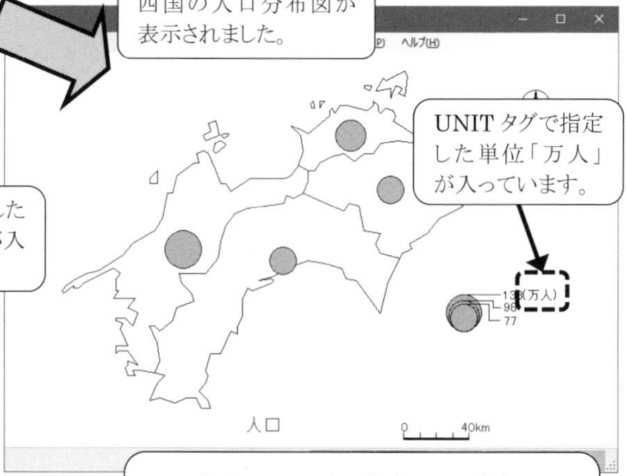

四国の人口分布図が表示されました。

UNIT タグで指定した単位「万人」が入っています。

このように，Excel 上で指定したオブジェクトのみが表示されます。47 都道府県すべて設定すれば，全国の統計地図が表示されます。

③C 列にデータを追加して，先ほどと同じようにコピーしてください。

	A	B	C
1	MAP	JAPAN	
2	TITLE	人口	人口密度
3	UNIT	万人	人/km²
4	徳島県	76	182
5	香川県	98	520
6	愛媛県	139	244
7	高知県	73	103
8			

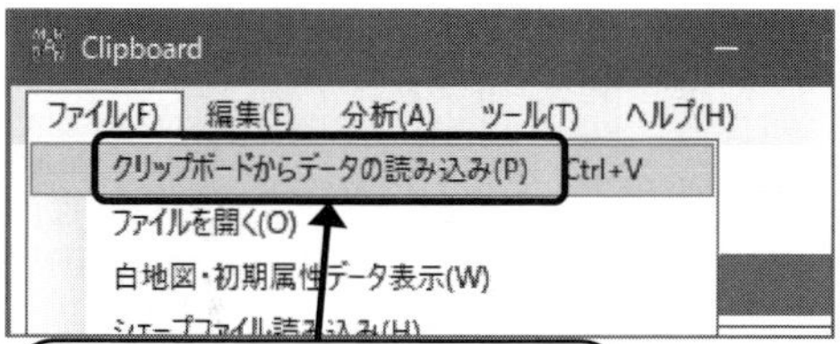

④設定画面から読み込む場合は[ファイル]>[クリップボードからデータの読み込み]とします。

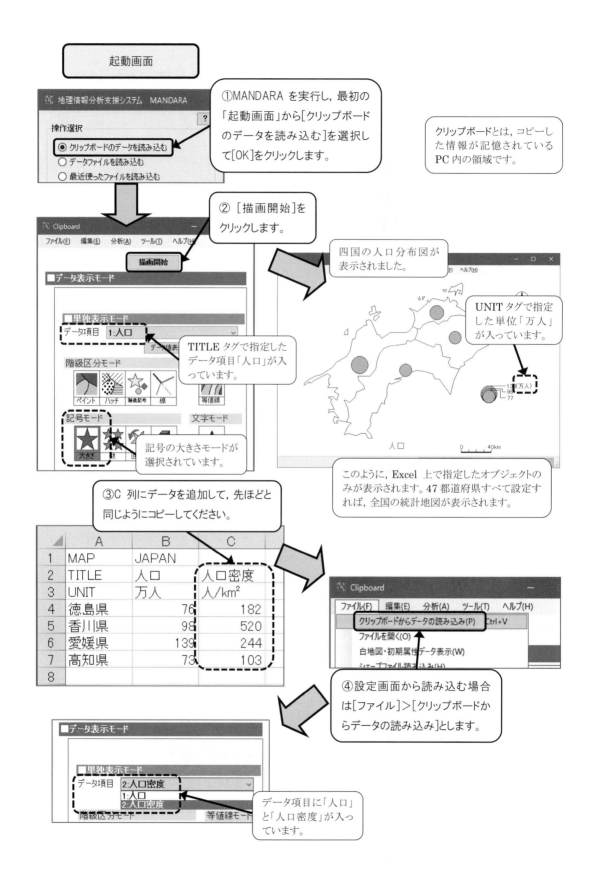

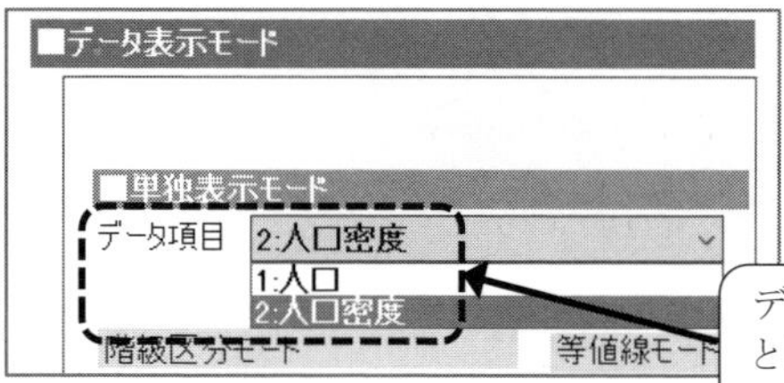

データ項目に「人口」と「人口密度」が入っています。

3.2 属性データ編集画面

元の Excel 上のデータを修正して，再度読み込ませると，MANDARA 上で設定した色なども設定し直す必要があります。そのような再設定を行わずにすむ方法として，MANDARA の「属性データ編集画面」を使う方法があります。前ページの状態から，1 つデータ項目を追加してみます。

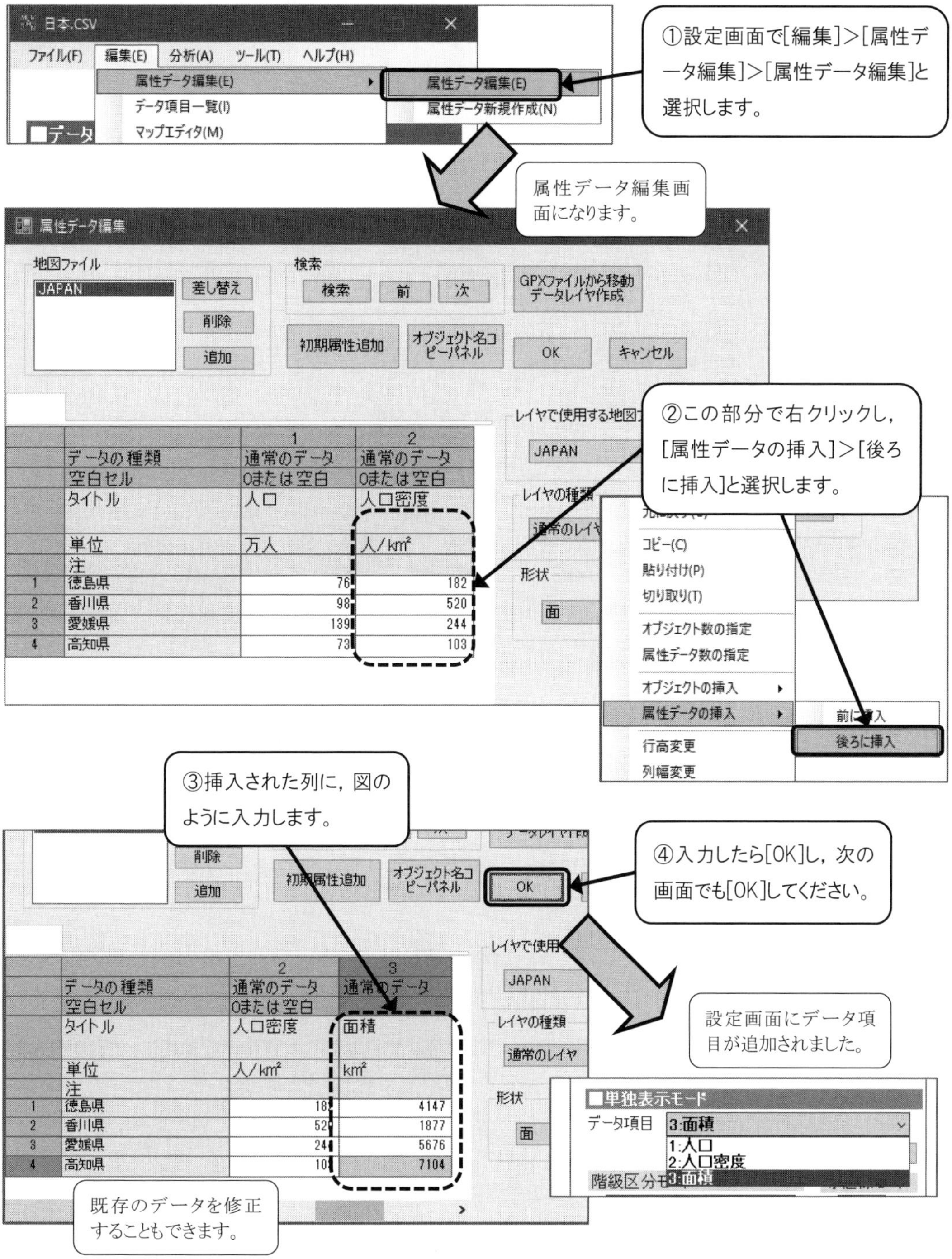

3.3 データの種類と表現方法

3.3.1 データの種類

MANDARA で扱うデータには，数値である「通常のデータ」，分類を示す「カテゴリーデータ」，文字である「文字データ」に大きく分かれます。これらのデータは，UNIT タグに設定するタグで種類を指定できます。例として，MANDARA 付属のサンプルデータである，[ドキュメント][MANDARA10][SAMPLE]フォルダに含まれる「都道府県基本.xlsx」を Excel で開いてみます。

都道府県基本.xlsx

	A	B	C	D	E	F	G	H	I	J	K
1	MAP	JAPAN									
2	TITLE	人口(2015年)	人口増加数(2010～15年)	人口増加率(2010～15年)	人口密度(2015年)	地域	県庁所在地	合計特殊出生率(2015年)	65歳以上人口割合(2015年)	製造品出荷額等(2014年)	東京都への移動者(2015年)
3	UNIT	人	人	%	人/km²	CAT	STR		%	億円	人
4	NOTE	資料:国勢調査	資料:国勢調査	資料:国勢調査	資料:国勢調査			資料:人口動態統計	資料:国勢調査	資料:工業統計調査	資料:住民基本台帳人口移動報告年報
5	北海道	5381733	-124686	-2.26	68.6	北海道	札幌市	1.31	29.09	66728	14524
6	青森県	1308265	-65074	-4.74	135.6	東北	青森市	1.43	30.14	15951	4350
7	岩手県	1279594	-50553	-3.80	83.8	東北	盛岡市	1.49	30.38	22707	3633
8	宮城県	2333899	-14266	-0.61	320.5	東北	仙台市	1.36	25.75	39722	9192
9	秋田県	1023119	-62878	-5.79	87.9	東北	秋田市	1.35	33.84	12149	3038

UNIT 欄の単位指定の部分にある，「CAT」と「STR」がデータの種類を示すタグで，次の意味があります。

CAT：データ項目がカテゴリーデータであることを示すタグです。このデータでは，「北海道」，「東北」，「関東」といった地域区分が入っています。

STR：データ項目が文字データであることを示すタグです。このデータでは，「札幌市」など県庁所在都市名が入っています。

この 2 種類以外が UNIT 欄に入っていれば，「通常のデータ」として扱われます。

なお，UNIT タグの下にある「NOTE」タグは，右側にデータの注釈を入れることを示しており，出力画面に表示されます。

3.3.2 データの種類と表示モード

データの種類によって，利用可能な表示モードは制限されます。次の図は，データの種類ごとに，データ表示モードの単独表示モードで適切な表示方法を示したものです。文字データの場合は，文字モードでしか表示できません。カテゴリーデータの場合は，階級区分モードが適しています。両データは，設定画面でデータ項目を選択した際に，表示できない方法は選択できないようになっています。

通常のデータの場合は，すべての表示方法が選択できるようになっており，ユーザ自身の判断によって，表示方法を選択する必要があります。特に，面積の影響を受けるデータ（人口のように，エリア内のものを数え上げた，絶対数のデータ)と，面積の影響を受けないデータ(人口を面積で割った人口密度，高齢者の割合など)では，前者を記号の大きさモード，後者を階級区分モードで表示します。MANDARA では，両者を TITLE タグおよび UNIT タグから自動判別し，最初の選択状態を決めています。

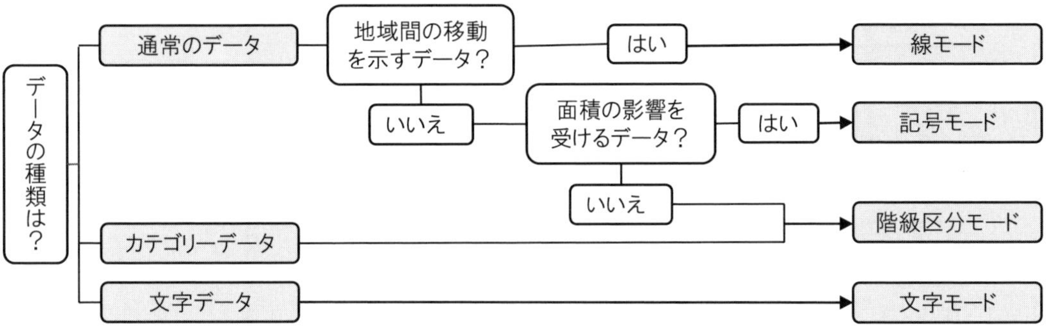

それでは，先ほどの「都道府県基本.xlsx」のデータをコピーし，MANDARA に読み込ませてください。

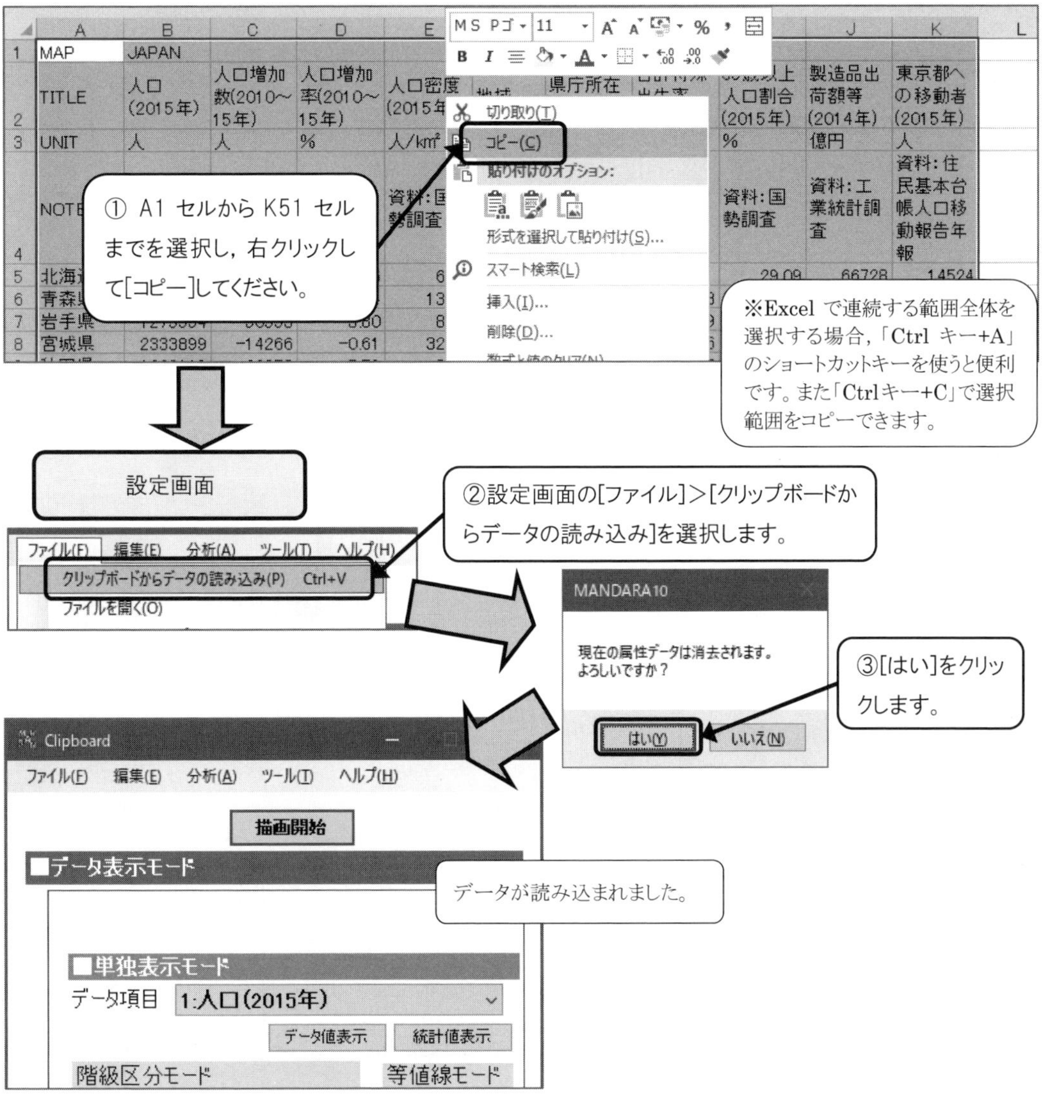

まず文字データを表示してみます

①データ項目で「6:県庁所在地」を選択します。

UNIT タグ欄に STR が設定してあるため，文字データと認識されています。表示方法は文字モードしか選択できません。

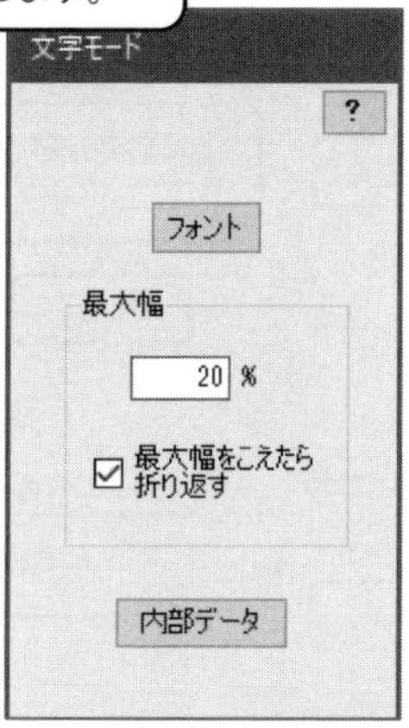

出力画面

② ［描画開始］ボタンをクリックすると，出力画面に県庁所在地名が表示されます。

次にカテゴリーデータを表示します

③データ項目で「5:地域」を選択します。

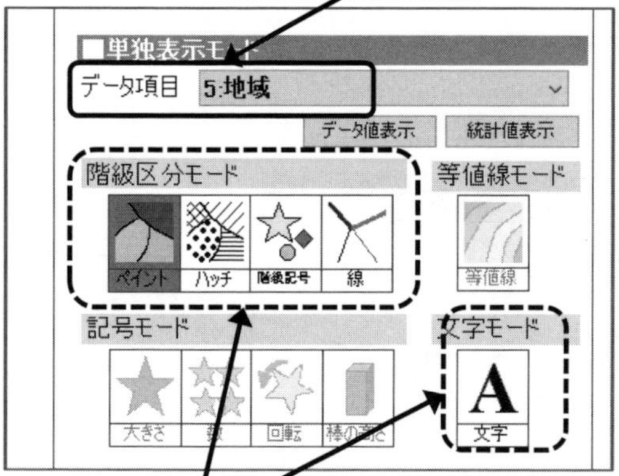

UNIT タグ欄に CAT が設定してあるため，カテゴリーデータと認識されています。階級区分モードと文字モードしか選択できません。ここではペイントモードで表示します。

カテゴリーの文字は変更できます。

カテゴリーごとのオブジェクトの数です。

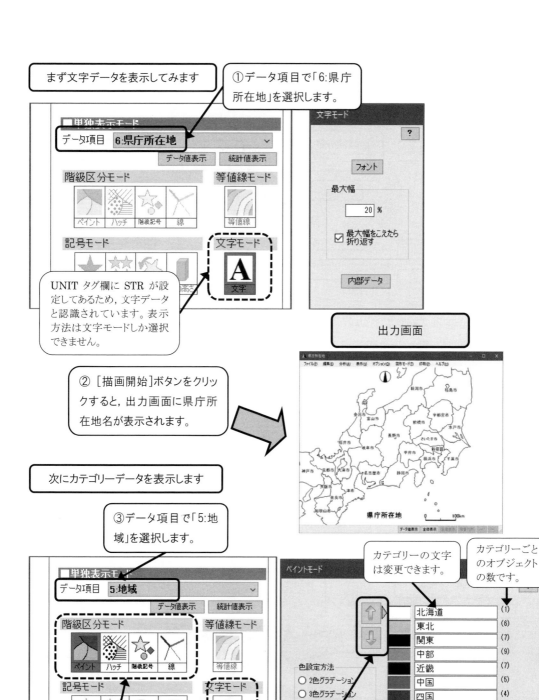

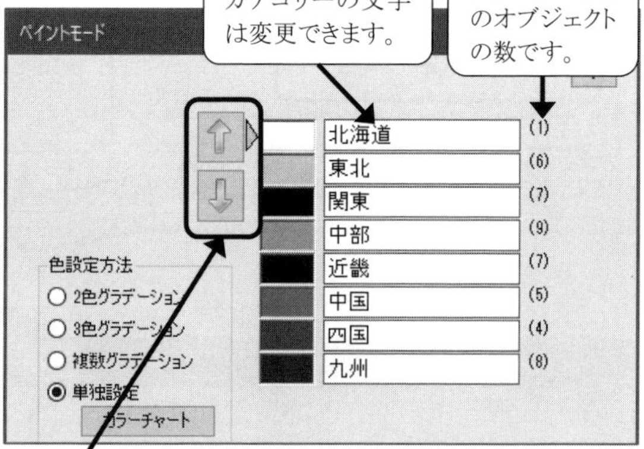

④カテゴリーデータでは，並び順を変更できます。移動したいカテゴリーをクリックして緑色のマーカーを移動し，矢印の上下で順序を入れ替えます。ここでは，図のように北から南に並べ替えます。

⑤設定したら［描画開始］ボタンをクリックしてください。

出力画面

ペイントモードでデー
が表示されました。

①凡例の形状はいろいろ
設定を変えることができま
す。凡例の上で右クリック
してください。

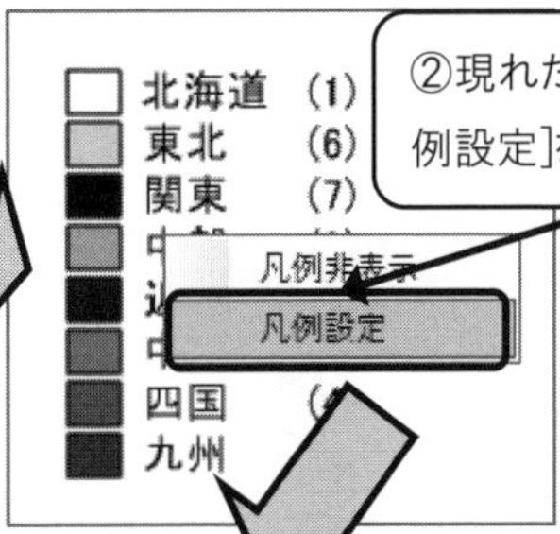

②現れたメニューで[凡
例設定]を選択します。

凡例非表示
凡例設定

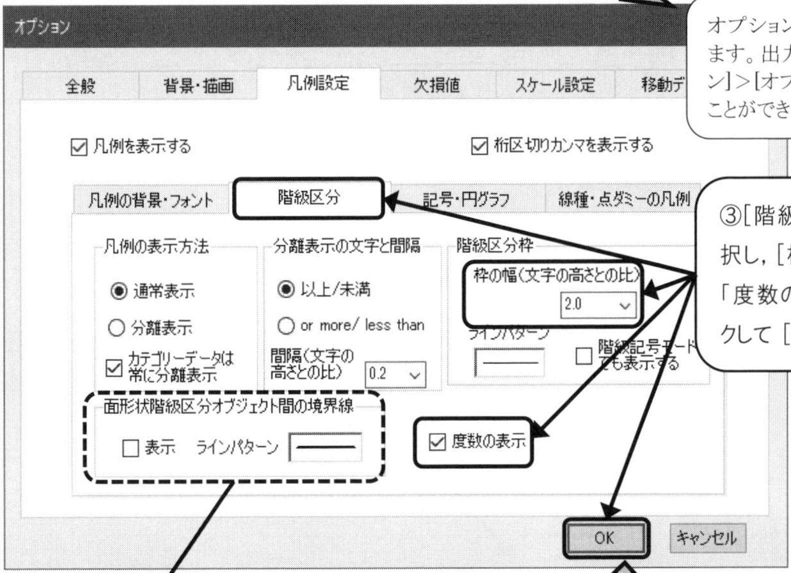

オプション画面が表示され
ます。出力画面の[オプショ
ン]>[オプション]からも入る
ことができます。

③[階級区分]タブを選
択し，[枠の幅]を「2」，
「度数の表示」にチェッ
クして[OK]します。

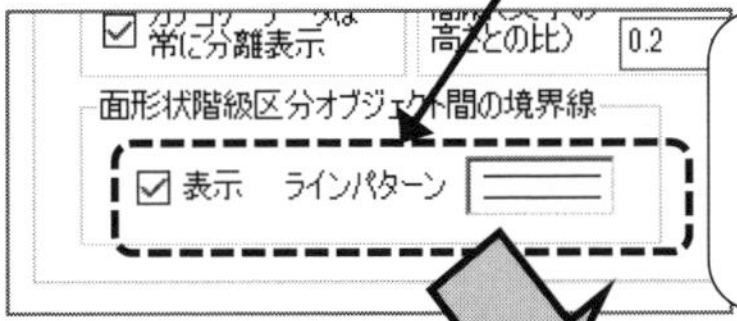

「面形状階級区分オブジェクト
間の境界線」欄では，階級区分
の異なるオブジェクト間の境界
線を設定することができます。

凡例の枠の幅が広がり，
各地域の都道府県の数
が表示されました。

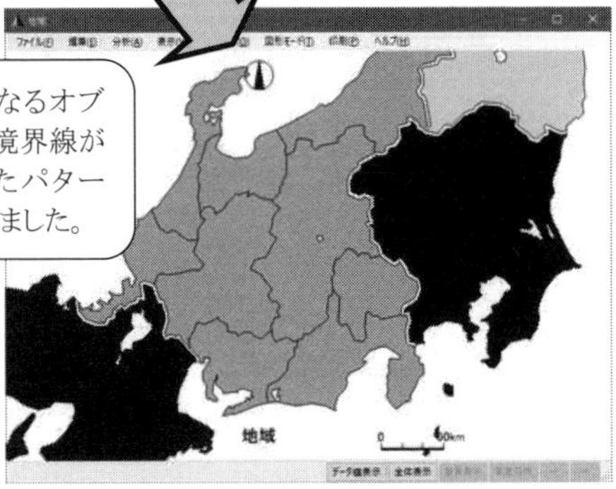

地域の異なるオブ
ジェクトの境界線が
指定されたパター
ンにかわりました。

カテゴリーの間にはすき
間があり，「分離表示」と
呼んでいます。上の図
で，「カテゴリーデータ
は常に分離表示」にチ
ェックが入っています。

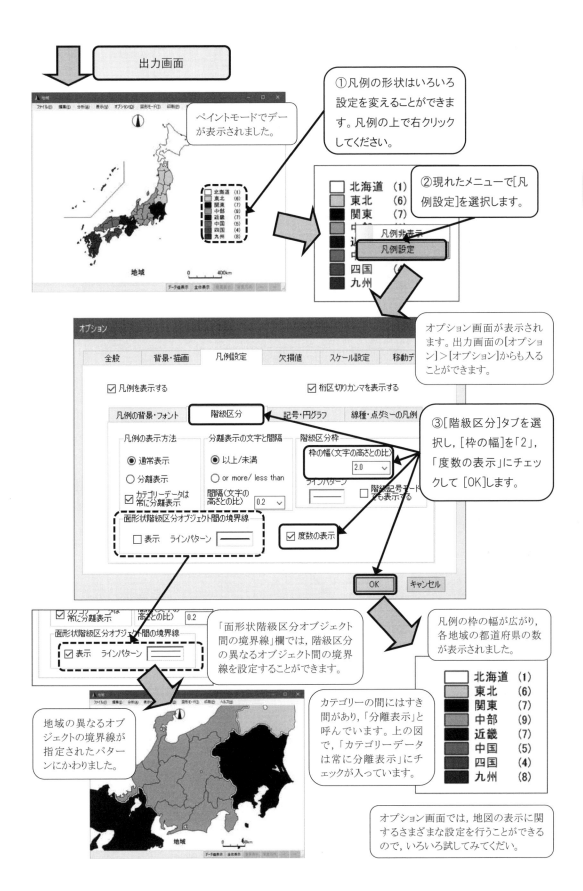

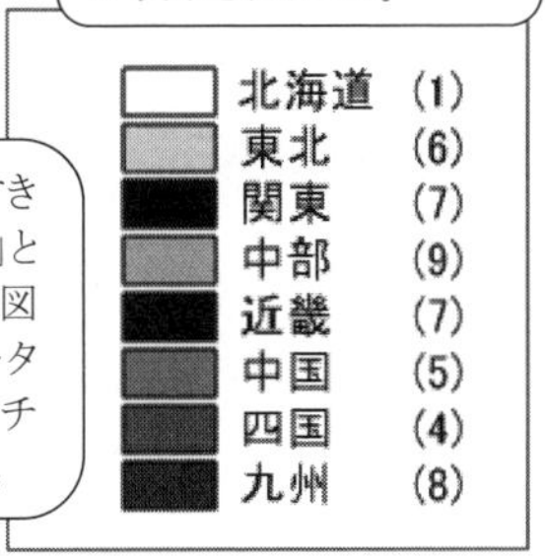

オプション画面では，地図の表示に関
するさまざまな設定を行うことができる
ので，いろいろ試してみてくだい。

3 つめに，通常のデータで面積の影響を受けるデータを記号モードで表示します

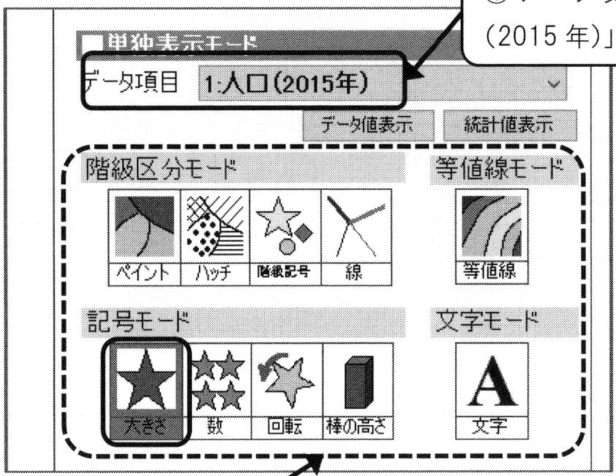

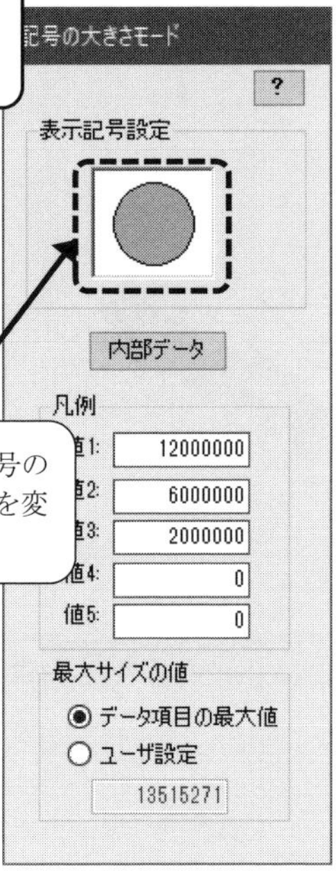

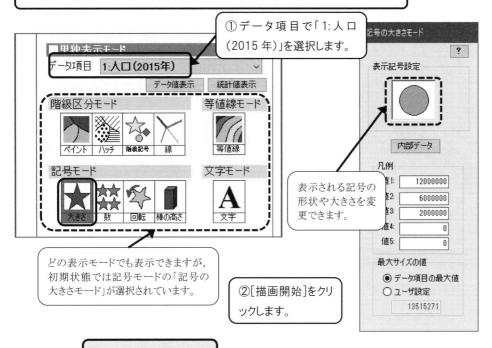

①データ項目で「1: 人口(2015 年)」を選択します。

表示される記号の形状や大きさを変更できます。

どの表示モードでも表示できますが，初期状態では記号モードの「記号の大きさモード」が選択されています。

②[描画開始]をクリックします。

出力画面

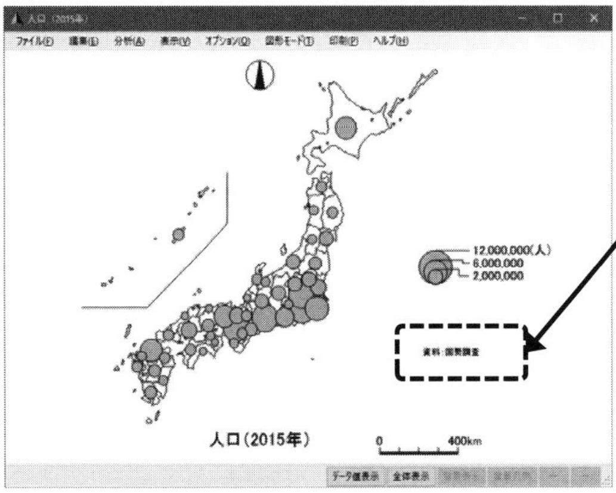

NOTE タグに記述された内容が表示されています。ドラッグして移動できます。

記号のうち，この人口数データの場合は「記号の大きさモード」「記号の数モード」「棒の高さモード」が適しています。それぞれ選択して描画し，どの方法がよいか考えましょう。

記号の数モード

「端数表示」にチェックが入った状態です。

棒の高さモード

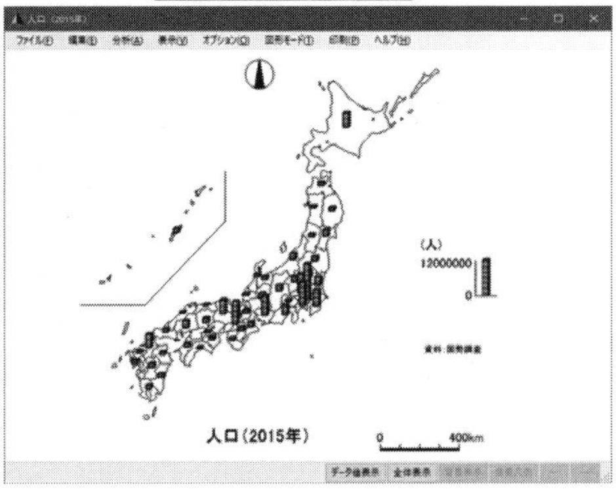

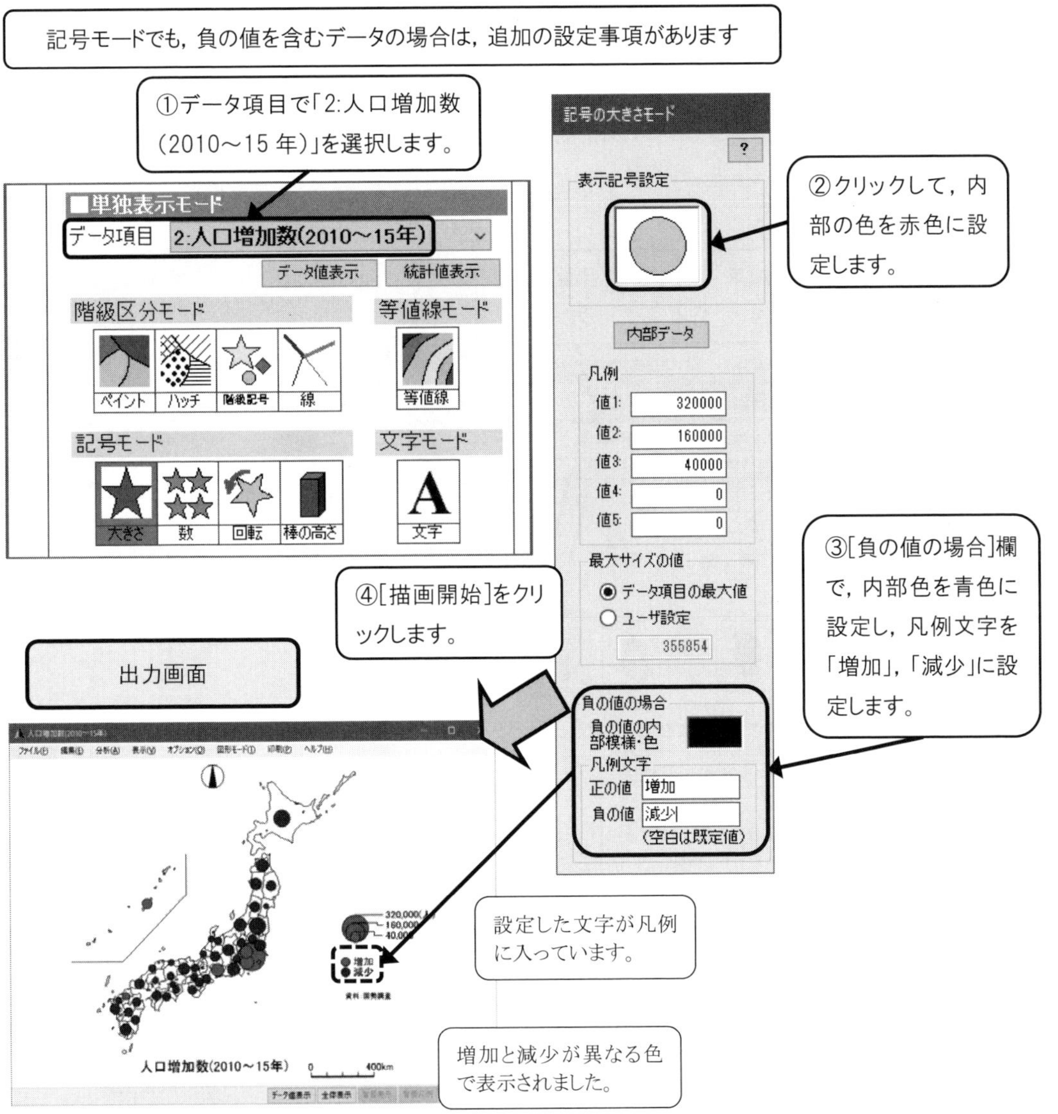

3.3.3 階級区分の分割数と区分値

次に，面積の影響を受けないデータである相対量のデータを階級区分モードで表示してみます。「都道府県基本.xlsx」のデータでは，「人口増加率(2010～15 年)」「人口密度(2015 年)」「合計特殊出生率(2015 年)」「65 歳以上人口割合(2015 年)」が階級区分モードでの表示が適当なデータで，これらは面積で割ったり(人口密度)，県内全域が等しい値と仮定することで(人口増加率)，オブジェクトの面積によって，数値が高くなったり，低くなったりという影響を受けません。

階級区分モードで考慮すべき点として，次の 3 点が挙げられます。これらは，データの特徴に合わせて決める必要があります。

①階級分割数
②階級区分値
③階級色

まず階級分割数です。47 都道府県の場合は 4～6 分割程度が適当で，この程度なら地図を見てそれぞれのオブジェクトがどの階級区分に属するのかわかります。一方，全国の市町村だったり（第 4 章），メッシュデータだったりして（第 7 章），オブジェクトが大量にある場合は，一つずつのオブジェクトの値よりも，全体としての分布傾向のわかりやすさが優先されるので，より多くの階級区分，たとえば 10 区分などにしてもよいでしょう。

次に階級区分値を考えます。

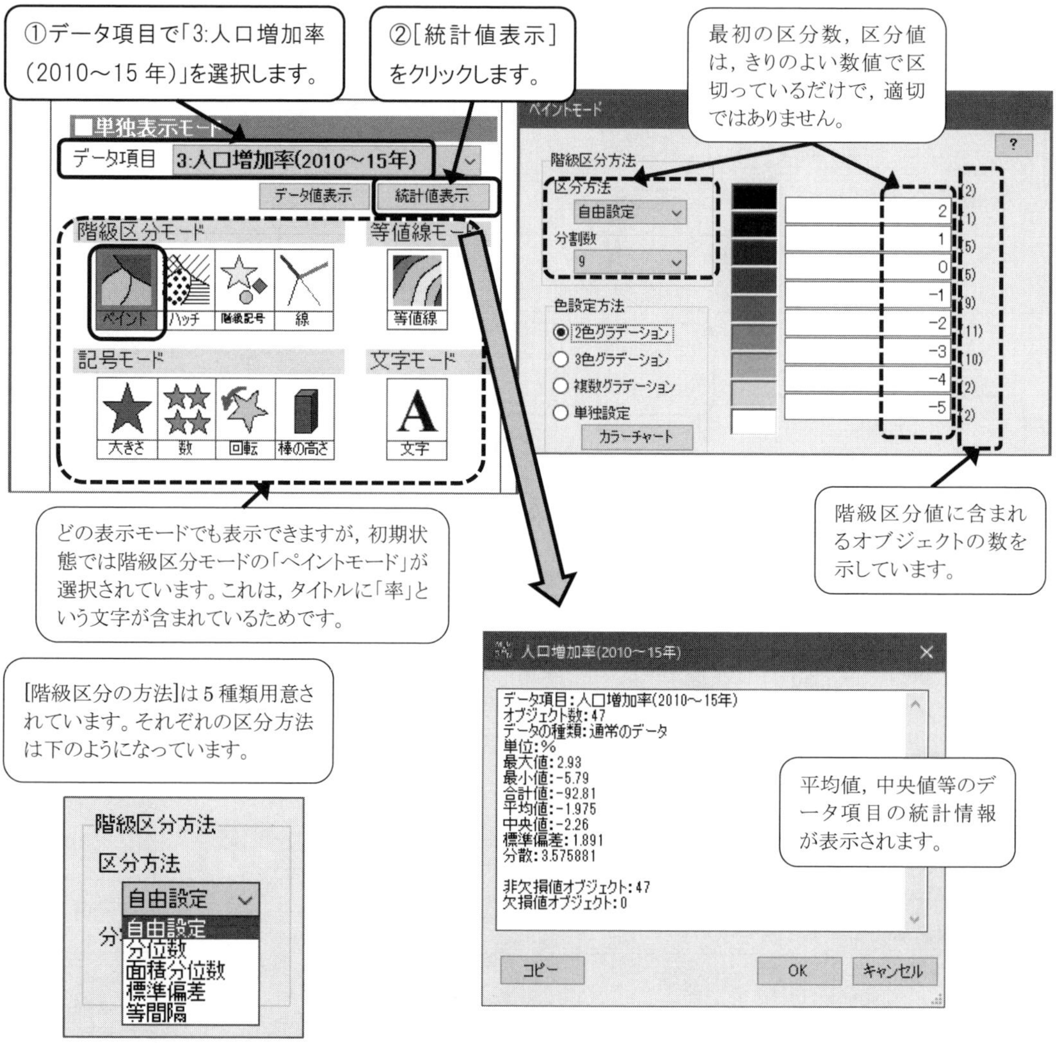

自由設定	分割数を指定して任意の値で区切ります。
分位数	指定した分割数をもとに，オブジェクト数が階級ごとに等しく分布するように，区分値を決定します。
面積分位数	指定した分割数をもとに，含まれるオブジェクトの面積が階級ごとに等しく分布するように，区分値を決定します。
標準偏差	平均値+標準偏差，平均値+標準偏差/2，平均値，平均値-標準偏差/2，平均値-標準偏差，と区分値を決定します。分割数は 6 で固定です。
等間隔	指定した分割数で，最大値・最小値をもとに等間隔で区分します。

階級区分値を考える上で，データの度数分布を検討することが重要です。次の図は，4 つのデータの度数分布図を示しており，縦実線は中央値，破線は平均値を示しています（中央値とは，データ値を大きい順に並べた際に中央に位置する値です）。

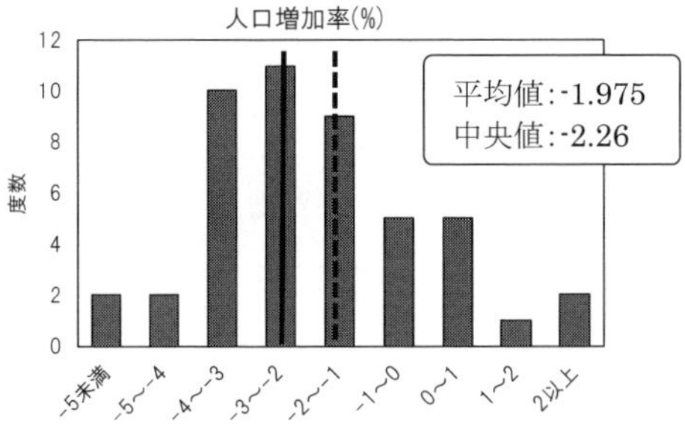

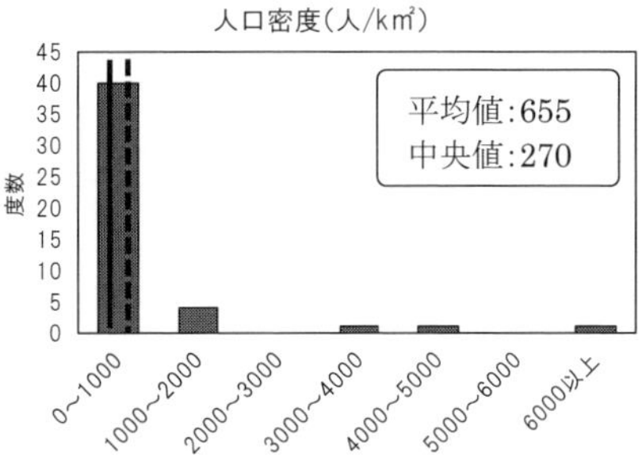

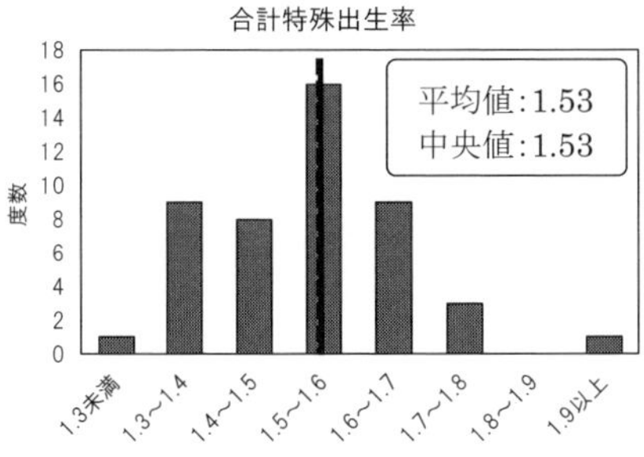

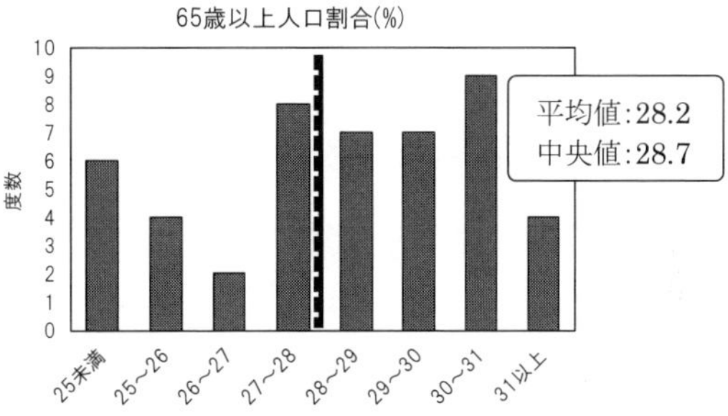

度数分布図を見ると，データによって形状が異なります。これは，データの性質や算出方法によるもので，それぞれ次のような特徴があり，対応する適した区分方法をまとめました。

	データの性質	適した区分方法
人口増加率	中央値よりも平均値の方が大きく，中央値・平均値付近の分布が大きい。人口増加率は，特定の期間の増減を期首人口で割った値なので，-100%を下回ることはないが，上限はない。そのため，平均値が中央値よりも大きくなりがちである。	増加と減少に大きな意味があるので，分割値 0 を間に入れた等間隔の区分
人口密度	中央値よりも平均値の方がかなり大きく，0～1000 に分布がかたまっている。人口密度は，人口を面積で割った値なので，0 よりも小さくなることはないが，上限には限りがなく，東京都のような面積が狭い地域に人口が集中した場合は，極端に値が大きくなる。そのため，平均値は中央値よりも大きくなりがちである。	度数分布の偏りが大きいので，データ値を見ながら，区切りのよい値で区切る
合計特殊出生率	平均値と中央値が等しく，その値付近での分布が大きい。女性が一生の間に産む子供の数とされる指標で，0 を下回ることはなく，上限にも限りがある。そのため図のような分布になる。	平均値と標準偏差による区分，または等間隔の区分
65 歳以上人口割合	平均値と中央値が等しく，分布は均等である。人口に占める 65 歳以上の人口の構成比なので，0 以上 100 以下であり，都道府県のような比較的広い領域では，数値の上下の幅は小さくなって均等に分布しやすい。	平均値と標準偏差による区分，または等間隔の区分

「3:人口増加率(2010～2015 年)のペイントモードの状態です。

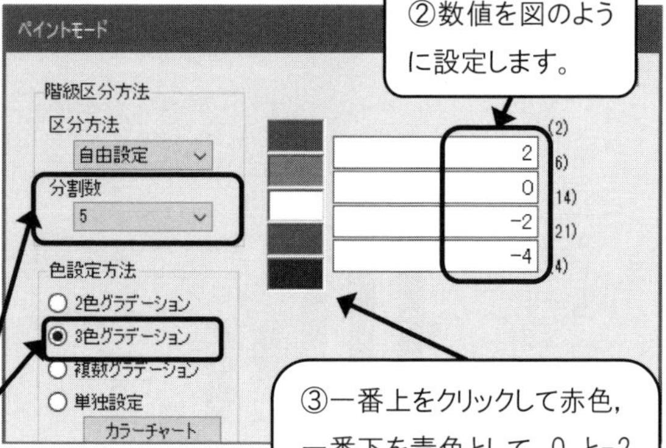

②数値を図のように設定します。

①[分割数]を「5」に設定し，[色設定方法]を「3 色グラデーション」にします。

③一番上をクリックして赤色，一番下を青色として，0 と-2 の間を白色に設定します。設定したら[描画開始]します。

出力画面

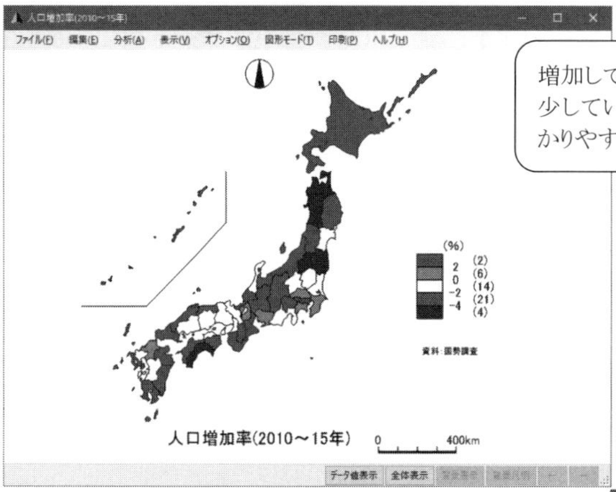

増加している地域は赤，減少している地域は青と，わかりやすく表示されます。

④データ項目で「7:合計特殊出生率(2015 年)」を選択します。

⑤[区分方法]を「標準偏差」に設定し，[描画開始]します。

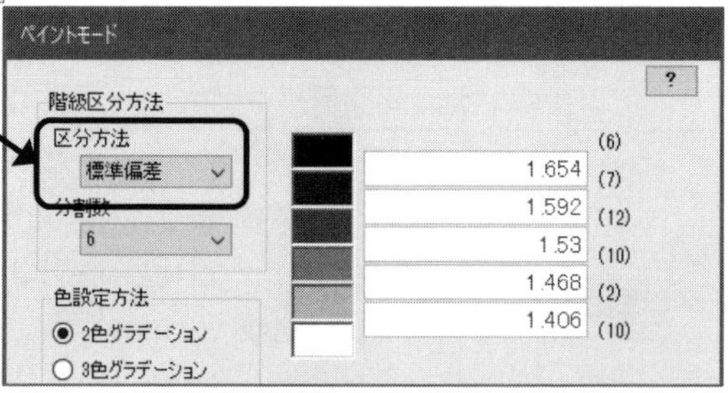

出力画面

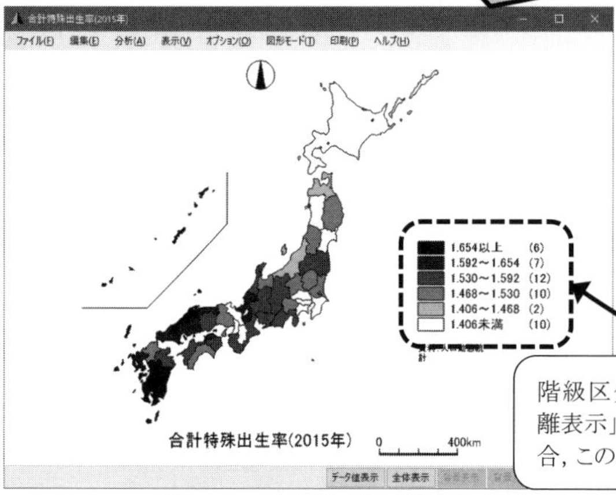

「標準偏差」では，分割数は 6 で固定され，区分値の中央が平均値です。

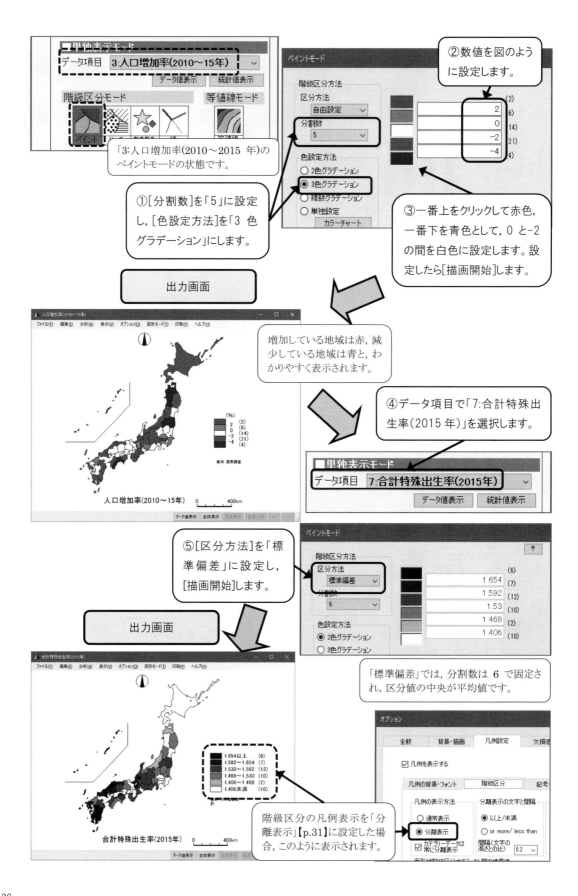

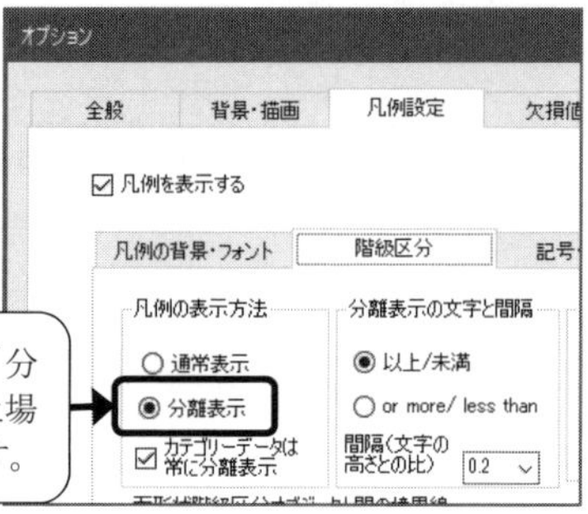

階級区分の凡例表示を「分離表示」【p.31】に設定した場合，このように表示されます。

①データ項目で「4:人口密度(2015年)」を選択します。

②[データ値表示]をクリックします。

先に見たように，人口密度の度数分布は偏っているので，間隔の開いている箇所を調べて区分値を決めます。

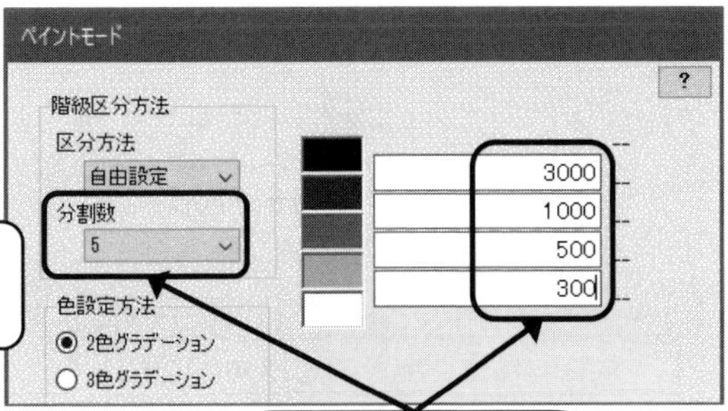

⑤[分割数]を「5」に設定し，区分値を図のように設定します。設定したら[描画開始]します。

データ値の一覧が表示されます。

③ここをクリックすると，数値の昇順，降順に並びかえされます。

間隔が開いている箇所です。ここでは，3000,1000,500,300を区分値に設定してみます。

④数値を調べたら，[OK]をクリックします。

出力画面

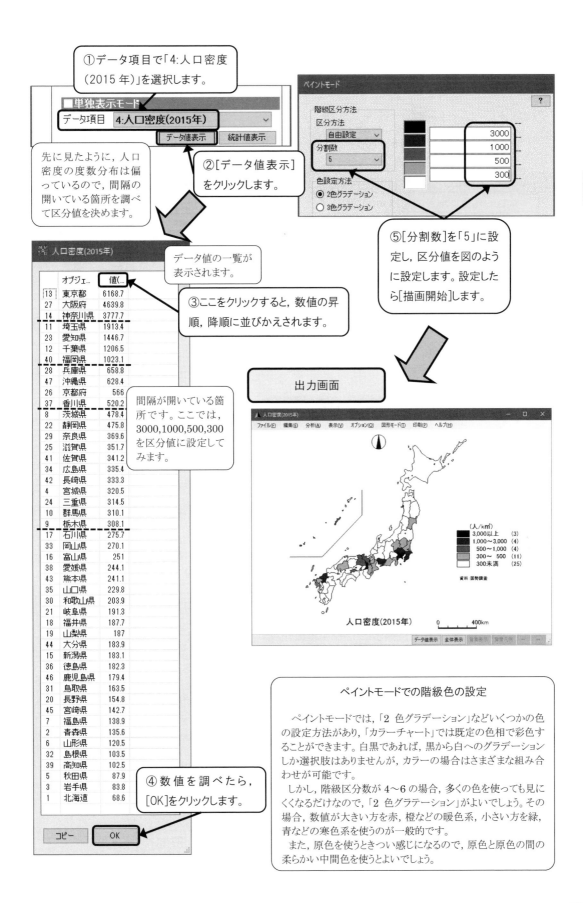

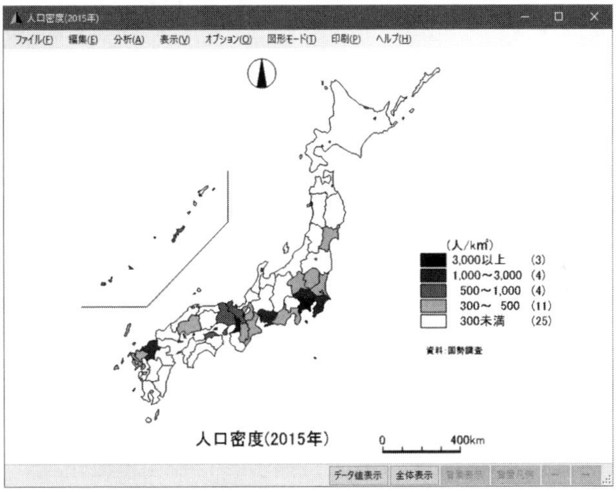

ペイントモードでの階級色の設定

ペイントモードでは，「2 色グラデーション」などいくつかの色の設定方法があり，「カラーチャート」では既定の色相で彩色することができます。白黒であれば，黒から白へのグラデーションしか選択肢はありませんが，カラーの場合はさまざまな組み合わせが可能です。

しかし，階級区分数が 4～6 の場合，多くの色を使っても見にくくなるだけなので，「2 色グラデーション」がよいでしょう。その場合，数値が大きい方を赤，橙などの暖色系，小さい方を緑，青などの寒色系を使うのが一般的です。

また，原色を使うときつい感じになるので，原色と原色の間の柔らかい中間色を使うとよいでしょう。

3.3.4 流線図の作成

地域間の人や物の移動を示す表示方法として，「流線図」という表示方法があり，MANDARA では「線モード」で表示します。ここでは東京都への移動者数を示してみます。

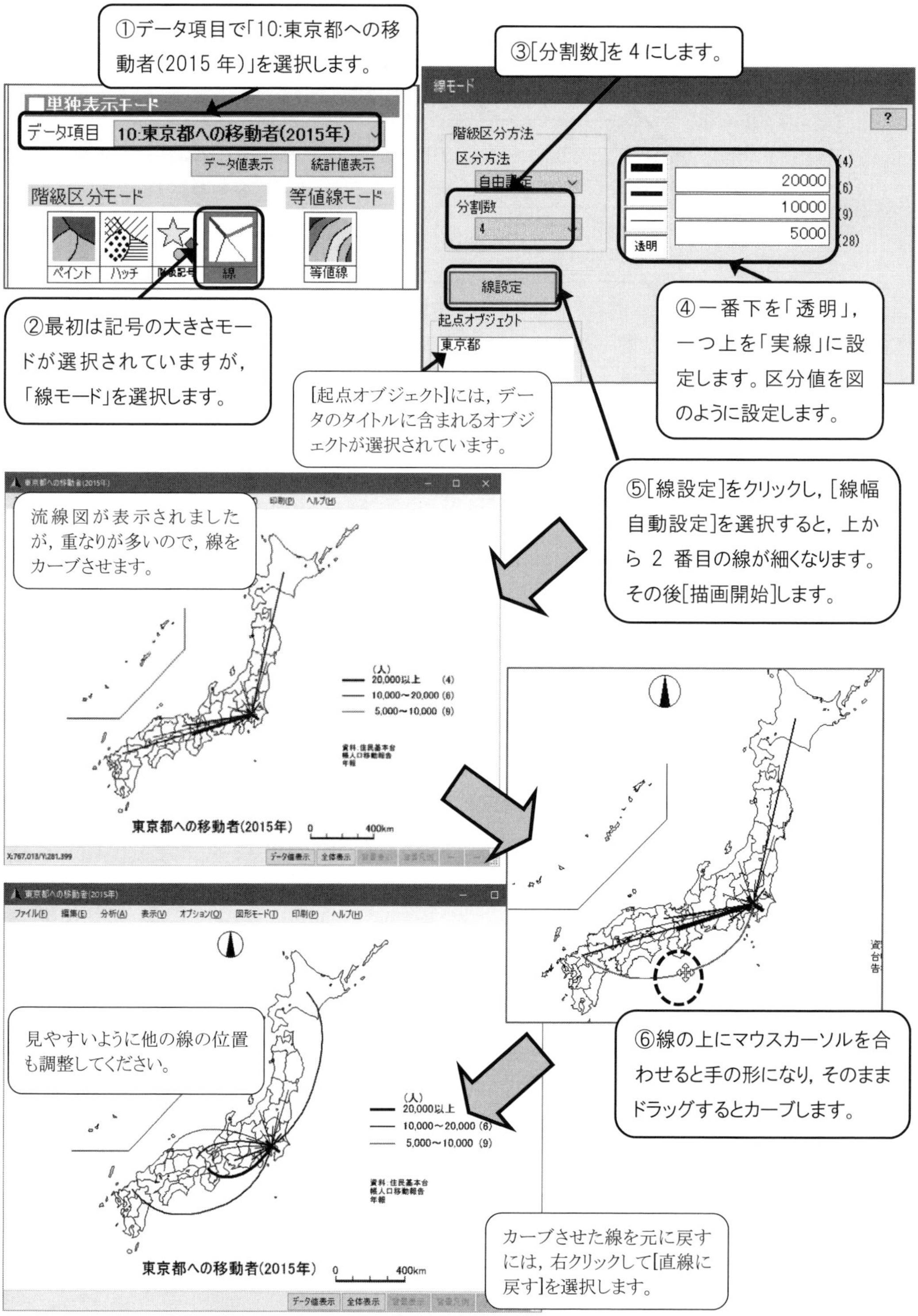
①データ項目で「10:東京都への移動者（2015 年）」を選択します。
③[分割数]を 4 にします。
■単独表示モード
データ項目
10:東京都への移動者(2015年)
データ値表示
統計値表示
階級区分モード
等値線モード
ペイント
ハッチ
線
等値線
線モード
階級区分方法
区分方法
分割数
4
透明
20000
10000
5000
(4)
(6)
(9)
(28)
線設定
起点オブジェクト
東京都
②最初は記号の大きさモードが選択されていますが，「線モード」を選択します。
[起点オブジェクト]には，データのタイトルに含まれるオブジェクトが選択されています。
④一番下を「透明」，一つ上を「実線」に設定します。区分値を図のように設定します。
⑤[線設定]をクリックし，[線幅自動設定]を選択すると，上から 2 番目の線が細くなります。その後[描画開始]します。
流線図が表示されましたが，重なりが多いので，線をカーブさせます。
(人)
20,000以上 (4)
10,000～20,000 (6)
5,000～10,000 (9)
東京都への移動者(2015年)
400km
⑥線の上にマウスカーソルを合わせると手の形になり，そのままドラッグするとカーブします。
見やすいように他の線の位置も調整してください。
東京都への移動者(2015年)
カーブさせた線を元に戻すには，右クリックして[直線に戻す]を選択します。

第 4 章　市区町村別の統計地図を作ろう

本章の内容

① 地図ファイル「日本市町村緯度経度.mpfz」を使った TIME タグによる時間設定
② 「政府統計の総合窓口」からの国勢調査データの取得
③ データ集計機能による計算
④ データ挿入機能を使ったデータの追加
⑤ 時系列集計機能による 2 時点間の集計
⑥ 飾りグループボックス

第 4 章では，「政府統計の総合窓口」の国勢調査データを使って，市区町村ごとのデータを地図化します。

4.1　時期に応じた地図作成

国勢調査や経済センサス等の国による各種統計調査は，決められた日付に行われます。都道府県のデータであれば，時期による集計単位の変化は大きくありません。しかし市区町村のデータになると，合併等により範囲が変わったり，市制施行により名称が変わったりします。埋め立てによって海岸線が変化することもあります。

第 2 章でみたように，MANDARA 付属の地図ファイル「日本市町村.mpfz」と「日本市町村緯度経度.mpfz」は，過去の行政界の変遷情報を含んだ「時空間モード地図ファイル」で，指定した日付の地図を表示できます。Excel を起動し，次のデータを入力してください。

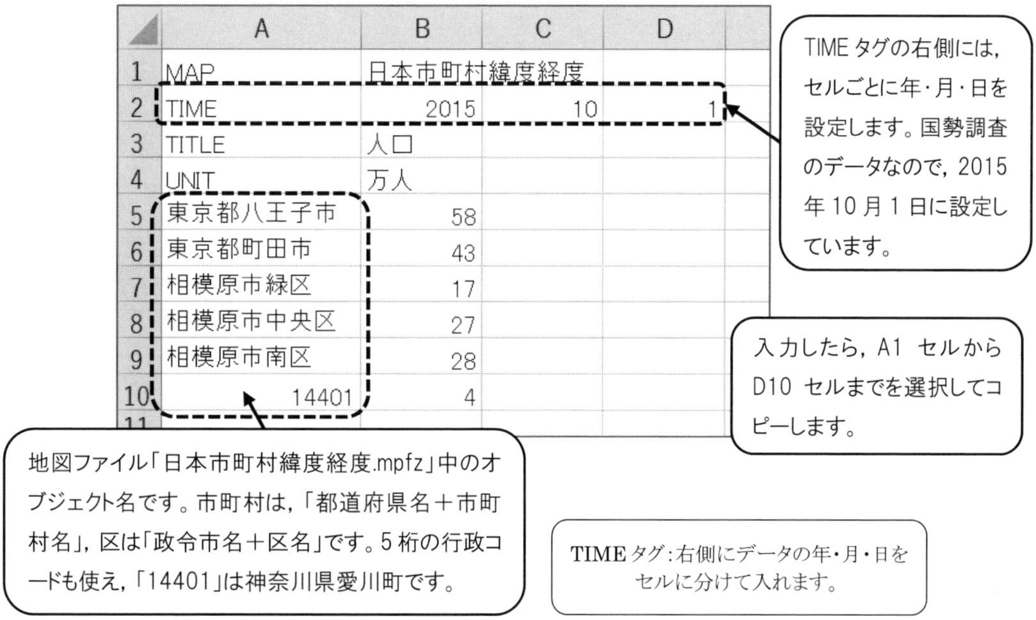
A
B
C
D
1 MAP 日本市町村緯度経度
2 TIME 2015 10 1
3 TITLE 人口
4 UNIT 万人
5 東京都八王子市 58
6 東京都町田市 43
7 相模原市緑区 17
8 相模原市中央区 27
9 相模原市南区 28
10 14401 4
11
TIME タグの右側には，セルごとに年・月・日を設定します。国勢調査のデータなので，2015 年 10 月 1 日に設定しています。
入力したら，A1 セルから D10 セルまでを選択してコピーします。
地図ファイル「日本市町村緯度経度.mpfz」中のオブジェクト名です。市町村は，「都道府県名＋市町村名」，区は「政令市名＋区名」です。5 桁の行政コードも使え，「14401」は神奈川県愛川町です。

TIME タグ：右側にデータの年・月・日をセルに分けて入れます。

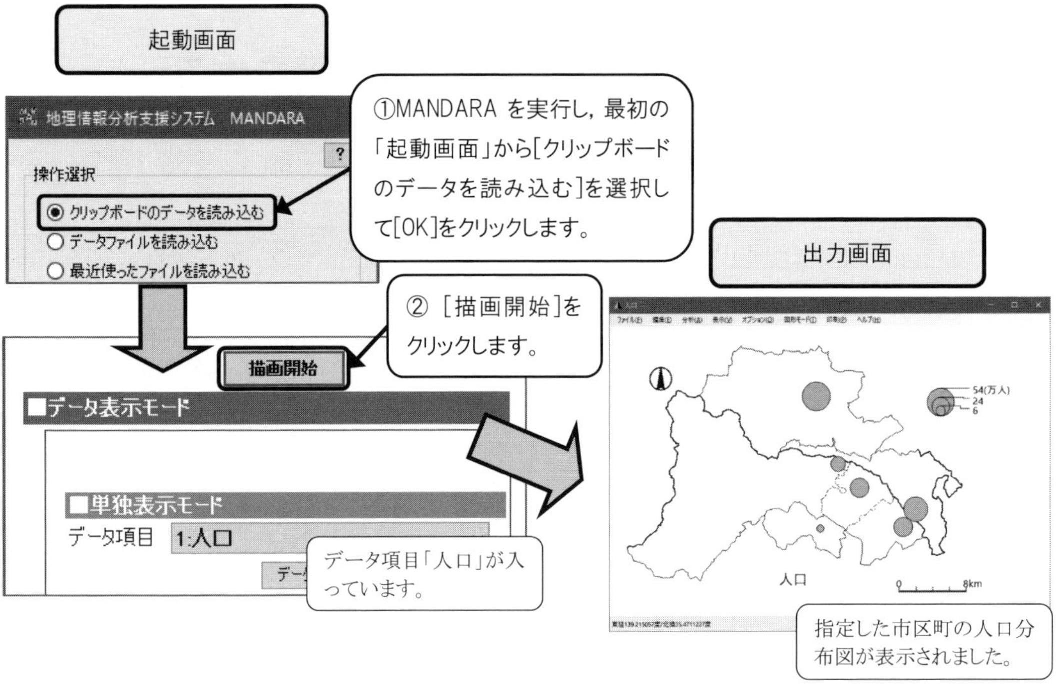

4.2 「政府統計の総合窓口」の国勢調査データの地図化

4.2.1 全国の 2015 年市区町村別外国人数データのダウンロード

近年は統計データのインターネットでの公開が進み，国の実施している主要な統計は「政府統計の総合窓口」(e-Stat)からダウンロードできるようになりました。そこでは，Excel のデータを取得するだけでなく，データベース機能を使うことで，必要なデータの組み合わせを選んで取得することもできます。

ここでは，2015 年国勢調査から，外国人の国籍別人口データを全国の市区町村について取得し，分布を地図化してみます。

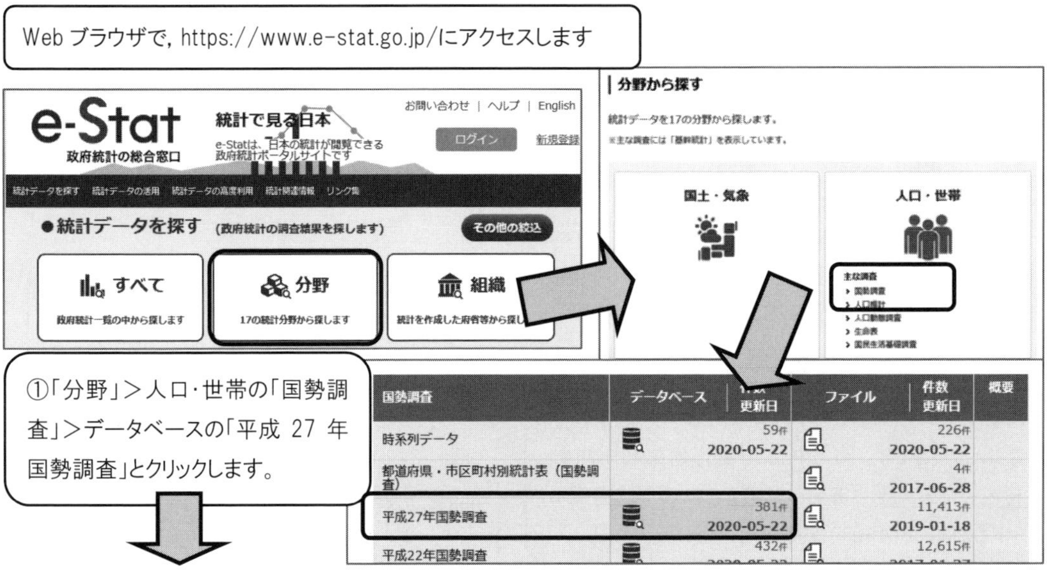

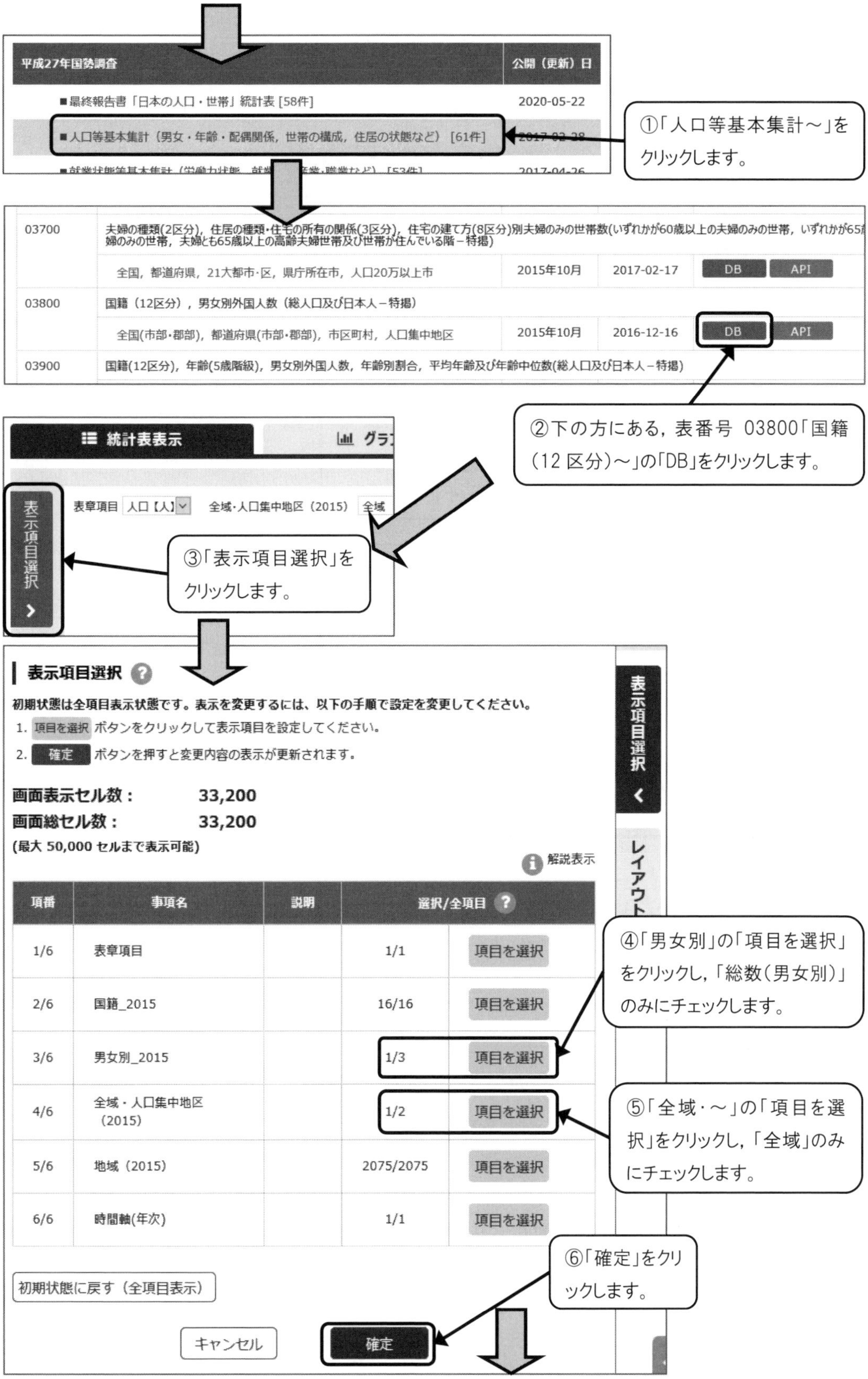

①「人口等基本集計～」をクリックします。

②下の方にある，表番号 03800「国籍（12 区分）～」の「DB」をクリックします。

③「表示項目選択」をクリックします。

④「男女別」の「項目を選択」をクリックし，「総数（男女別）」のみにチェックします。

⑤「全域・～」の「項目を選択」をクリックし，「全域」のみにチェックします。

⑥「確定」をクリックします。

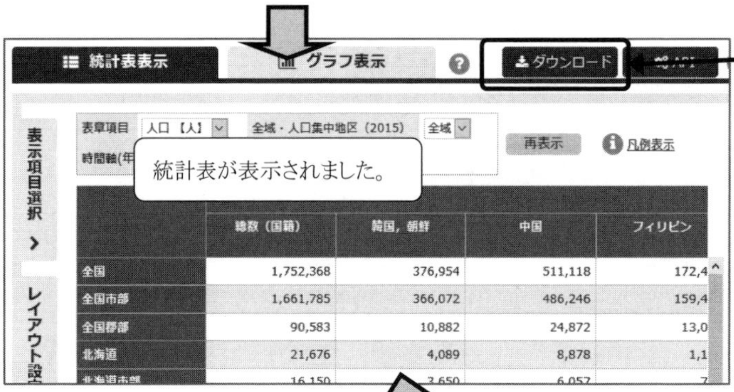

①「ダウンロード」をクリックします。

統計表が表示されました。

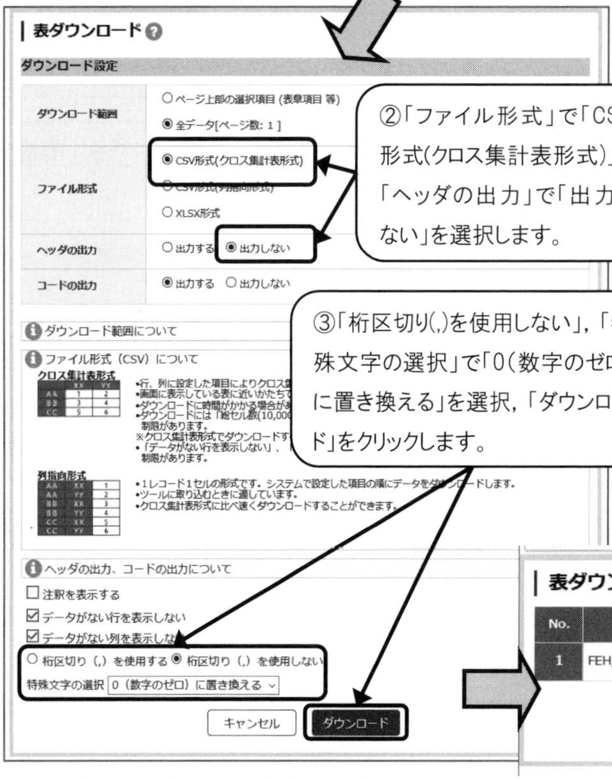

②「ファイル形式」で「CSV形式(クロス集計表形式)」，「ヘッダの出力」で「出力しない」を選択します。

CSV ファイルとは

CSV ファイルとは，カンマで区切られたテキストデータを持つファイルです。Excel で開くと，カンマで区切られたデータがセルに設定されます。Excel で CSV ファイルとして保存すると，数式が値として保存され，数式は保存されないので注意しましょう。

③「桁区切り(,)を使用しない」，「特殊文字の選択」で「0(数字のゼロ)に置き換える」を選択，「ダウンロード」をクリックします。

④「ダウンロード」をクリックします。CSV ファイルは任意のフォルダに保存し，Excel で開いてください。

4.2.2 データの修正と地図化

ダウンロードした CSV ファイルを Excel で開いたところです

MANDARA で読み込めるよう，データを修正してタグをつけていきます。

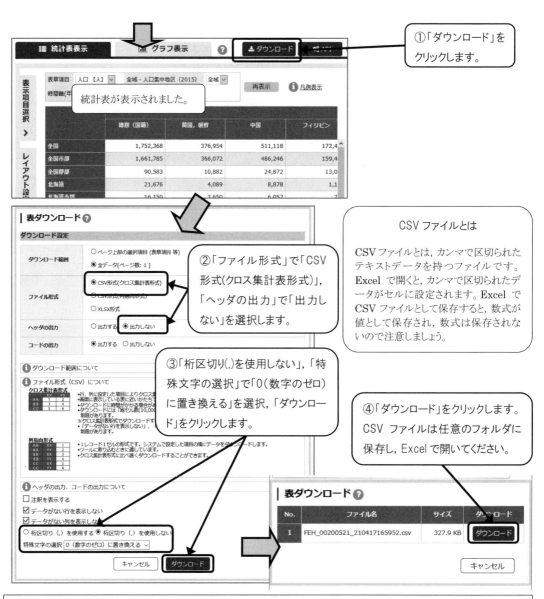

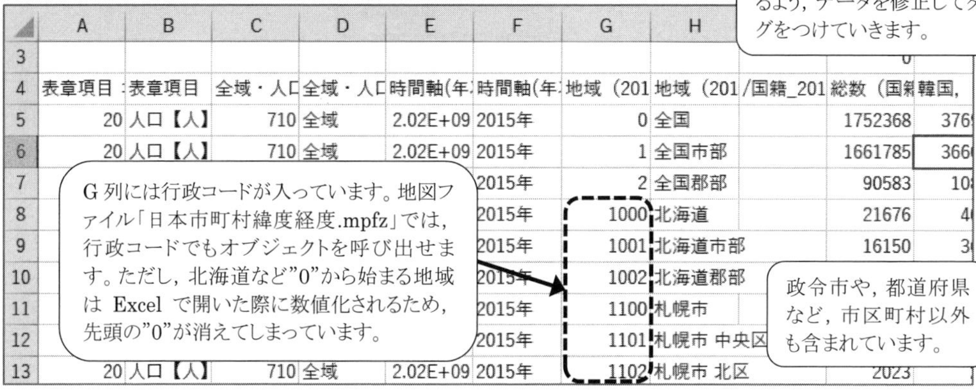

G 列には行政コードが入っています。地図ファイル「日本市町村緯度経度.mpfz」では，行政コードでもオブジェクトを呼び出せます。ただし，北海道など”0”から始まる地域は Excel で開いた際に数値化されるため，先頭の”0”が消えてしまっています。

政令市や，都道府県など，市区町村以外も含まれています。

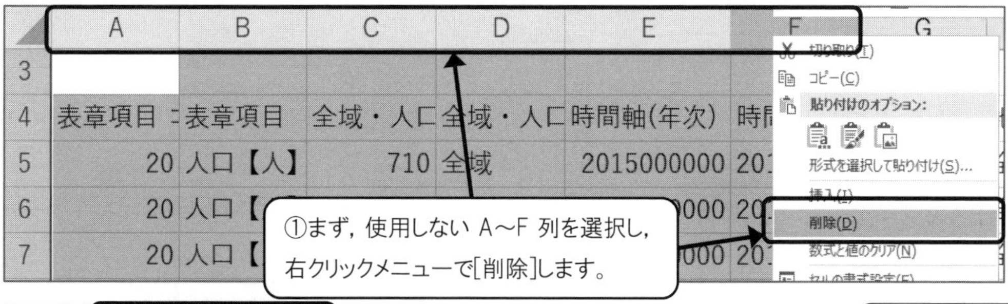

①まず，使用しない A～F 列を選択し，右クリックメニューで[削除]します。

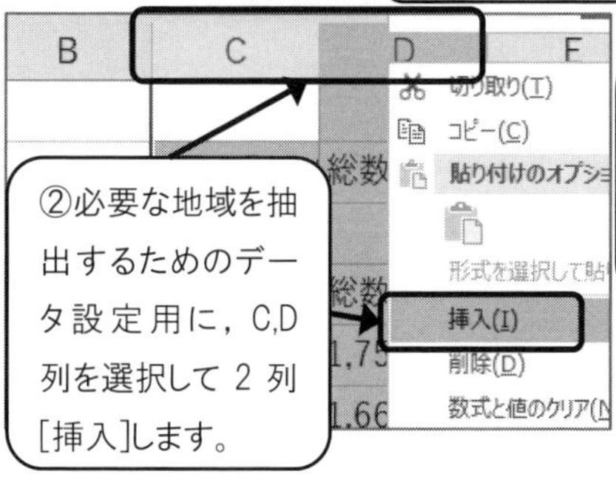

②必要な地域を抽出するためのデータ設定用に，C,D 列を選択して 2 列[挿入]します。

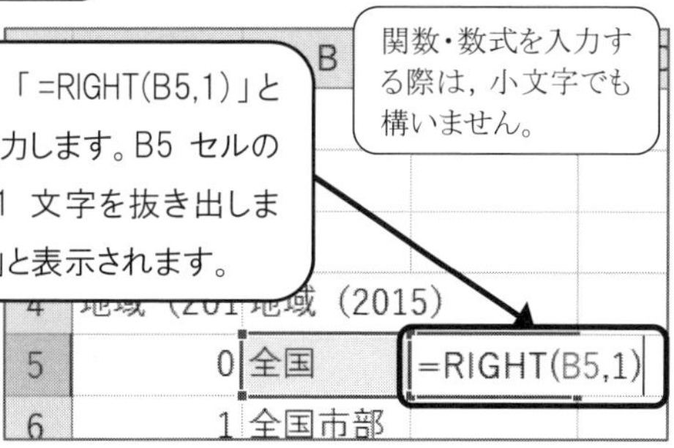

③C5 セルに，「=RIGHT(B5,1)」と Excel 関数を入力します。B5 セルの文字の右から 1 文字を抜き出します。C5 では「国」と表示されます。

関数・数式を入力する際は，小文字でも構いません。

④D5 セルに，「=ISERROR(FIND(C5,″市区町村″))」と関数を入力します。C5 セルが「市」「区」「町」「村」のいずれかであれば「FALSE」が，そうでなければ「TRUE」が表示されます。D5 では「TRUE」となります。

この式で，「市」「区」「町」「村」を抽出できますが，さらに政令指定都市を除外する必要があります。「市」の場合で下のセルが「区」の場合が政令指定都市になります。

行政コードとは

行政コードとは，総務省が定めている「全国地方公共団体コード」のことです。都道府県ごとに 2 桁のコードが付けられ，その下 3 桁に市区町村のコードが付き，計 5 桁のコードで全国の市区町村が特定できます。市区町村に変更があると，コードも変更されます。

⑤E5 セルに，「=IF(D5=TRUE,″″,IF(AND(C5=″市″,C6=″区″),″″,TEXT(A5,″00000″)))」と入力します。適合した場合は 5 桁の行政コードが表示されますが，適合しなかった場合は空白となります。

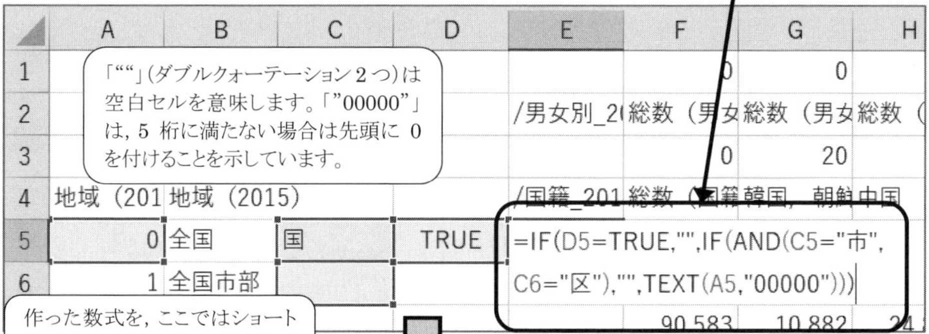

「“”」(ダブルクォーテーション 2 つ)は空白セルを意味します。「”00000”」は，5 桁に満たない場合は先頭に 0 を付けることを示しています。

作った数式を，ここではショートカットキーを使って，一番下まで貼り付けてみましょう。

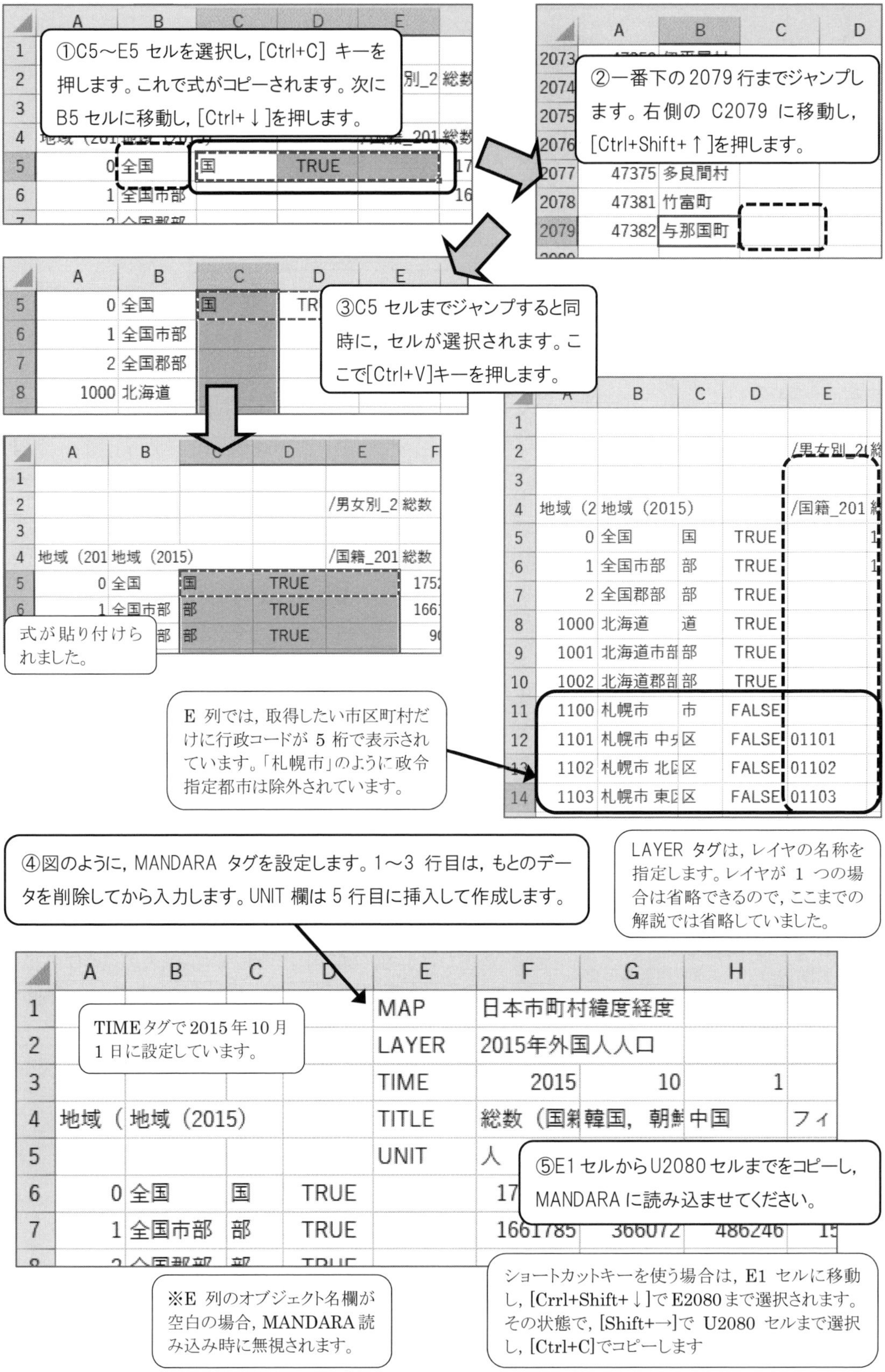
①C5～E5 セルを選択し，[Ctrl+C] キーを押します。これで式がコピーされます。次に B5 セルに移動し，[Ctrl+↓]を押します。
②一番下の 2079 行までジャンプします。右側の C2079 に移動し，[Ctrl+Shift+↑]を押します。
③C5 セルまでジャンプすると同時に，セルが選択されます。ここで[Ctrl+V]キーを押します。
式が貼り付けられました。
E 列では，取得したい市区町村だけに行政コードが 5 桁で表示されています。「札幌市」のように政令指定都市は除外されています。
④図のように，MANDARA タグを設定します。1～3 行目は，もとのデータを削除してから入力します。UNIT 欄は 5 行目に挿入して作成します。
LAYER タグは，レイヤの名称を指定します。レイヤが 1 つの場合は省略できるので，ここまでの解説では省略していました。
TIME タグで 2015 年 10 月 1 日に設定しています。
⑤E1 セルから U2080 セルまでをコピーし，MANDARA に読み込ませてください。
※E 列のオブジェクト名欄が空白の場合，MANDARA 読み込み時に無視されます。
ショートカットキーを使う場合は，E1 セルに移動し，[Crrl+Shift+↓]で E2080 まで選択されます。その状態で，[Shift+→]で U2080 セルまで選択し，[Ctrl+C]でコピーします

設定画面

出力画面

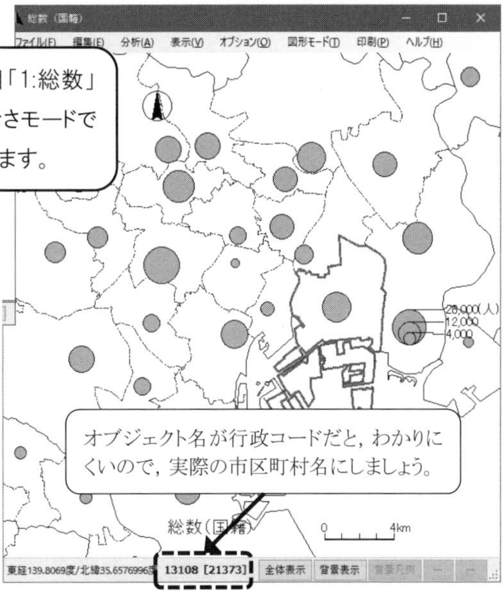

①データ項目「1:総数」を記号の大きさモードで[描画開始]します。

オブジェクト名が行政コードだと，わかりにくいので，実際の市区町村名にしましょう。

②設定画面の[ツール]>[オブジェクト名入れ替え]を選択します。

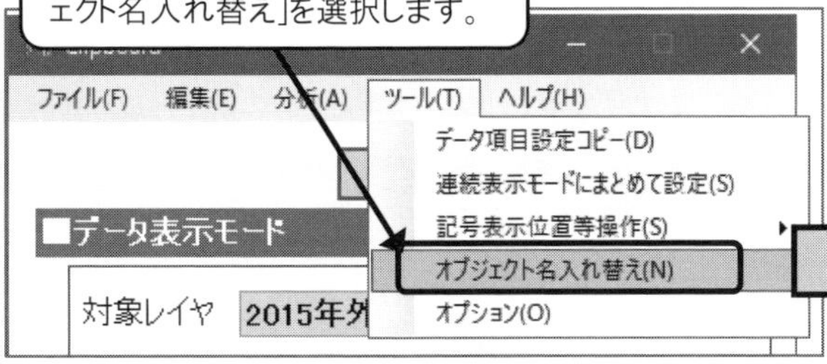

③[オブジェクトグループ]で「市町村」を選択し，[オブジェクト名リスト]で「名称」を選択して，[OK]します。

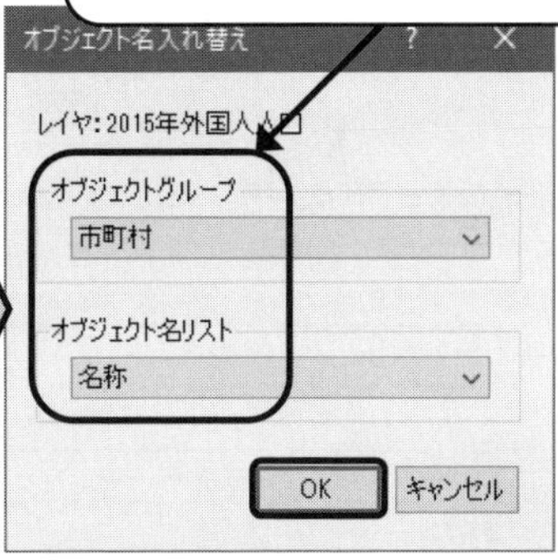

④もう一度，今度は「区」オブジェクトグループを「名称」にします。

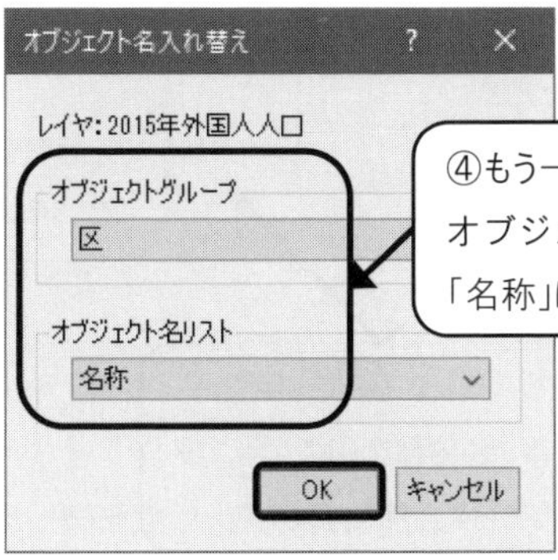

「オブジェクト名リスト」とは，地図ファイル中でオブジェクトグループごとに設定されているオブジェクト名の種類を指します。

出力画面のオブジェクト名の表示が名称になりました。

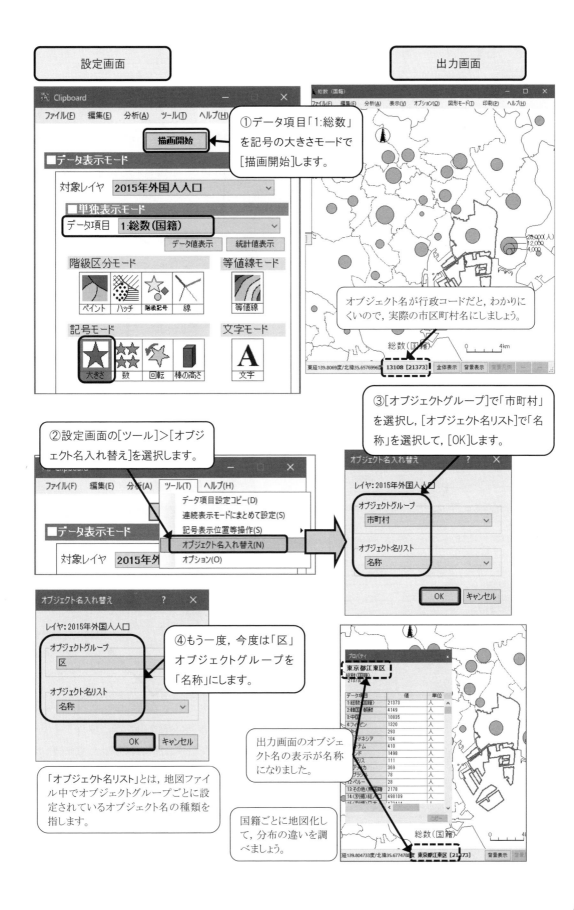

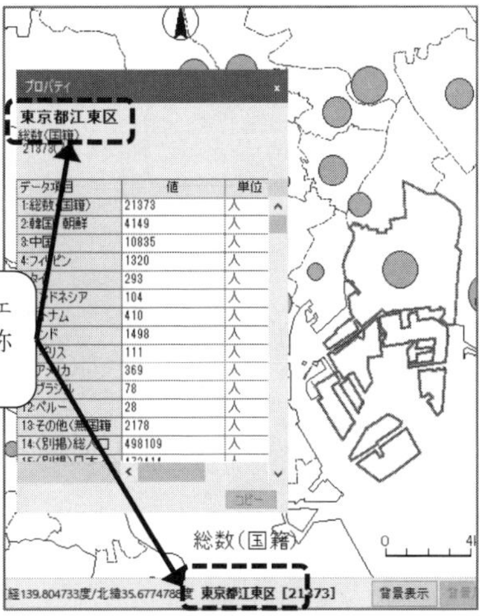

国籍ごとに地図化して，分布の違いを調べましょう。

4.2.3 データ計算

次に，総人口に占める外国人人口の割合を計算して地図化してみます。計算は Excel でもできますが，MANDARA 上に簡単な計算ができるデータ計算機能があります。

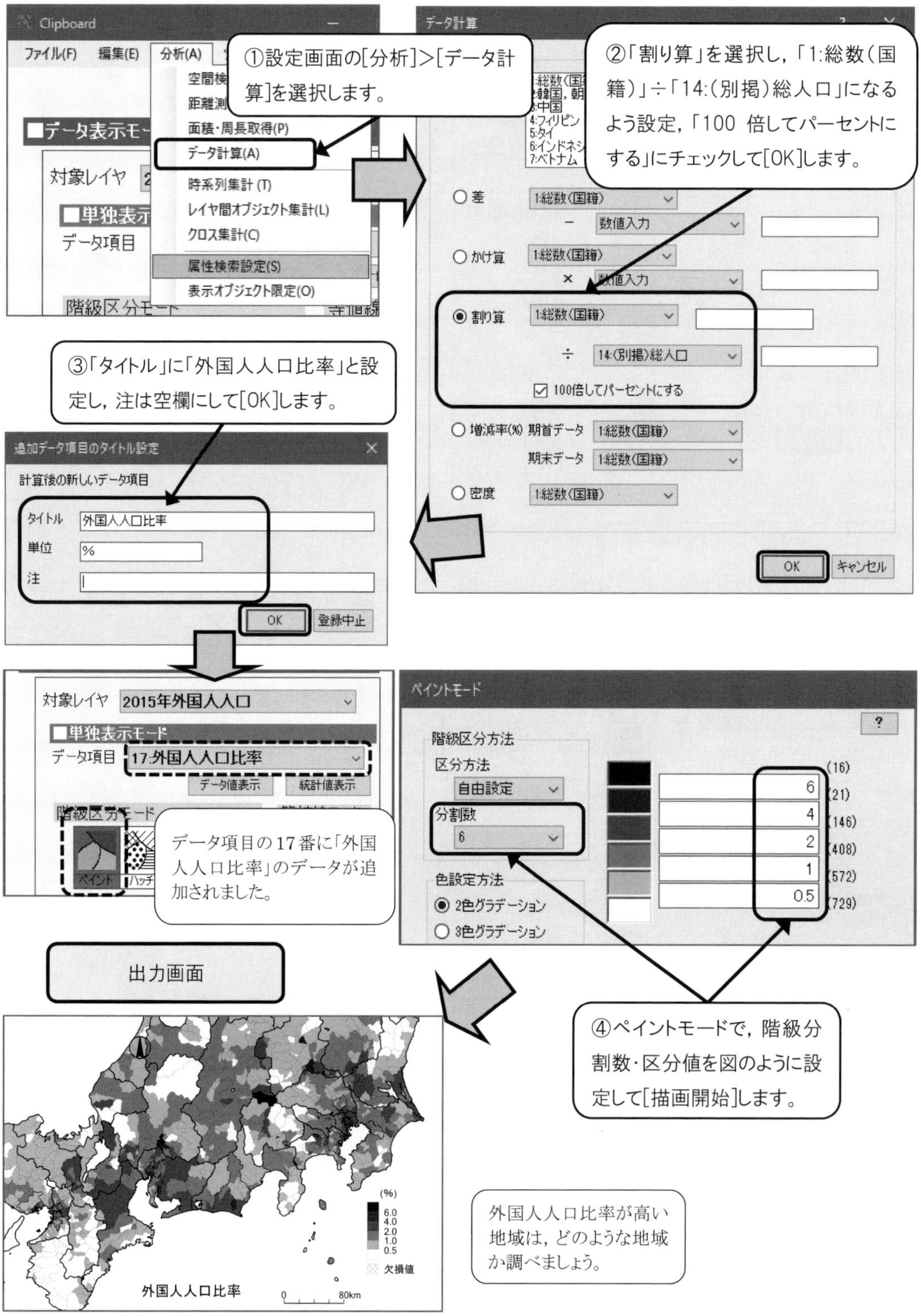

4.3 データの追加と時系列集計

次は，2000 年の外国人人口データを同じようにダウンロードして MANDARA に取り込み，時系列集計機能を使って 2000 年から 2015 年にかけての変化を調べてみます。

4.3.1 2000 年の市区町村別外国人数データのダウンロードと修正

Web ブラウザで，https://www.e-stat.go.jp/にアクセスします

①先ほどと同様に，「分野」>「国勢調査」>「平成 12 年国勢調査」>「第 1 次基本集計(男女～」「都道府県結果」と選択します。

②表番号 05400「男女(3)、国籍(12 区分)～」の「DB」をクリックします。

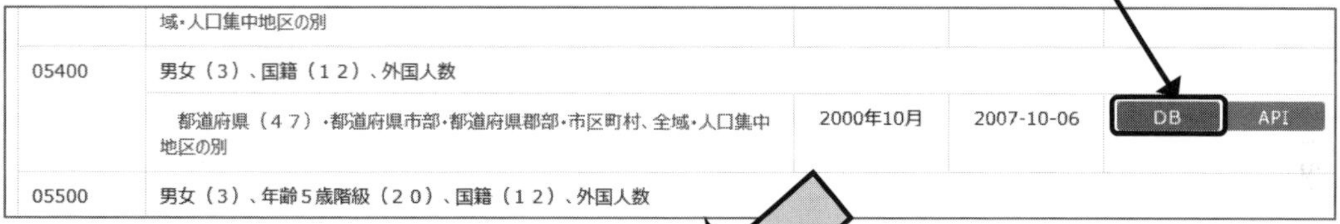

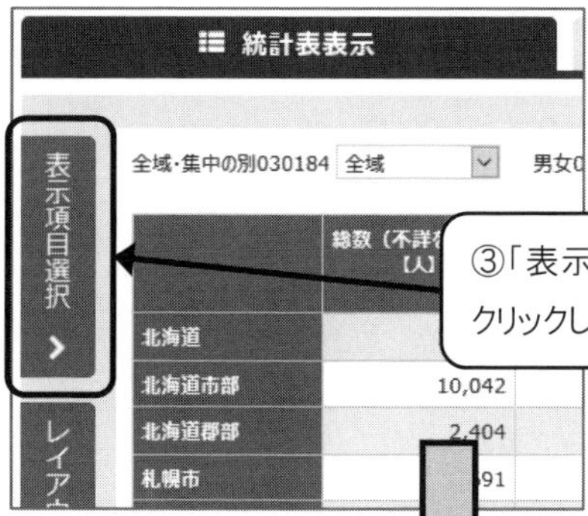

③「表示項目選択」をクリックします。

④「全域・集中～」の「項目を選択」をクリックし，「全域」のみにチェックします。

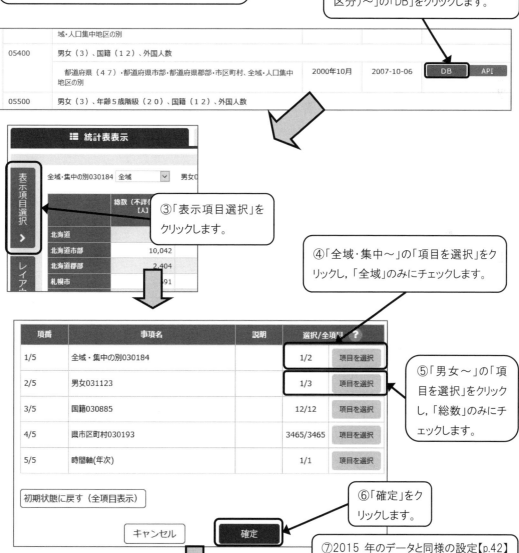

⑤「男女～」の「項目を選択」をクリックし，「総数」のみにチェックします。

⑥「確定」をクリックします。

⑦2015 年のデータと同様の設定【p.42】でダウンロードし，Excel で開きます。

	A	B	C	D	E	F	G	H		
1										
2	全域・	全域・	男女03	男女03	時間軸(年次)	時間軸(年	県市区町村	県市区町		
3	700	全域	0	総数	2000000000	2000年	1000	北海道	12446	4740
4	700	全域	0	総数	2000000000	2000年	1001	北海道市部	10042	4022
5	700	全域	0	総数	2000000000	2000年	1002	北海道郡部	2404	718
6	700	全域	0	総数	2000000000	2000年	1100	札幌市	5691	2183
7	700	全域	0	総数	2000000000	2000年	1101	中央区	895	329

ダウンロードしたCSVファイルをExcelで開いたところです。G列に行政コード，H列に市区町村名が入っている点は2015年のデータと同様です。

	A	B	C	D	E	F
1						
2	県市区町村	県市区町村030193			/国籍0308	総
3	1000	北海道				
4	1001	北海道市部				
5	1002	北海道郡部				
6	1100	札幌市				
7	1101	中央区				
8	1102	北区				
9	1103	東区				
10	1104	白石区				
11	1105	豊平区				

①2015年と同様に操作し【p.43】，E列に必要な地域の行政コードが入るようにします。式は2015年のデータからコピーして貼り付けます。

2000年のデータと2015年のデータでは，違いもあります。まず平成の大合併により，市町村数が大きく違います。また国籍で，2000年にはインドネシア，ベトナム，インドが入っていません。さらに，<u>2000年のデータには，外国人が0人の自治体が表に含まれていません。</u>

	A	B	C	D	E	F	G	H	I
1					MAP	日本市町村緯度経度			
2					LAYER	2000年外国人人口			
3					TIME	2000	10	1	
4	県市区町	県市区町村030193			TITLE	総数（不詳	韓国，朝鮮	中国	東南アジア
5					UNIT	人	人	人	人
6	1000	北海道	道	TRUE		12446	4740	3249	1420
7	1001	北海道市部	部	TRUE		10042	4022	2561	1106
			部	TRUE		2404	718	688	314
			市	FALSE		5691	2183	1609	521
			区	FALSE	01101	895	329	278	43
			区	FALSE	0110				155
			区	FALSE	0110				113

②2015年と同様にMANDARAタグを設定します。年次は2000年にします。また，TITLE欄国籍の右側にある【人】を削除してください。

④E1からQ3470セルまでを選択してコピーしてください。

【人】を削除する場合，置換機能を使うと簡単です。F4セルからQ4セルまでを選択し，[ホーム]タブで[検索と選択]から[置換]を選びます。「検索する文字列」に【人】を設定し，置換後の文字列を空欄にした状態で[すべて置換]を行うと，【人】が削除されます。

4.3.2 データ挿入と時系列集計機能

2000 年のデータを MANDARA 上にある 2015 年のデータに追加します。途中からレイヤ単位でデータを追加する場合は，データ挿入機能を使用すると簡単です。

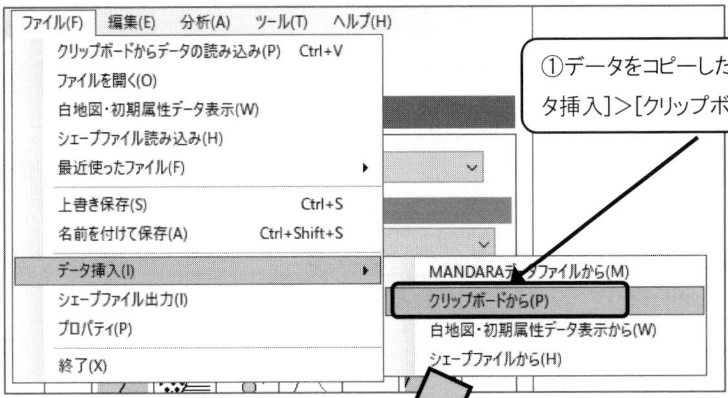

①データをコピーした状態で，[ファイル]＞[データ挿入]＞[クリップボードから]と選択します。

「2000 年外国人人口」レイヤが追加されました。

②「2000 年外国人人口」レイヤを選択し，2015 年の場合と同様，設定画面の[ツール]＞[オブジェクト名入れ替え]で「市町村」と「区」オブジェクトグループのオブジェクト名リストを「名称」に設定します。

2000 年から 2015 年の外国人の増減を調べますが，この間に「平成の大合併」があり，市町村が大きく変化しています。たとえば富山県付近を 2 時点で比較してみると，市町村が大幅に少なくなっています。

2000 年

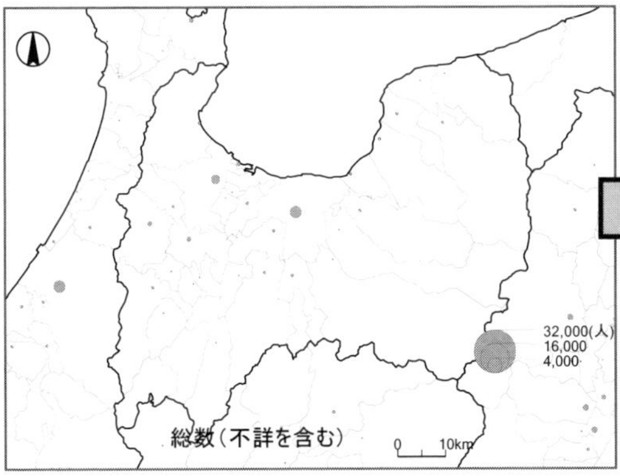

2015 年

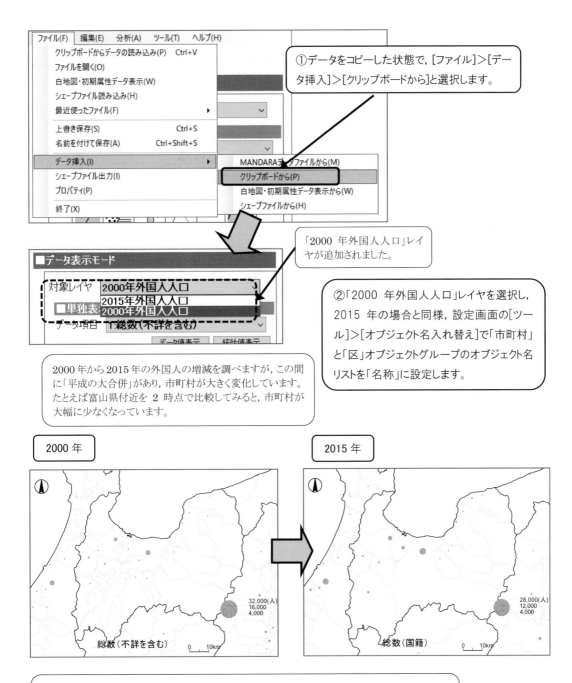

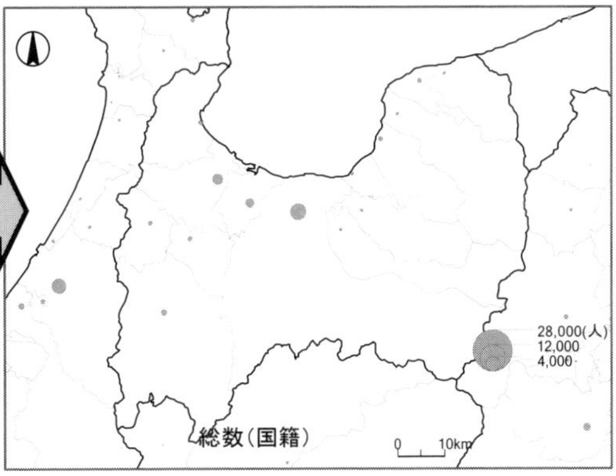

MANDARA の地図ファイル「日本市町村緯度経度.mpfz」を使用すると，1990 年以降の指定の時点の市区町村別地図を表示するだけでなく，時点間のオブジェクトの合併を考慮して，データを集計することができます。この機能を「時系列集計」と呼んでいます。

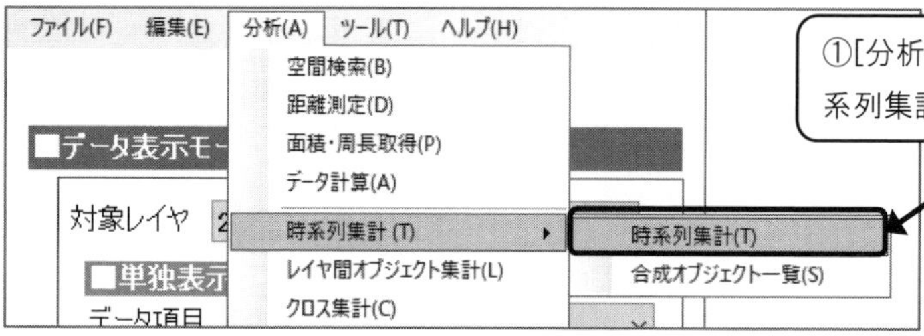

①[分析]>[時系列集計]>[時系列集計]と選択します。

②レイヤとその使用地図ファイル・時期が表示されています。まず 2015 年を選択し，データ項目 1～13 番にチェックします。

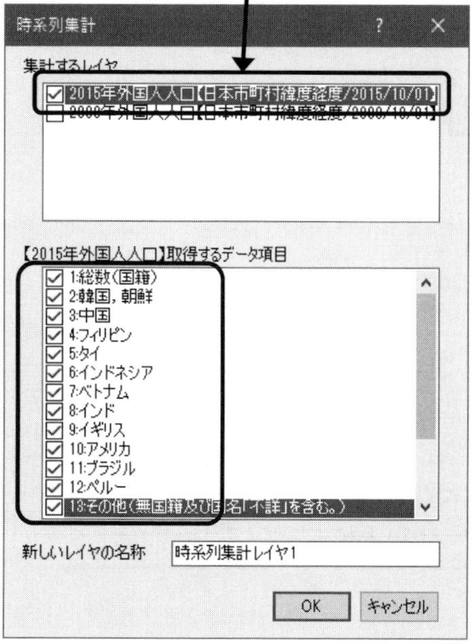

③2000 年を選択し，データ項目 4,7 番以外にチェックします。

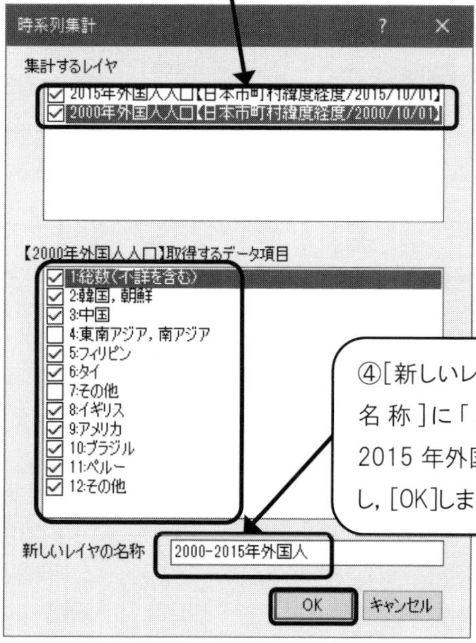

④[新しいレイヤの名称]に「2000-2015 年外国人」とし，[OK]します。

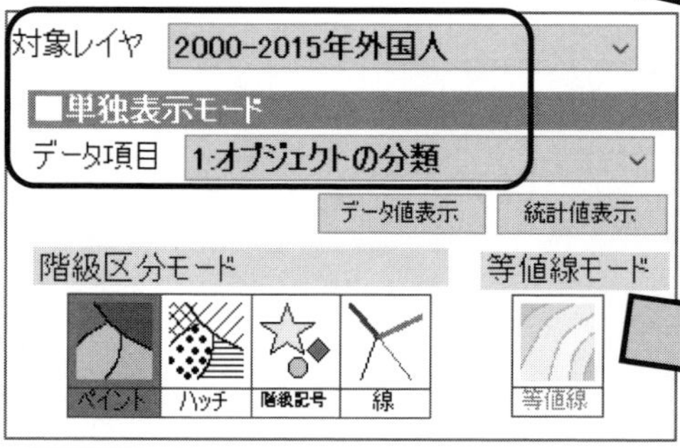

市町村合併でオブジェクトが変化した部分が「合成オブジェクト」となっています。データは「合成オブジェクト」を単位として集計されています。全国を確認してみてください。

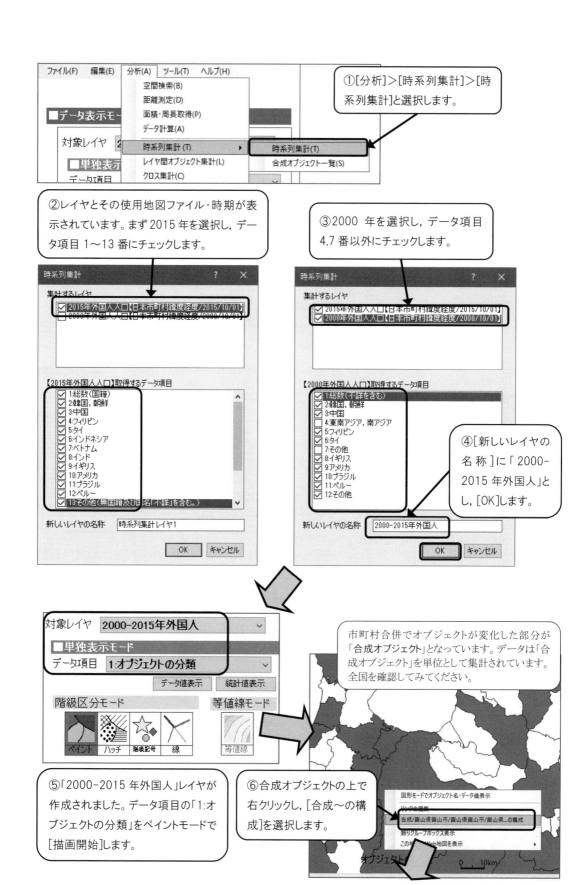

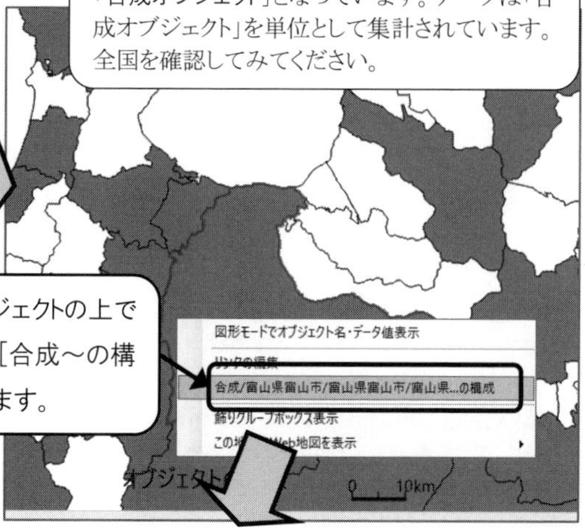

⑤「2000-2015 年外国人」レイヤが作成されました。データ項目の「1:オブジェクトの分類」をペイントモードで[描画開始]します。

⑥合成オブジェクトの上で右クリックし，[合成～の構成]を選択します。

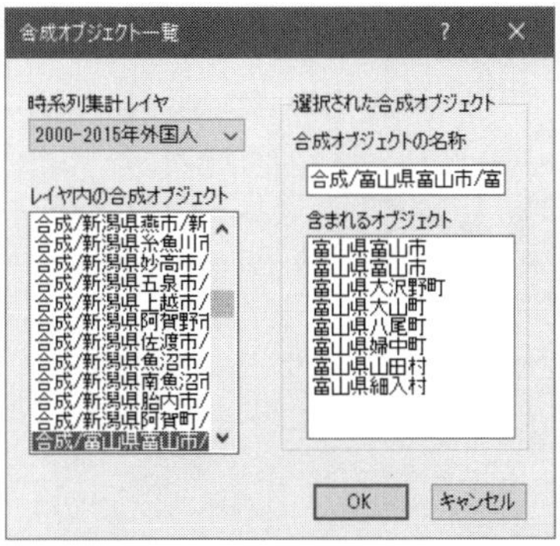

合成オブジェクトの内訳が表示されます。この場合，2000 年の富山市など 1 市 4 町 2 村が 2015 年の富山市になっています。時系列集計機能を使うと，2015 年の富山市に合うよう，2000 年の 7 市町村の外国人人口が自動的に集計されます。また，この画面では合成オブジェクトに名前をつけることができます。

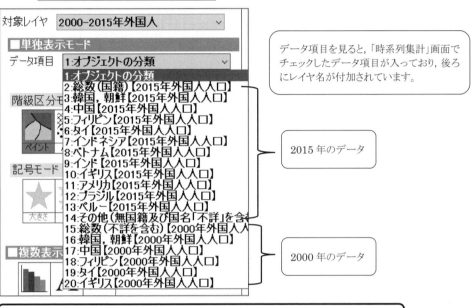

データ項目を見ると，「時系列集計」画面でチェックしたデータ項目が入っており，後ろにレイヤ名が付加されています。

2015 年のデータ

2000 年のデータ

1 つのレイヤにデータが入ったので，データ計算機能で外国人の増減を計算します

①[分析]>[データ計算]と選択します。

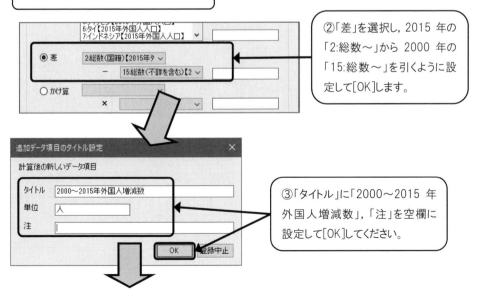

②「差」を選択し，2015 年の「2:総数～」から 2000 年の「15:総数～」を引くように設定して[OK]します。

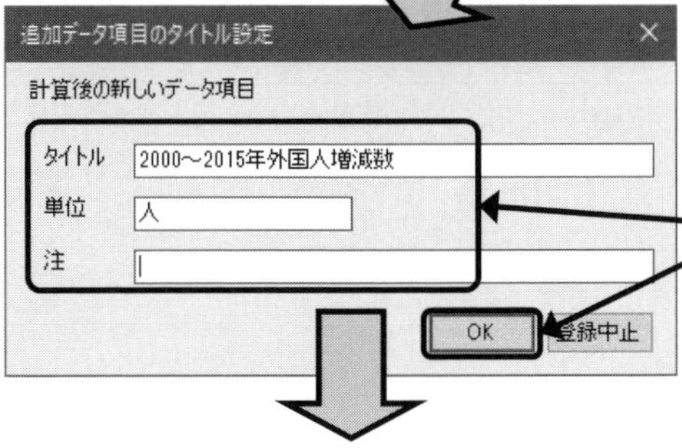

③「タイトル」に「2000～2015 年外国人増減数」，「注」を空欄に設定して[OK]してください。

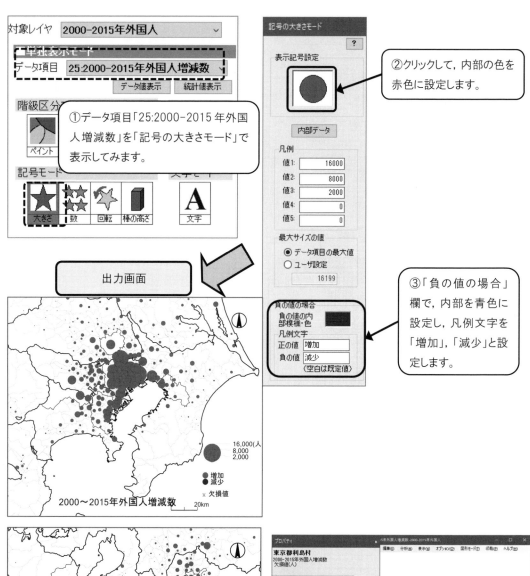

①データ項目「25:2000-2015 年外国人増減数」を「記号の大きさモード」で表示してみます。

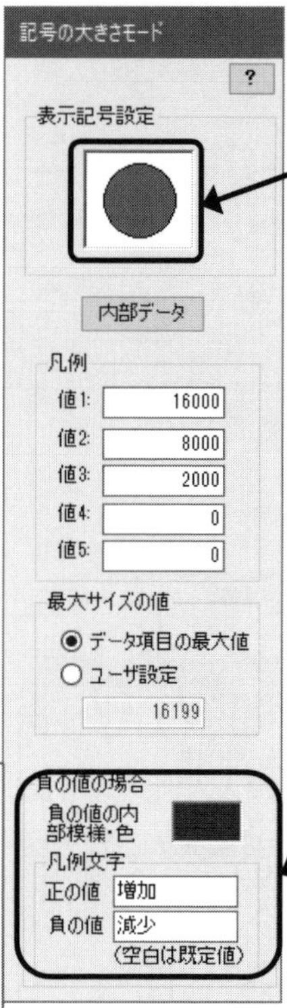

②クリックして，内部の色を赤色に設定します。

③「負の値の場合」欄で，内部を青色に設定し，凡例文字を「増加」,「減少」と設定します。

出力画面

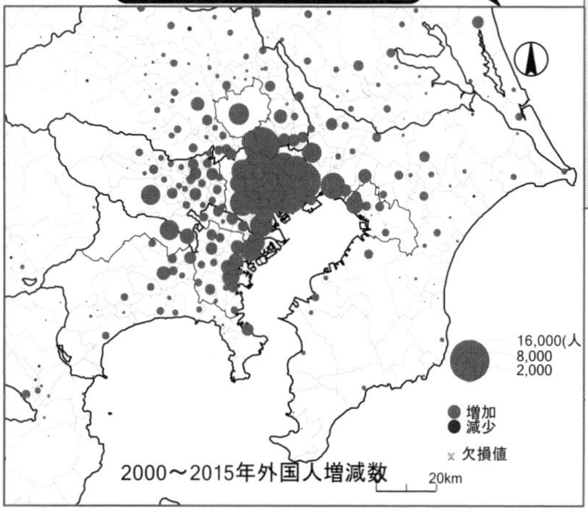

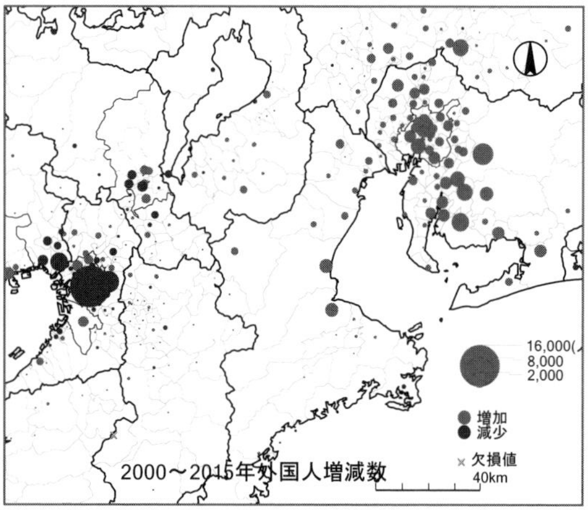

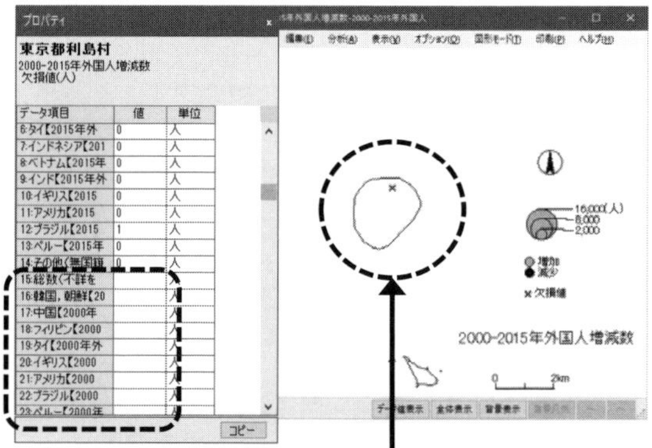

ところどころ，欠損値になっている箇所があります。これは，2000 年のデータには，外国人が 0 人の自治体が含まれておらず，差を求められないないためです。

国籍ごとの増減も求め，どの国籍の人口が増加しているか調べましょう。

4.3.3 飾りグループボックス

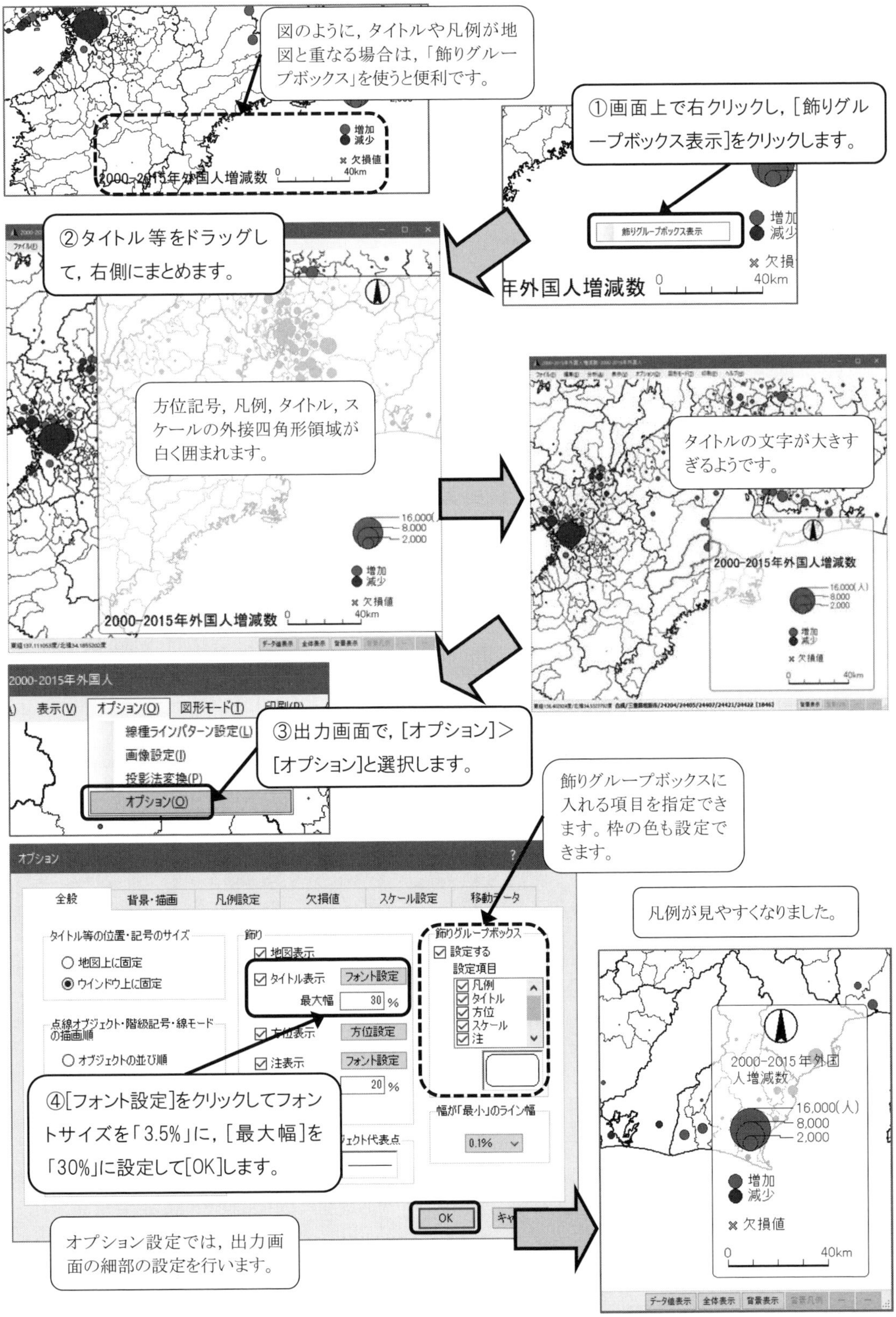
図のように，タイトルや凡例が地図と重なる場合は，「飾りグループボックス」を使うと便利です。
①画面上で右クリックし，[飾りグループボックス表示]をクリックします。
飾りグループボックス表示
②タイトル等をドラッグして，右側にまとめます。
方位記号，凡例，タイトル，スケールの外接四角形領域が白く囲まれます。
タイトルの文字が大きすぎるようです。
2000-2015年外国人増減数
増加
減少
欠損値
③出力画面で，[オプション]>[オプション]と選択します。
表示(V)
オプション(O)
図形モード(T)
線種ラインパターン設定(L)
画像設定(I)
投影法変換(P)
オプション(O)
飾りグループボックスに入れる項目を指定できます。枠の色も設定できます。
オプション
全般
背景・描画
凡例設定
欠損値
スケール設定
タイトル等の位置・記号のサイズ
地図上に固定
ウインドウ上に固定
飾り
地図表示
タイトル表示
フォント設定
最大幅
30 %
方位表示
方位設定
注表示
フォント設定
20 %
飾りグループボックス
設定する
設定項目
凡例
タイトル
方位
スケール
注
幅が「最小」のライン幅
0.1%
点線オブジェクト・階級記号・線モードの描画順
オブジェクトの並び順
④[フォント設定]をクリックしてフォントサイズを「3.5%」に，[最大幅]を「30%」に設定して[OK]します。
OK
オプション設定では，出力画面の細部の設定を行います。
凡例が見やすくなりました。
2000-2015年外国人増減数
16,000(人)
8,000
2,000
増加
減少
欠損値
0
40km
データ値表示
全体表示
背景表示

第 5 章　国別の出生率を地図化しよう

本章の内容

① 地図ファイル「WORLD.mpfz」を使った地図表示
② 国連人口部の「世界人口予測」のデータから出生率の経年変化を地図化
③ 連続表示モードでの表示と出力
④ 地図上にデータ値を表示

第 5 章では，国・地域ごとのデータの表示と，国連の統計データのダウンロードから地図化までの方法を解説します。

5.1　地図ファイル「WORLD.mpfz」のオブジェクト名

世界の国別統計地図を表示するためには，地図ファイル「WORLD.mpfz」を使用します。データのサンプルとして，[ドキュメント][MANDARA10][SAMPLE]フォルダに含まれる「世界データ.csv」を Excel で開いてみます。拡張子 CSV のファイルは，カンマで区切られたテキストファイルで，タグがついていれば，MANDARA からファイルを直接読み込むこともできます。

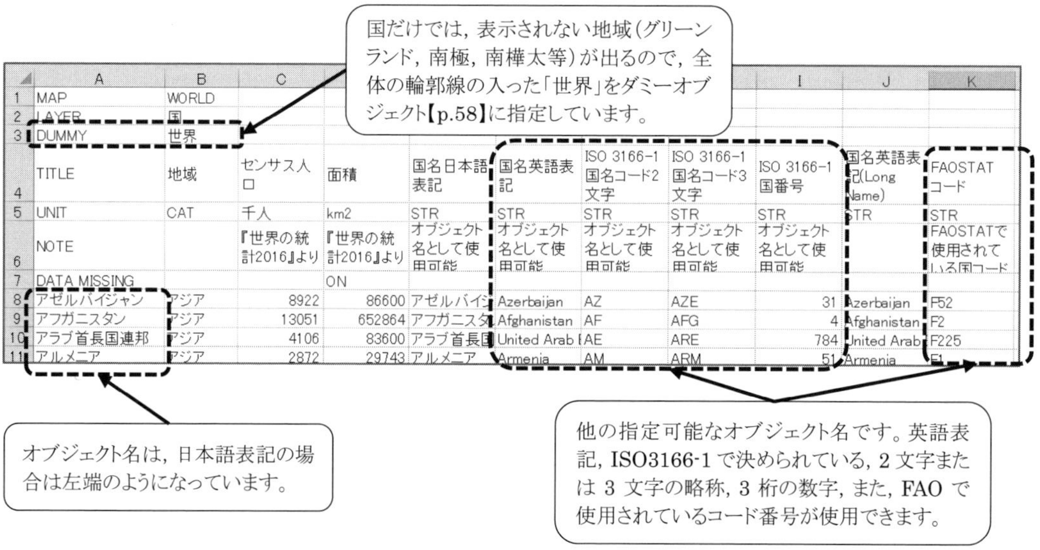

世界の国ごとのデータの地図化で難しい点は，地図ファイル中のオブジェクト名と，統計データに使われている国名をマッチングさせることです。特に日本の統計では，「北朝鮮」「朝鮮民主主義人民共和国」，「韓国」「大韓民国」，「カーボベルデ」「カーボヴェルデ」など，国名表記がさまざまです。また，並び順も統計によって異なります。これらを「世界データ.csv」の国名に合わせて，データを修正していく必要があります。一方，ISO3166-1 で決められた略称や番号を使えば，簡単にマッチングできるので，本章ではこの方法を使用します。

5.2 国連の「世界人口予測」データを地図化

日本で刊行されている世界の国別の統計は，国連などの機関が作成した統計を利用した二次統計が多く，すべての国が掲載されていなかったり，地図ファイルとオブジェクト名をそろえるのに手間がかかったり，使いにくい点があります。そこで本章では，国連人口部の公開している「世界人口予測」のデータを Web サイトから直接ダウンロードして地図化します。

5.2.1 データのダウンロードと修正

国連人口部の「世界人口予測」(World Population Prospects)の Web サイト(https://esa.un.org/unpd/wpp/) にアクセスして，合計特殊出生率(Total Fertility Rate)のデータをダウンロードします。

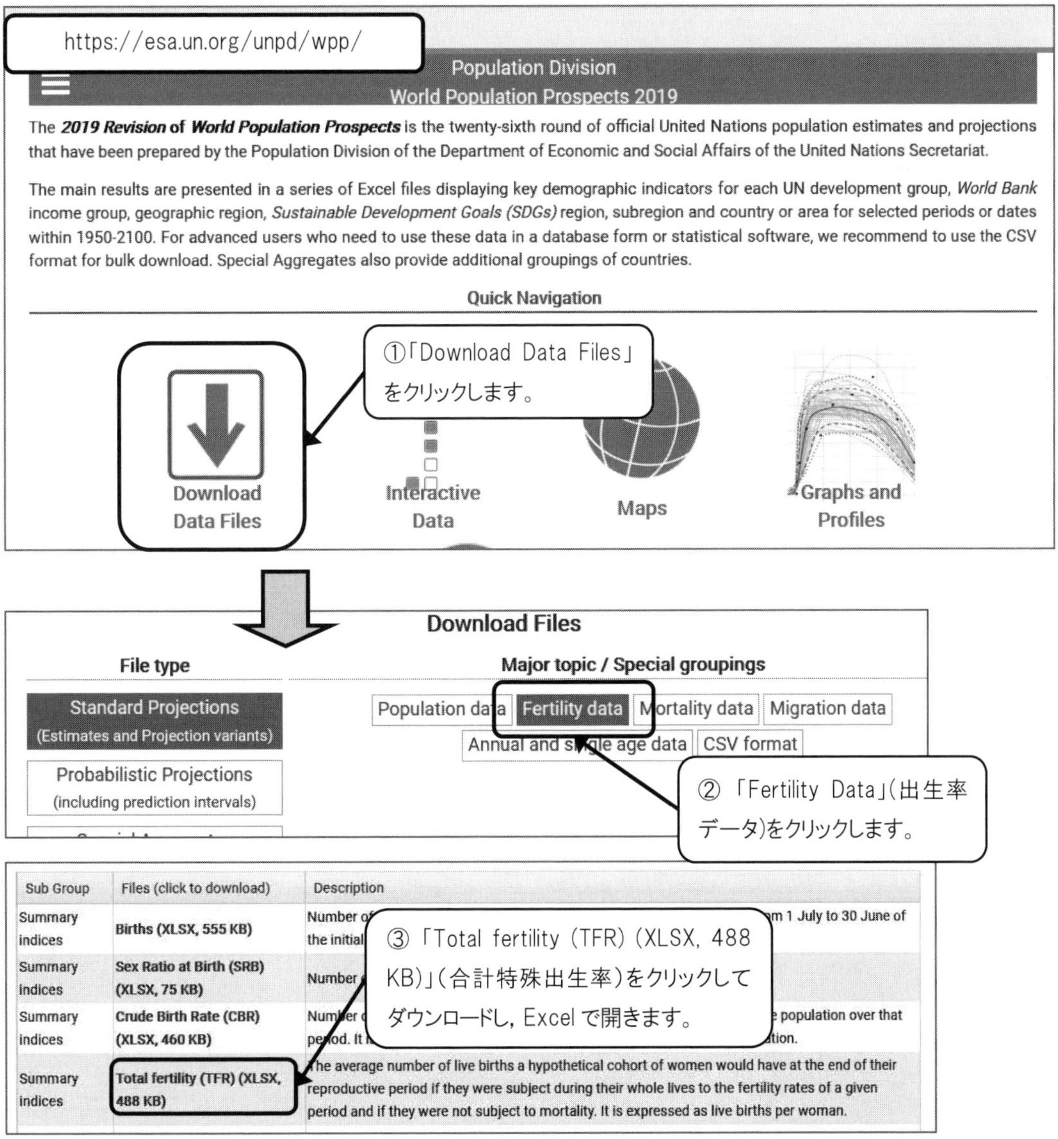

https://esa.un.org/unpd/wpp/
Population Division
World Population Prospects 2019
The 2019 Revision of World Population Prospects is the twenty-sixth round of official United Nations population estimates and projections that have been prepared by the Population Division of the Department of Economic and Social Affairs of the United Nations Secretariat.
The main results are presented in a series of Excel files displaying key demographic indicators for each UN development group, World Bank income group, geographic region, Sustainable Development Goals (SDGs) region, subregion and country or area for selected periods or dates within 1950-2100. For advanced users who need to use these data in a database form or statistical software, we recommend to use the CSV format for bulk download. Special Aggregates also provide additional groupings of countries.
Quick Navigation
①「Download Data Files」をクリックします。
Download Data Files
Interactive Data
Maps
Graphs and Profiles
Download Files
File type
Major topic / Special groupings
Standard Projections (Estimates and Projection variants)
Probabilistic Projections (including prediction intervals)
Population data
Fertility data
Mortality data
Migration data
Annual and single age data
CSV format
② 「Fertility Data」(出生率データ)をクリックします。
Sub Group
Files (click to download)
Description
Summary indices
Births (XLSX, 555 KB)
Sex Ratio at Birth (SRB) (XLSX, 75 KB)
Crude Birth Rate (CBR) (XLSX, 460 KB)
Total fertility (TFR) (XLSX, 488 KB)
The average number of live births a hypothetical cohort of women would have at the end of their reproductive period if they were subject during their whole lives to the fertility rates of a given period and if they were not subject to mortality. It is expressed as live births per woman.
③ 「Total fertility (TFR) (XLSX, 488 KB)」(合計特殊出生率)をクリックしてダウンロードし，Excel で開きます。

ダウンロードした Excel ファイル

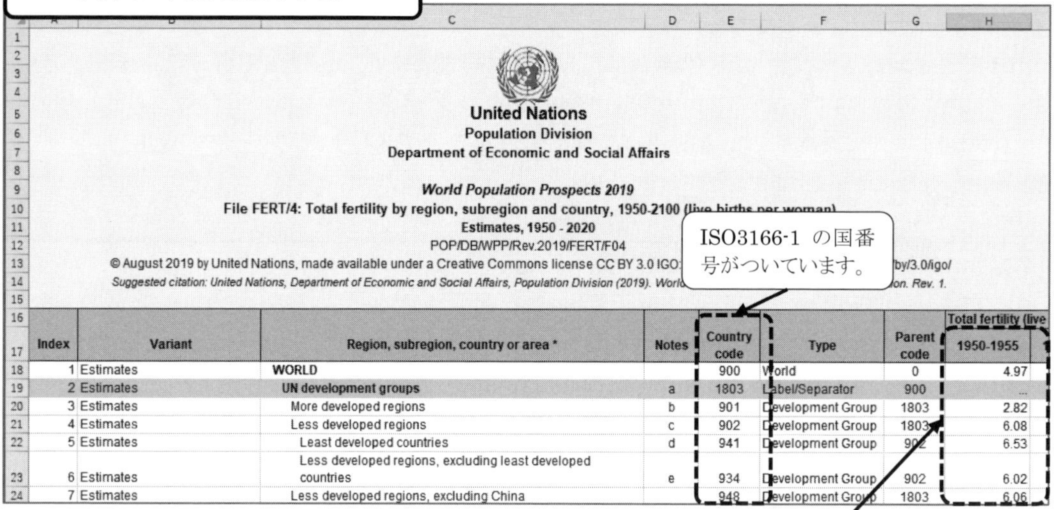

ISO3166-1 の国番号がついています。

国・地域ごとの 1950 年以降の合計特殊出生率のデータが並んでいます。

①必要な情報のみを抜き出すので，Excelで[ファイル]>[新規]で「空白のブック」を作成してください。

②E17 セルから右下の U272 セルまでを選択してコピーし，作成した空白のブックの A2 セルに貼り付けてください。その際，「形式を選択して貼り付け」の「値」で貼り付けます。

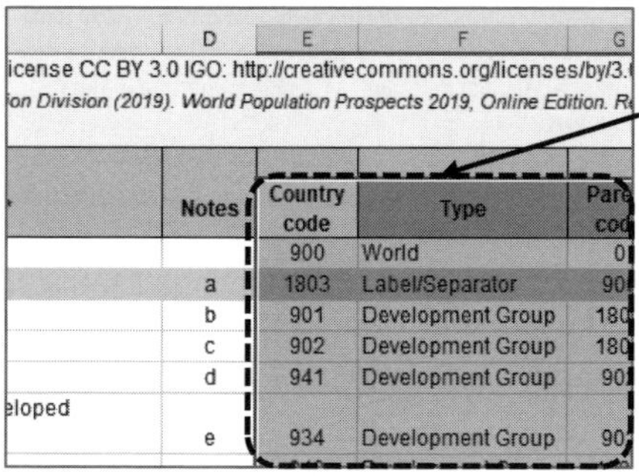

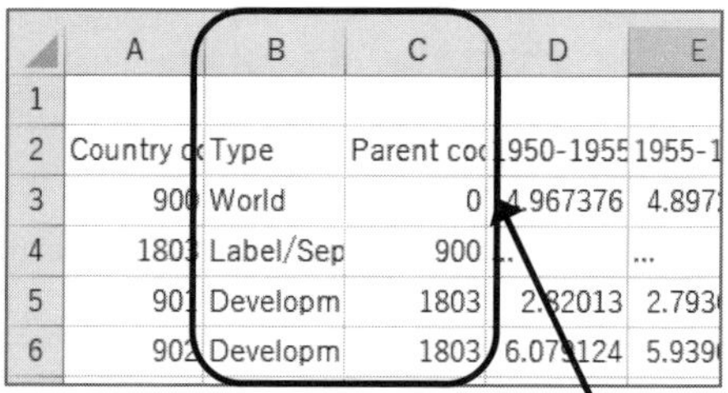

③B 列と C 列は使わないので，削除します。

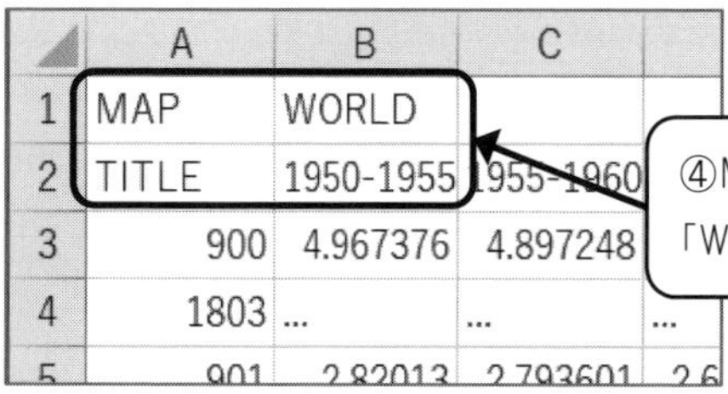

④MANDARA タグと地図ファイル「WORLD」を設定します。

⑤A3 から A257 セルを選択して右クリックし，[セルの書式設定]を行います。

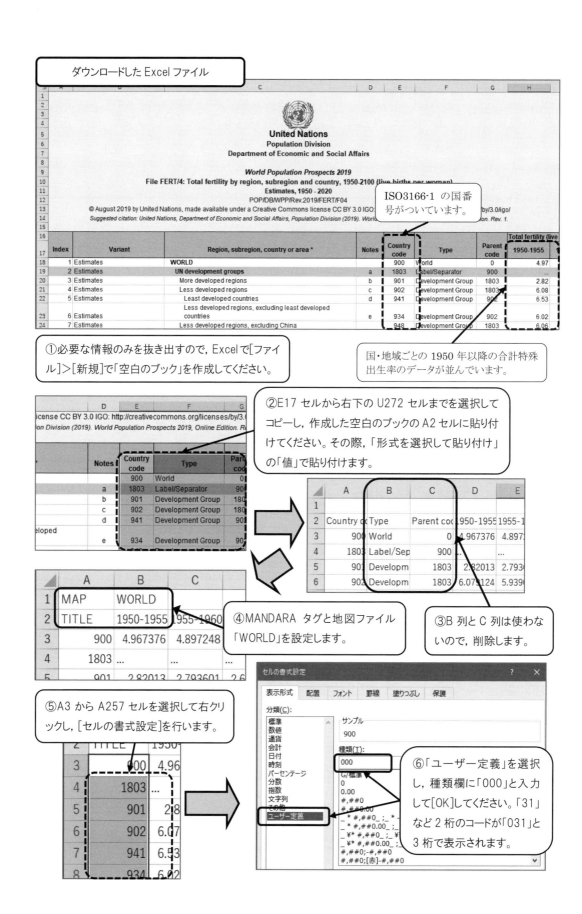

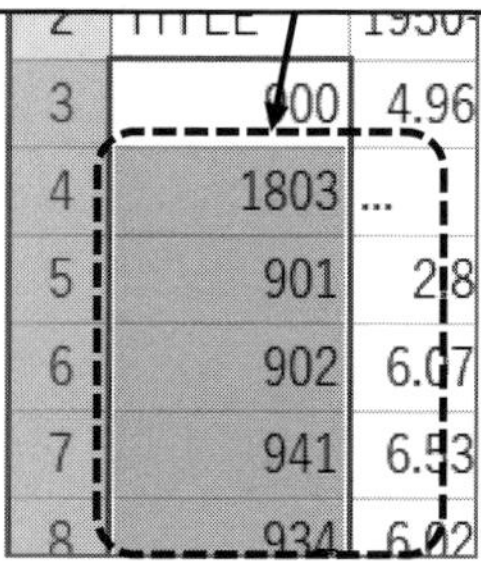

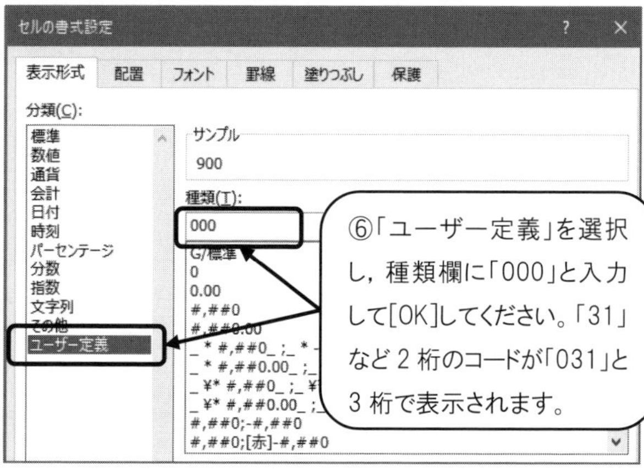

⑥「ユーザー定義」を選択し，種類欄に「000」と入力して[OK]してください。「31」など 2 桁のコードが「031」と 3 桁で表示されます。

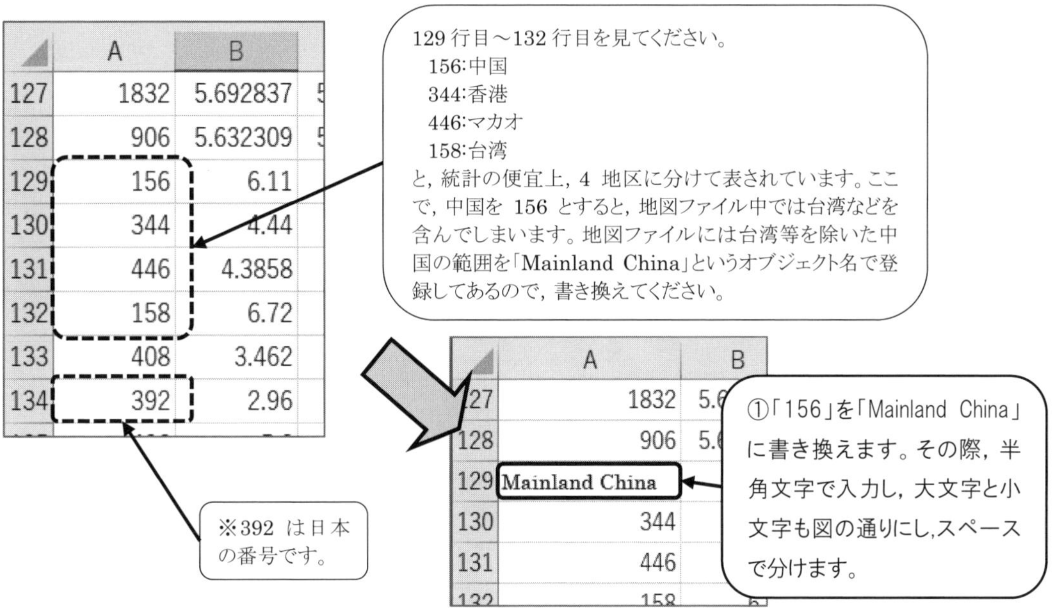

129 行目～132 行目を見てください。
156:中国
344:香港
446:マカオ
158:台湾
と，統計の便宜上，4 地区に分けて表されています。ここで，中国を 156 とすると，地図ファイル中では台湾などを含んでしまいます。地図ファイルには台湾等を除いた中国の範囲を「Mainland China」というオブジェクト名で登録してあるので，書き換えてください。
※392 は日本の番号です。
①「156」を「Mainland China」に書き換えます。その際，半角文字で入力し，大文字と小文字も図の通りにし,スペースで分けます。
A
B
127 1832 5.692837
128 906 5.632309
129 156 6.11
130 344 4.44
131 446 4.3858
132 158 6.72
133 408 3.462
134 392 2.96
129 Mainland China
130 344
131 446

5.3 連続表示モードで年次変化を見る

データの修正ができたところで，A1 セルから O257 セルを選択してコピーし，MANDARA に「クリップボードから読み込み」【p.29】から取得します。

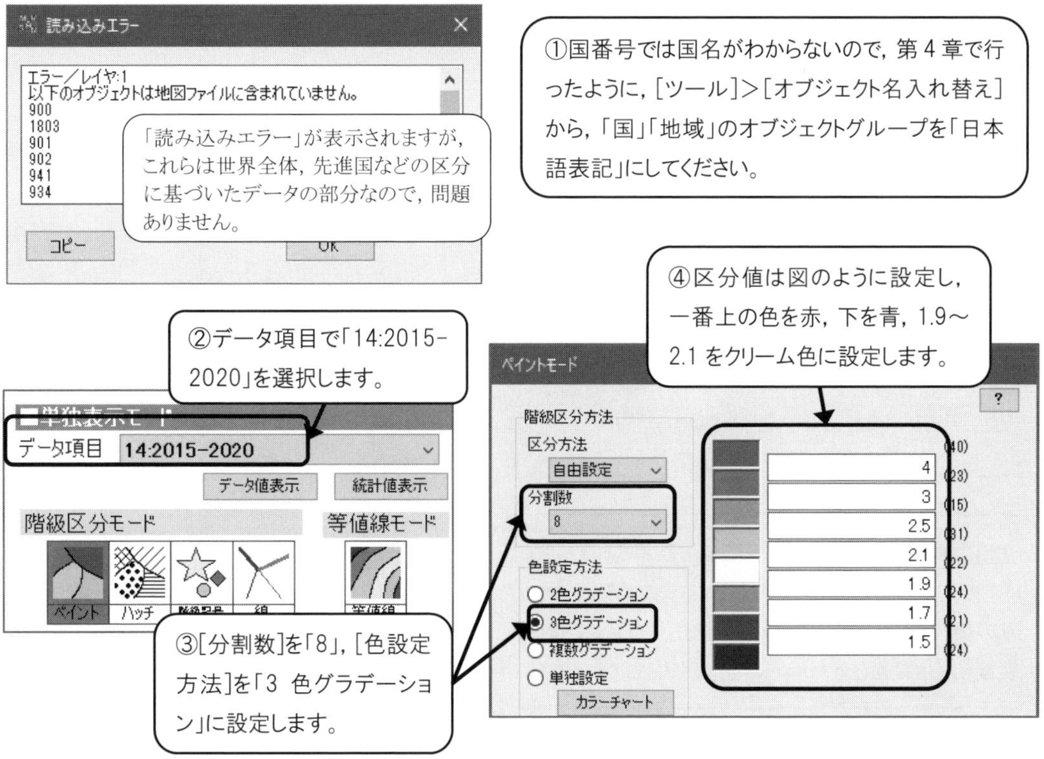

読み込みエラー
エラー／レイヤ:1
以下のオブジェクトは地図ファイルに含まれていません。
900
1803
901
902
941
934
コピー
「読み込みエラー」が表示されますが，これらは世界全体，先進国などの区分に基づいたデータの部分なので，問題ありません。
①国番号では国名がわからないので，第 4 章で行ったように，[ツール]＞[オブジェクト名入れ替え]から，「国」「地域」のオブジェクトグループを「日本語表記」にしてください。
②データ項目で「14:2015-2020」を選択します。
データ項目 14:2015-2020
データ値表示
統計値表示
階級区分モード
等値線モード
ペイント
ハッチ
③[分割数]を「8」，[色設定方法]を「3 色グラデーション」に設定します。
④区分値は図のように設定し，一番上の色を赤，下を青，1.9～2.1 をクリーム色に設定します。
ペイントモード
階級区分方法
区分方法
自由設定
分割数
8
色設定方法
2色グラデーション
3色グラデーション
複数グラデーション
単独設定
カラーチャート
4
3
2.5
2.1
1.9
1.7
1.5

出力画面

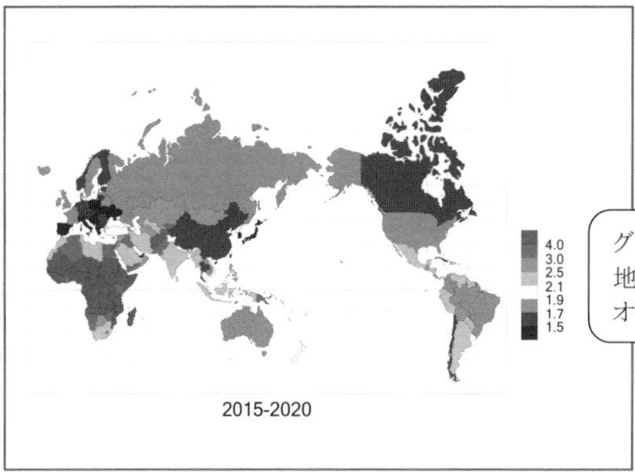

合計特殊出生率は，15〜49 歳の女性の年齢別出生率を合計したもので，女性が一生の間に産む子供の数と見なされる値です。近年は「合計出生率」とも呼ばれます。この数字がおおむね 2 を下回ると，親世代よりも子世代の人口規模が小さく，将来的には人口が減少することになります。

グリーンランド等，データの含まれない地域が表示されていないので，ダミーオブジェクトグループで表示させます。

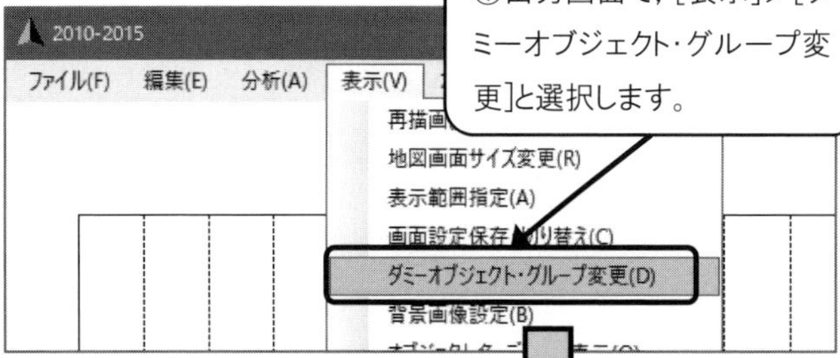

①出力画面で，[表示]>[ダミーオブジェクト・グループ変更]と選択します。

ダミーオブジェクトとは

MANDARA の地図ファイル内のオブジェクトを呼び出す際，データがない状態で輪郭だけを表示したい時に使用するのが「ダミーオブジェクト」です。これをオブジェクトグループごとに設定したものが「ダミーオブジェクトグループ」です。指定する際は，この「ダミーオブジェクト・グループ変更」画面で行うか，MANDARA タグの「DUMMY」タグまたは，「DUMMY_GROUP」タグを使います。

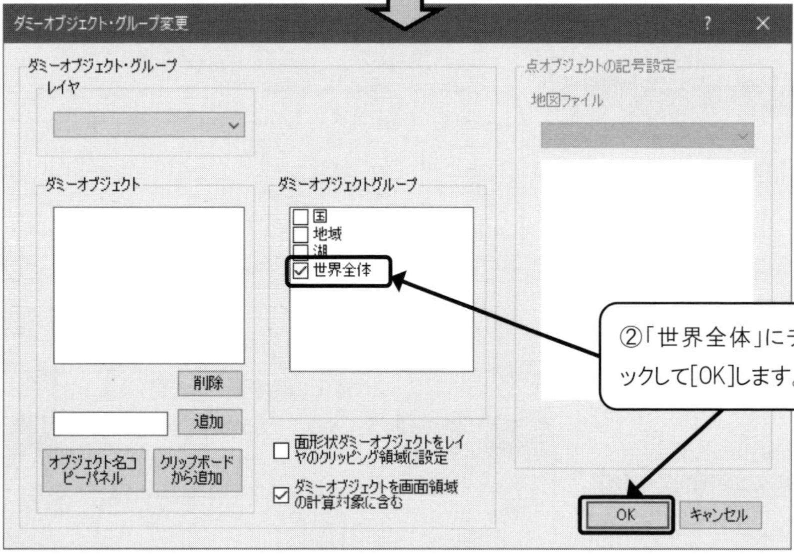

②「世界全体」にチェックして[OK]します。

③出力画面にグリーンランドや南極が表示されますが，メルカトル図法のため南極が大きくなりすぎます。第 2 章の要領【p.20】で，メニューの[オプション]>[投影法変換]から，投影法を「ミラー図法」に設定してください。

※第 2 章では，統計地図には面積の正しいエッケルト第 4 図法やモルワイデ図法がよいと書きましたが，ヨーロッパ付近が歪むため，ここではミラー図法を使用します。

出力画面

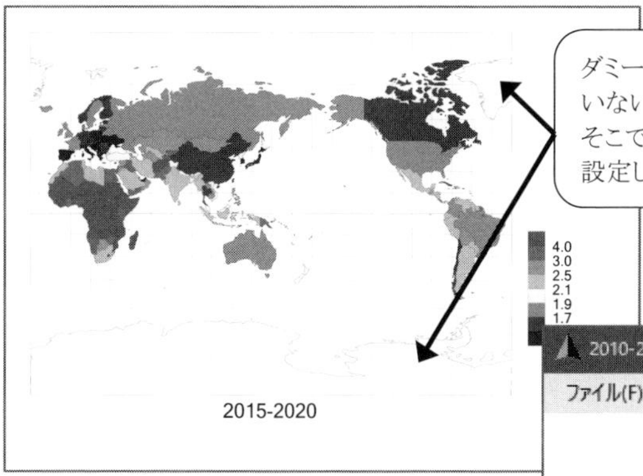

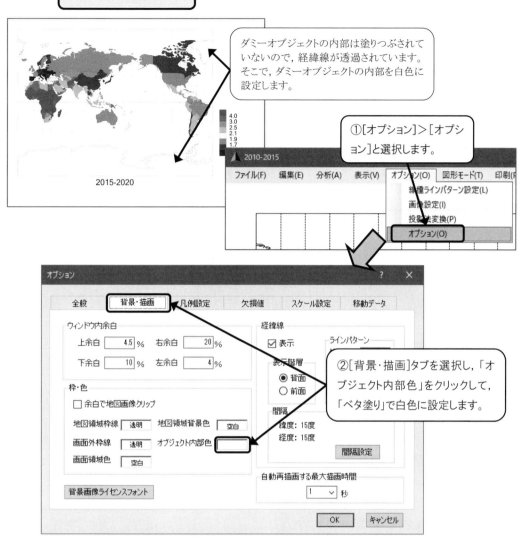

ダミーオブジェクトの内部は塗りつぶされていないので，経緯線が透過されています。そこで，ダミーオブジェクトの内部を白色に設定します。

①[オプション]>[オプション]と選択します。

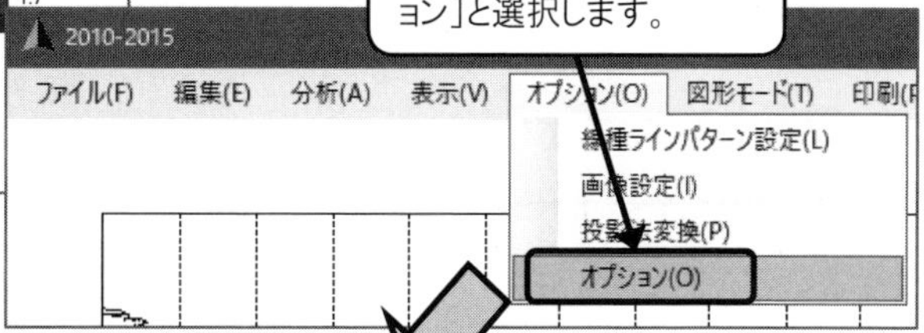

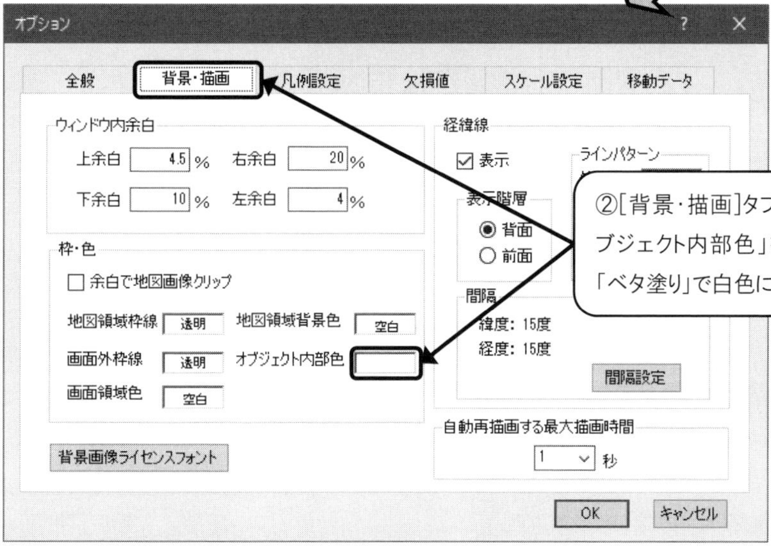

②[背景・描画]タブを選択し，「オブジェクト内部色」をクリックして，「ベタ塗り」で白色に設定します。

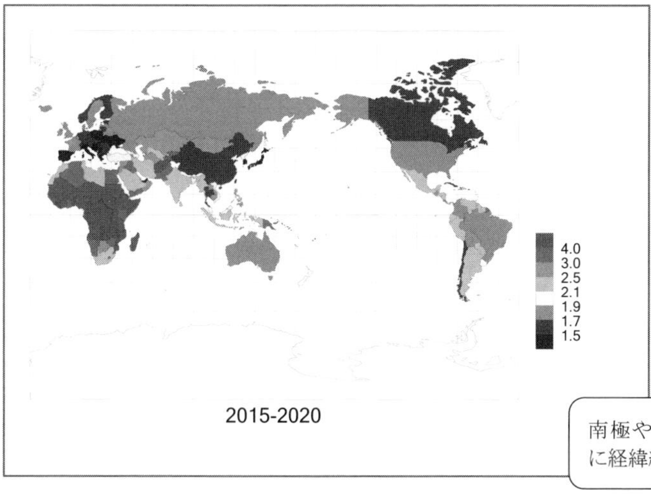

南極やグリーンランドの後ろに経緯線が隠れました。

他の時期にも，同様の階級区分の設定を行います。1 つずつ設定すると手間なので，まとめて設定します。

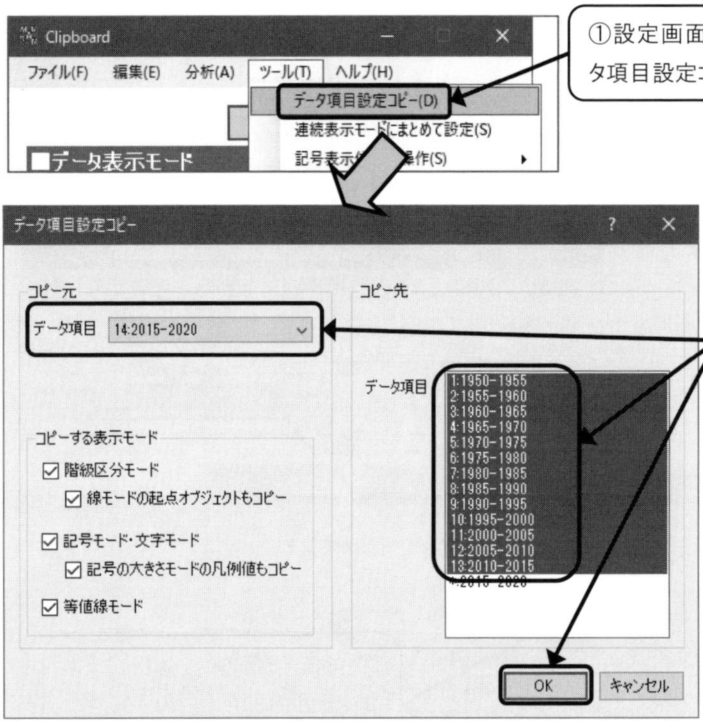

①設定画面で，[ツール]>[データ項目設定コピー]を選択します。

②[コピー元]に「14:2015-2020」が選択されていることを確認し，[コピー先]にデータ項目 1 から 13 までを選択して[OK]してください。

設定後に他のデータ項目を選択し，階級区分の設定が同じになっていることを確認してください。

出力画面で，データを連続して切り替えて表示する方法として，「連続表示モード」があります。ここでは，まとめて連続表示モードに設定します。

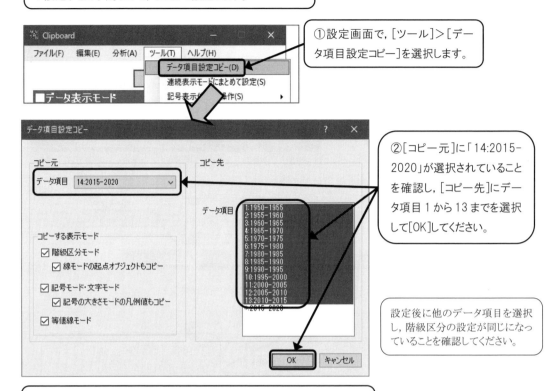

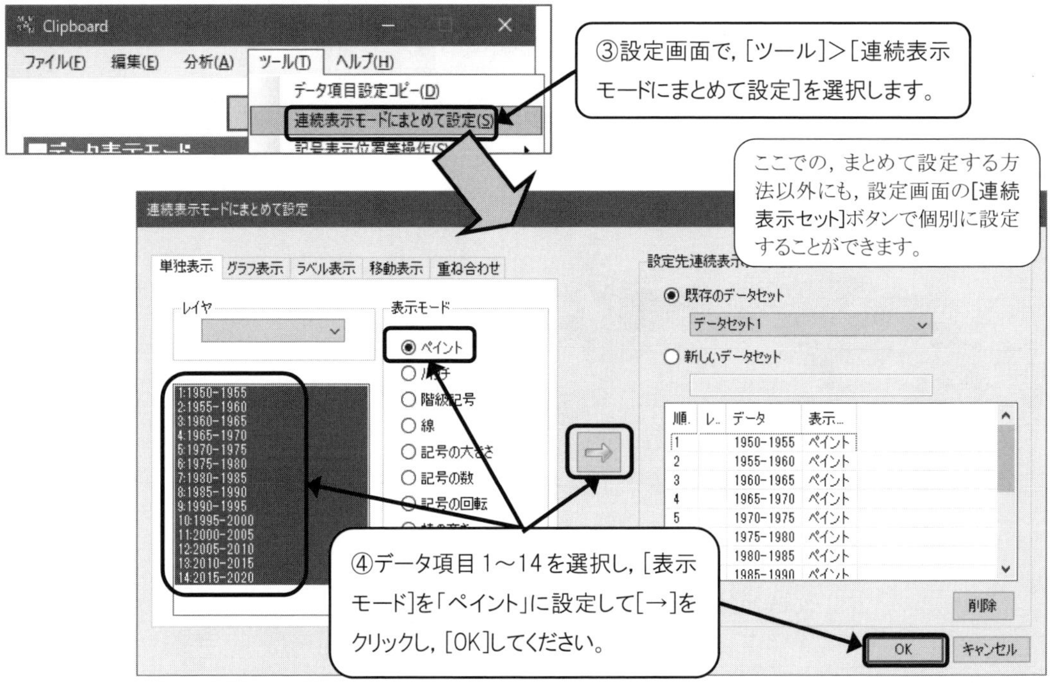

③設定画面で，[ツール]>[連続表示モードにまとめて設定]を選択します。

ここでの，まとめて設定する方法以外にも，設定画面の[連続表示セット]ボタンで個別に設定することができます。

④データ項目 1～14 を選択し，[表示モード]を「ペイント」に設定して[→]をクリックし，[OK]してください。

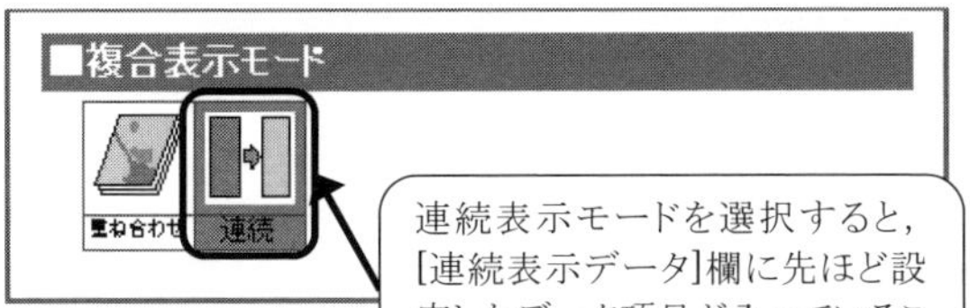

■複合表示モード
重ね合わせ
連続
連続表示モードを選択すると，[連続表示データ]欄に先ほど設定したデータ項目が入っていることがわかります。
連続表示モード
連続表示データセット
データセット1
データセット追加
データセット削除
タイトル
連続表示データ
1950-1955 ペイント
1955-1960 ペイント
1960-1965 ペイント
1965-1970 ペイント
1970-1975 ペイント
1975-1980 ペイント
1980-1985 ペイント
1985-1990 ペイント
1990-1995 ペイント
1995-2000 ペイント
2000-2005 ペイント
消去
すべて消去
出力画面
1950-1955
①連続表示モードで[描画開始]すると，出力画面右下に矢印ボタンが表示されます。このボタンをクリックすると，前後のデータに変わります。
[Alt キー + ←→]または[z][x]キーでも前後のデータに変わります。
1955-1960
連続表示モードでは，独自の出力方法があります。出力画面のサイズを少し小さくしてください。
②出力画面の[ファイル]>[連続表示モードのファイル出力]を選択します。
1955-1960
ファイル(F)
画像の保存(S)
透過PNGで保存(P)
KML形式で出力(K)
Googleマップに出力(G)
タイルマップ出力(T)
連続表示モードのファイル出力(S)
連続表示モードのファイル出力
出力方法
画像ファイルのみ
Webアニメーション
Web画像変化
アニメーションGIF
出力画像形式
PNG
JPEG
BMP
EMF
出力先フォルダ
設定
ベース画像ファイル名
image
出力htmlファイル名
index.html
③[出力方法]で「Web 画像変化」を選択します。
④[設定]をクリックして出力先フォルダを指定し，[OK]します。
OK
キャンセル

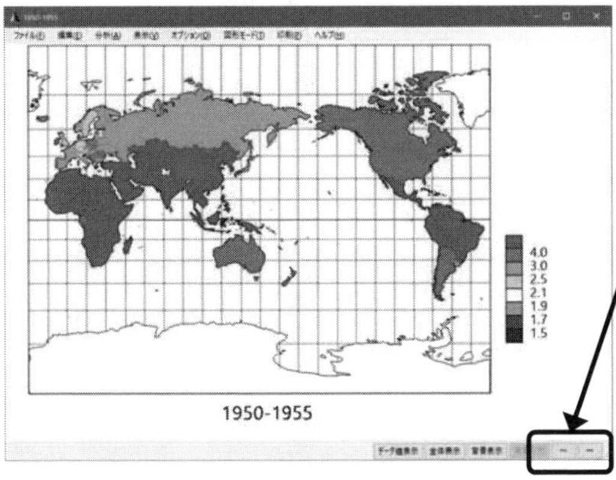

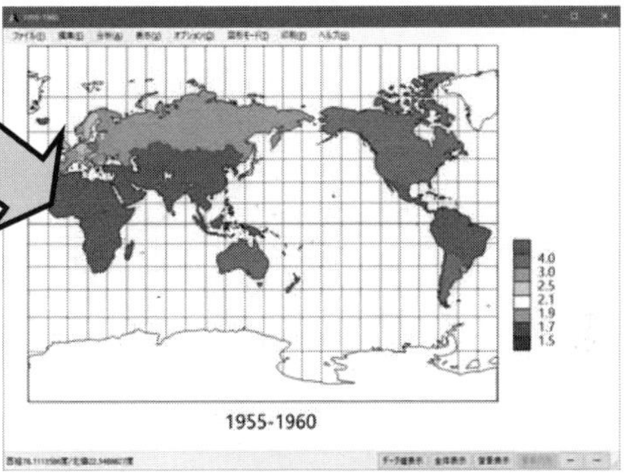

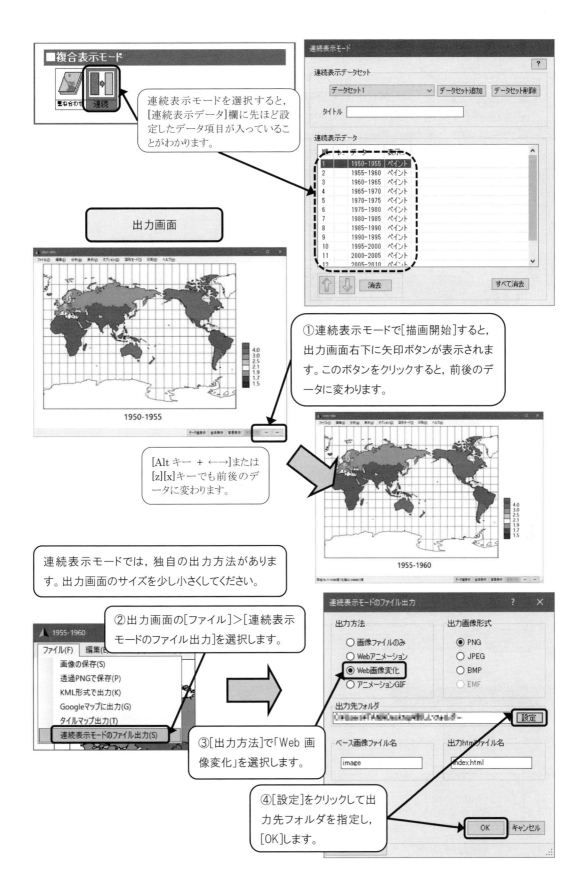

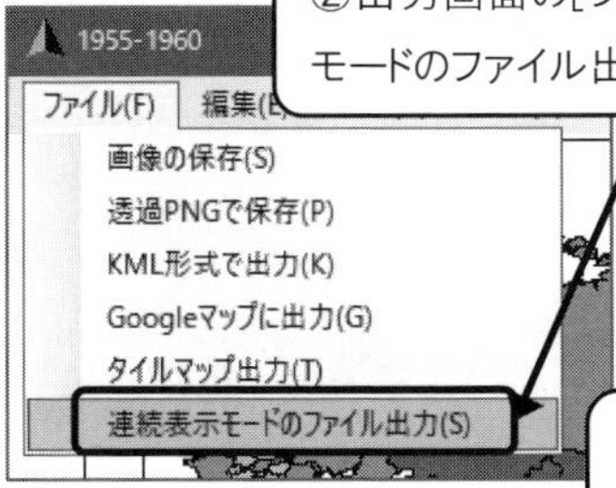

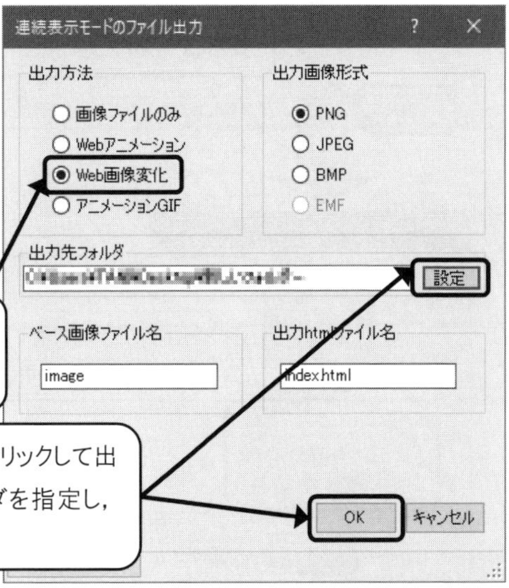

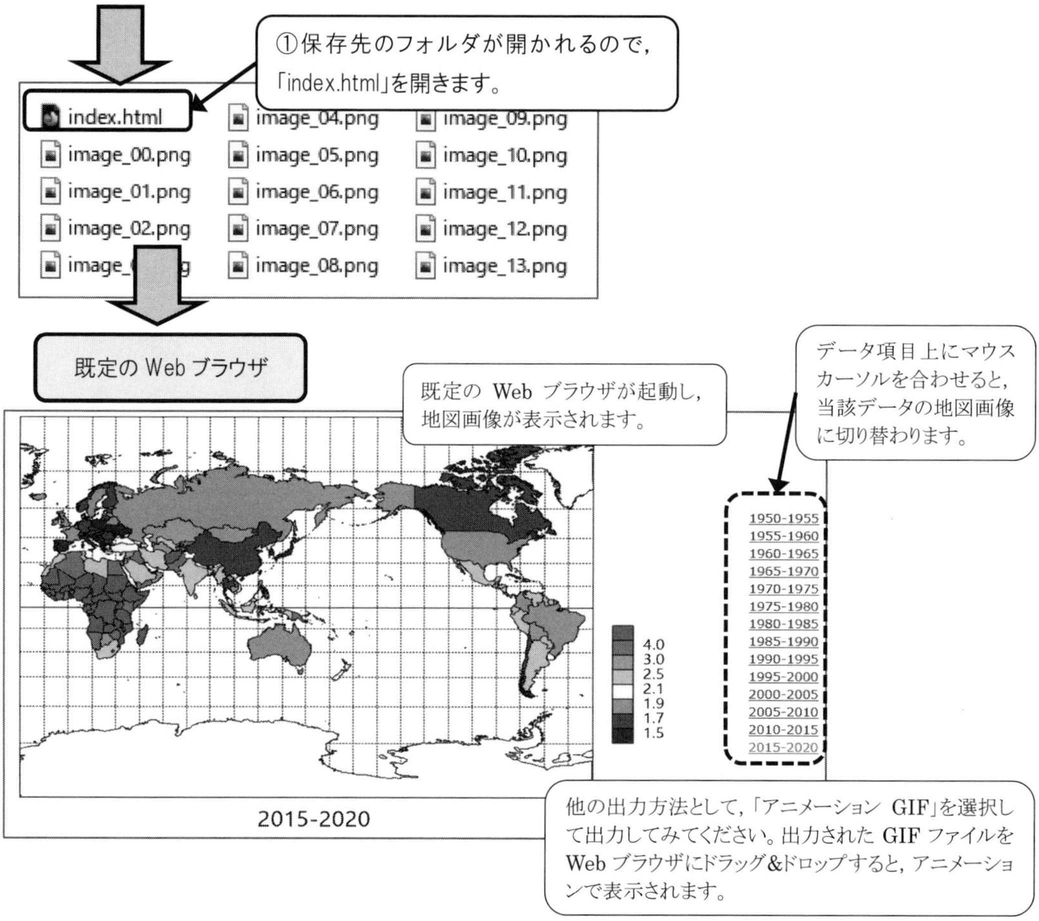
①保存先のフォルダが開かれるので，
「index.html」を開きます。
index.html
image_00.png
image_01.png
image_02.png
image_04.png
image_05.png
image_06.png
image_07.png
image_08.png
image_09.png
image_10.png
image_11.png
image_12.png
image_13.png
既定の Web ブラウザ
既定の Web ブラウザが起動し，地図画像が表示されます。
データ項目上にマウスカーソルを合わせると，当該データの地図画像に切り替わります。
1950-1955
1955-1960
1960-1965
1965-1970
1970-1975
1975-1980
1980-1985
1985-1990
1990-1995
1995-2000
2000-2005
2005-2010
2010-2015
2015-2020
4.0
3.0
2.5
2.1
1.9
1.7
1.5
2015-2020
他の出力方法として，「アニメーション GIF」を選択して出力してみてください。出力された GIF ファイルを Web ブラウザにドラッグ&ドロップすると，アニメーションで表示されます。

5.4 地図上にデータ値を表示

最後に，出力画面の地図上にデータ値を表示してみましょう。

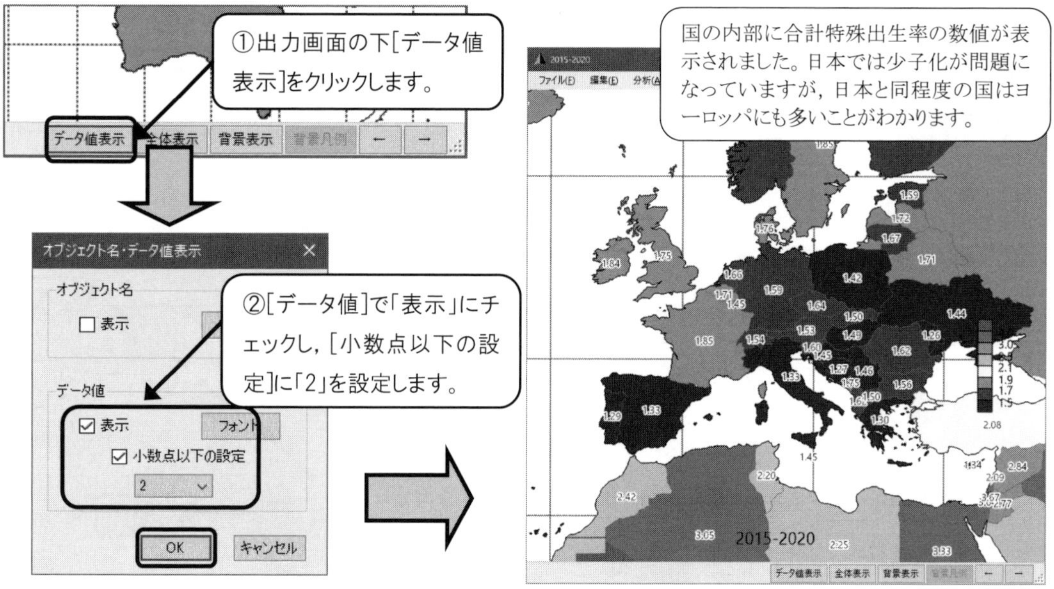
①出力画面の下[データ値表示]をクリックします。
データ値表示
全体表示
背景表示
背景凡例
オブジェクト名・データ値表示
オブジェクト名
表示
②[データ値]で「表示」にチェックし，[小数点以下の設定]に「2」を設定します。
データ値
表示
フォント
小数点以下の設定
2
OK
キャンセル
国の内部に合計特殊出生率の数値が表示されました。日本では少子化が問題になっていますが，日本と同程度の国はヨーロッパにも多いことがわかります。
2015-2020
ファイル(F)
編集(E)
2015-2020

第 6 章　駅別乗車人員を地図化しよう

本章の内容

① 空間検索機能と属性検索機能を使って東京都内の JR 線の駅オブジェクトを抽出
② 『東京都統計年鑑』の駅別乗降客数とマッチングさせて地図化
③ 背景画像の表示

第 6 章では，東京都の JR 線の駅について，2018 年の駅別乗車人員のデータを，地図ファイル「日本鉄道緯度経度.mpfz」を使って地図化します。その際，MANDARA の空間検索機能を使用します。

6.1　地図ファイル「日本鉄道緯度経度.mpfz」から必要なオブジェクト名を抽出

第 2 章で述べたように，地図ファイル「日本鉄道緯度経度.mpfz」は，全国の 1990 年以降の鉄道線および駅のデータを保持しています。そのうち駅オブジェクトのオブジェクト名は，「運営会社名＋路線名＋駅名」となっています。しかし，同一の駅でも複数の路線が乗り入れている場合は，どの路線名が使われているのかわからないため，オブジェクト名と外部データの駅名をマッチングさせるのが難しくなっています。

そこで，本章では「日本鉄道緯度経度.mpfz」から必要な範囲の駅オブジェクトを抽出し，既存の駅別乗客数データとマッチングをする方法を紹介します。対象として，東京都の JR 線の駅オブジェクトを取り上げます。

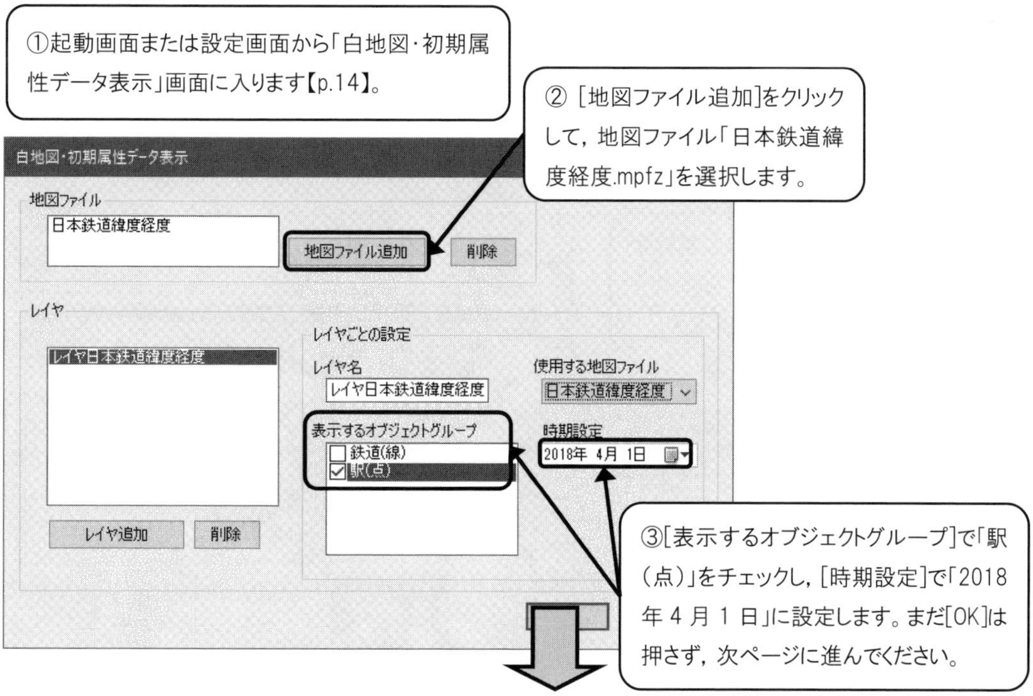
①起動画面または設定画面から「白地図・初期属性データ表示」画面に入ります【p.14】。
② ［地図ファイル追加］をクリックして，地図ファイル「日本鉄道緯度経度.mpfz」を選択します。
白地図・初期属性データ表示
地図ファイル
日本鉄道緯度経度
地図ファイル追加
削除
レイヤ
レイヤ日本鉄道緯度経度
レイヤ追加
削除
レイヤごとの設定
レイヤ名
レイヤ日本鉄道緯度経度
使用する地図ファイル
日本鉄道緯度経度
表示するオブジェクトグループ
鉄道(線)
駅(点)
時期設定
2018年 4月 1日
③［表示するオブジェクトグループ］で「駅（点）」をチェックし，［時期設定］で「2018 年 4 月 1 日」に設定します。まだ［OK］は押さず，次ページに進んでください。

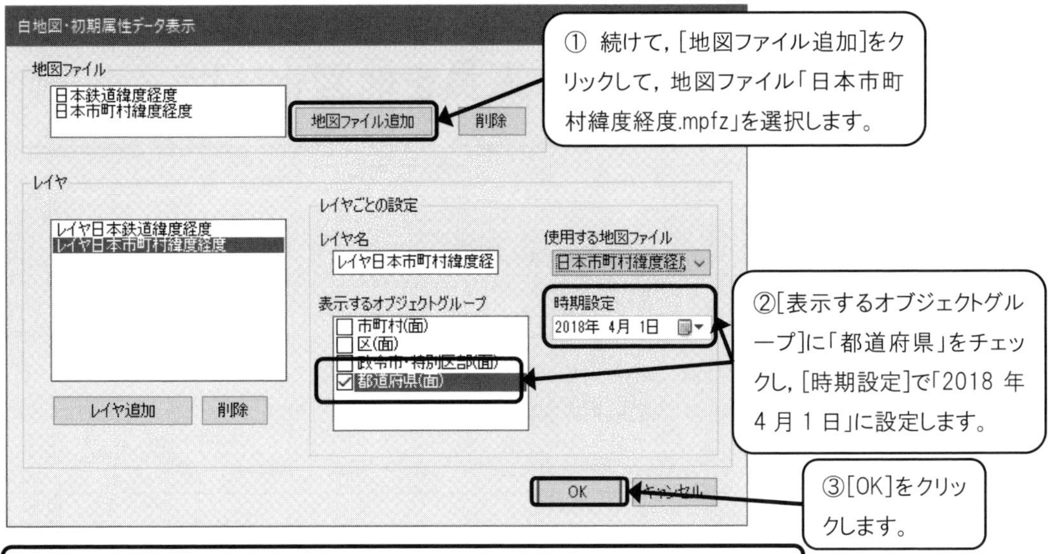
白地図・初期属性データ表示
地図ファイル
日本鉄道緯度経度
日本市町村緯度経度
地図ファイル追加
削除
レイヤ
レイヤ日本鉄道緯度経度
レイヤ日本市町村緯度経度
レイヤ追加
削除
レイヤごとの設定
レイヤ名
レイヤ日本市町村緯度経
使用する地図ファイル
日本市町村緯度経度
表示するオブジェクトグループ
市町村(面)
区(面)
政令市・特別区部(面)
都道府県(面)
時期設定
2018年 4月 1日
OK
キャンセル
① 続けて，[地図ファイル追加]をクリックして，地図ファイル「日本市町村緯度経度.mpfz」を選択します。
②[表示するオブジェクトグループ]に「都道府県」をチェックし，[時期設定]で「2018 年 4 月 1 日」に設定します。
③[OK]をクリックします。

空間検索機能を使って，駅オブジェクトがどの都道府県に含まれているか調べます

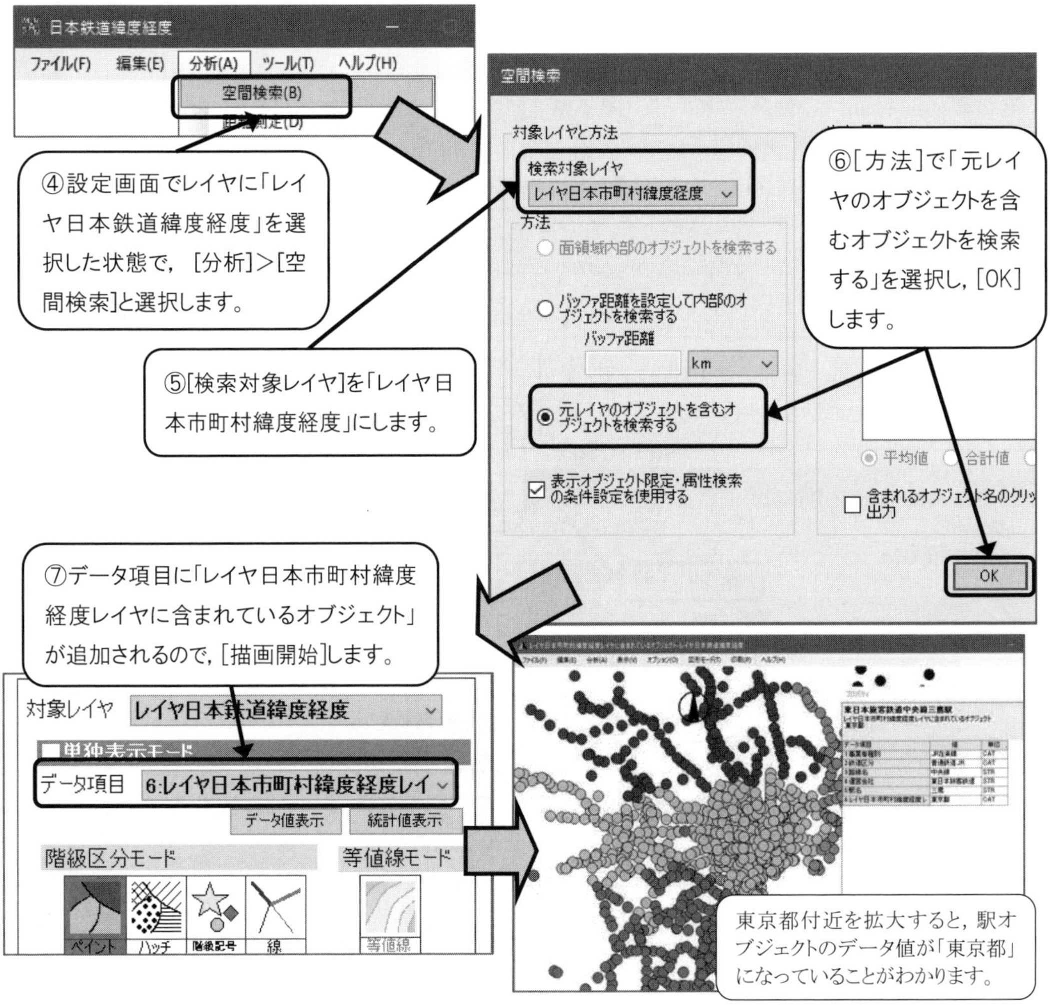
日本鉄道緯度経度
ファイル(F) 編集(E) 分析(A) ツール(T) ヘルプ(H)
空間検索(B)
距離測定(D)
④設定画面でレイヤに「レイヤ日本鉄道緯度経度」を選択した状態で，[分析]>[空間検索]と選択します。
空間検索
対象レイヤと方法
検索対象レイヤ
レイヤ日本市町村緯度経度
方法
面領域内部のオブジェクトを検索する
バッファ距離を設定して内部のオブジェクトを検索する
バッファ距離
km
元レイヤのオブジェクトを含むオブジェクトを検索する
表示オブジェクト限定・属性検索の条件設定を使用する
平均値
合計値
含まれるオブジェクト名のクリップボード出力
OK
⑤[検索対象レイヤ]を「レイヤ日本市町村緯度経度」にします。
⑥[方法]で「元レイヤのオブジェクトを含むオブジェクトを検索する」を選択し，[OK]します。
⑦データ項目に「レイヤ日本市町村緯度経度レイヤに含まれているオブジェクト」が追加されるので，[描画開始]します。
対象レイヤ
レイヤ日本鉄道緯度経度
単独表示モード
データ項目
6:レイヤ日本市町村緯度経度レイ
データ値表示
統計値表示
階級区分モード
等値線モード
ペイント
ハッチ
階級記号
線
等値線
東京都付近を拡大すると，駅オブジェクトのデータ値が「東京都」になっていることがわかります。

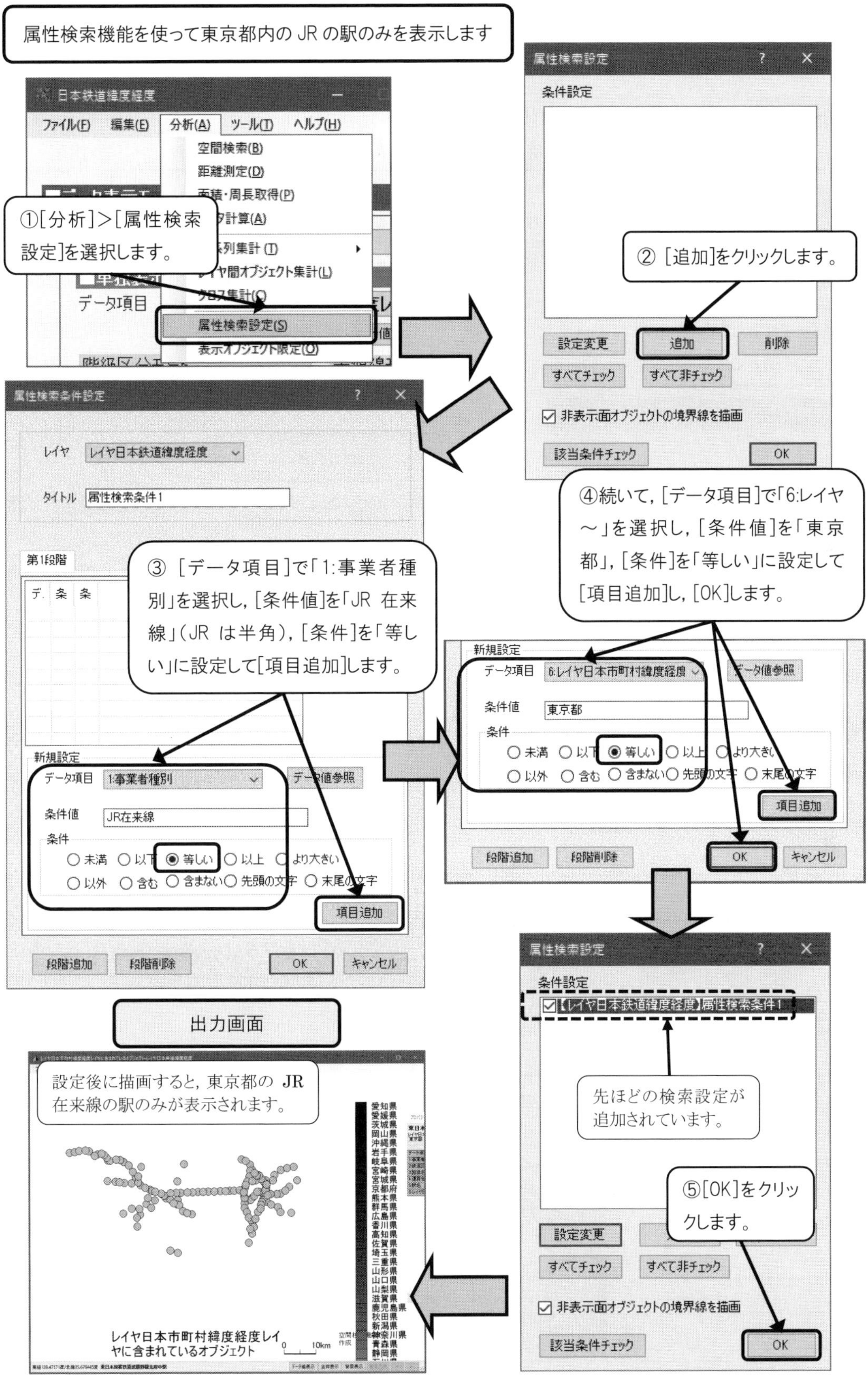
属性検索機能を使って東京都内の JR の駅のみを表示します
①[分析]>[属性検索設定]を選択します。
② [追加]をクリックします。
③ [データ項目]で「1:事業者種別」を選択し，[条件値]を「JR 在来線」(JR は半角)，[条件]を「等しい」に設定して[項目追加]します。
④続いて，[データ項目]で「6:レイヤ〜」を選択し，[条件値]を「東京都」，[条件]を「等しい」に設定して[項目追加]し，[OK]します。
先ほどの検索設定が追加されています。
⑤[OK]をクリックします。
出力画面
設定後に描画すると，東京都の JR 在来線の駅のみが表示されます。

表示されていないオブジェクトを削除します

属性検索設定の場合，条件に合わないオブジェクトは表示されないだけで，データとしては残っています。

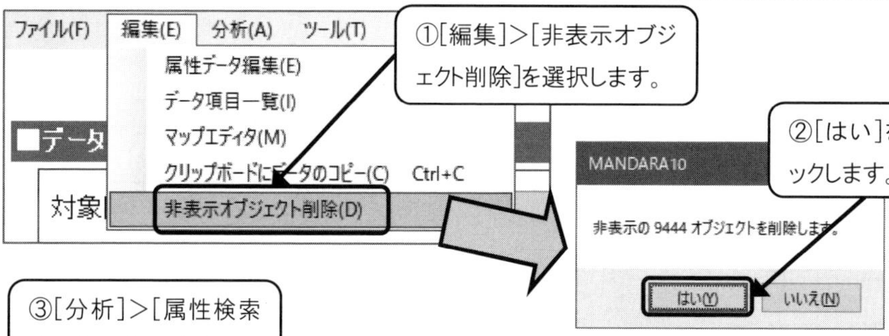

①[編集]>[非表示オブジェクト削除]を選択します。

②[はい]をクリックします。

③[分析]>[属性検索設定]を選択します。

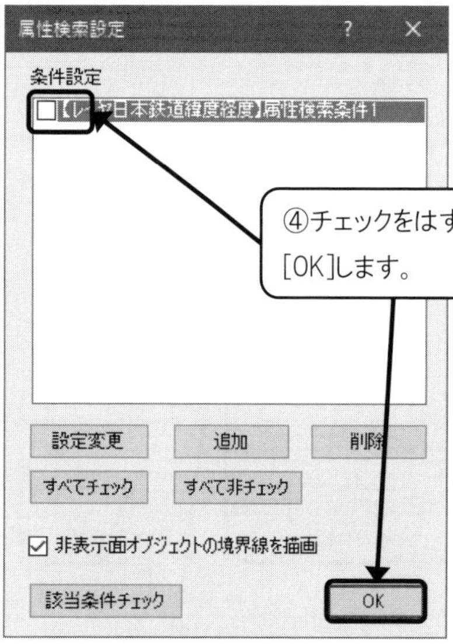

④チェックをはずして[OK]します。

出力画面

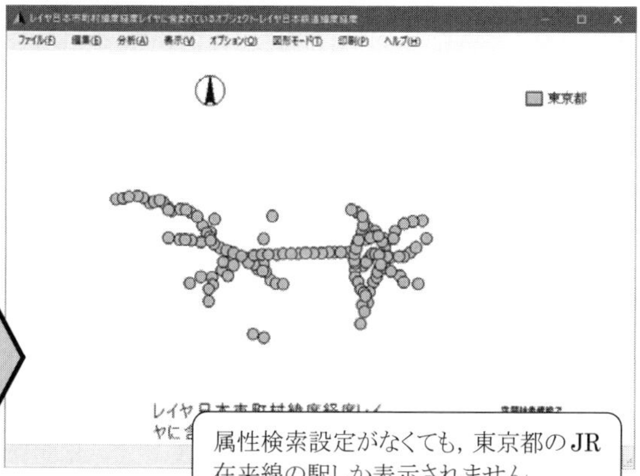

属性検索設定がなくても，東京都の JR 在来線の駅しか表示されません。

東京都の JR 駅データを Excel にコピーします

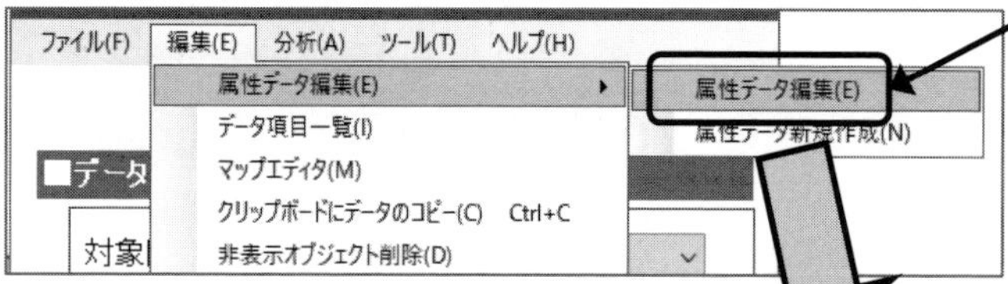

⑤[編集]>[属性データ編集] > [属性データ編集]を選択します。

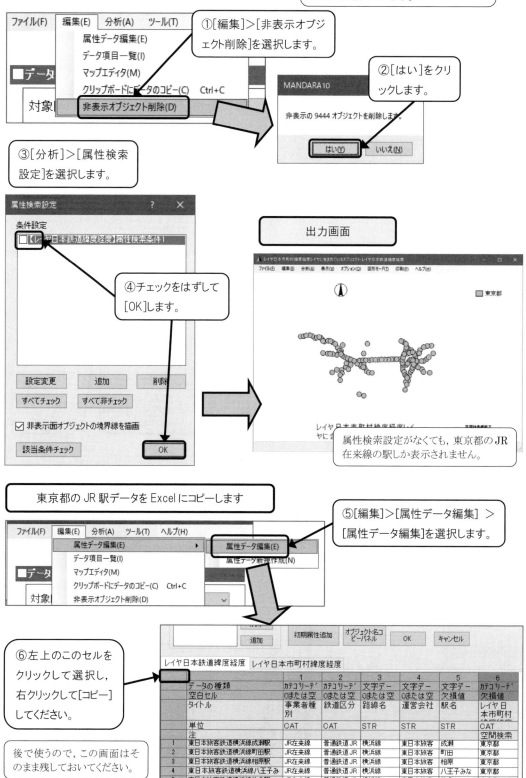

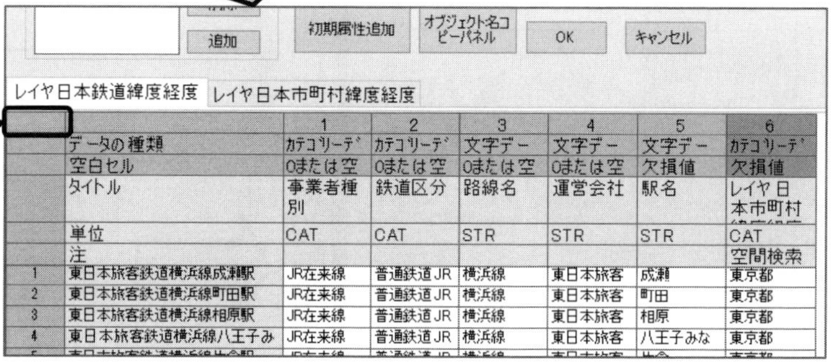

⑥左上のこのセルをクリックして選択し，右クリックして[コピー]してください。

後で使うので，この画面はそのまま残しておいてください。

6.2 駅オブジェクトと『東京都統計年鑑』の乗客数データとの結合

Excel を起動し，先ほどコピーしたデータを貼り付けてください

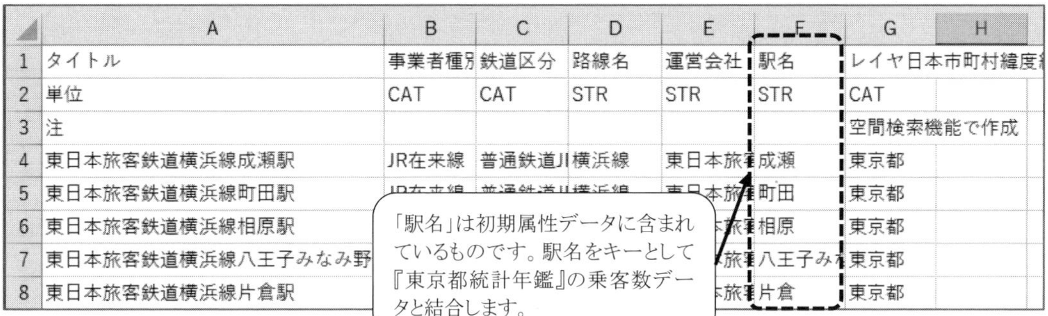

	A	B	C	D	E	F	G	H
1	タイトル	事業者種別	鉄道区分	路線名	運営会社	駅名	レイヤ日本市町村緯度経	
2	単位	CAT	CAT	STR	STR	STR	CAT	
3	注						空間検索機能で作成	
4	東日本旅客鉄道横浜線成瀬駅	JR在来線	普通鉄道Jl	横浜線	東日本旅客	成瀬	東京都	
5	東日本旅客鉄道横浜線町田駅					町田	東京都	
6	東日本旅客鉄道横浜線相原駅					相原	東京都	
7	東日本旅客鉄道横浜線八王子みなみ野					八王子みな	東京都	
8	東日本旅客鉄道横浜線片倉駅					片倉	東京都	

「駅名」は初期属性データに含まれているものです。駅名をキーとして『東京都統計年鑑』の乗客数データと結合します。

『東京都統計年鑑』のデータをダウンロード

https://www.toukei.metro.tokyo.jp/tnenkan/tn-index.htm

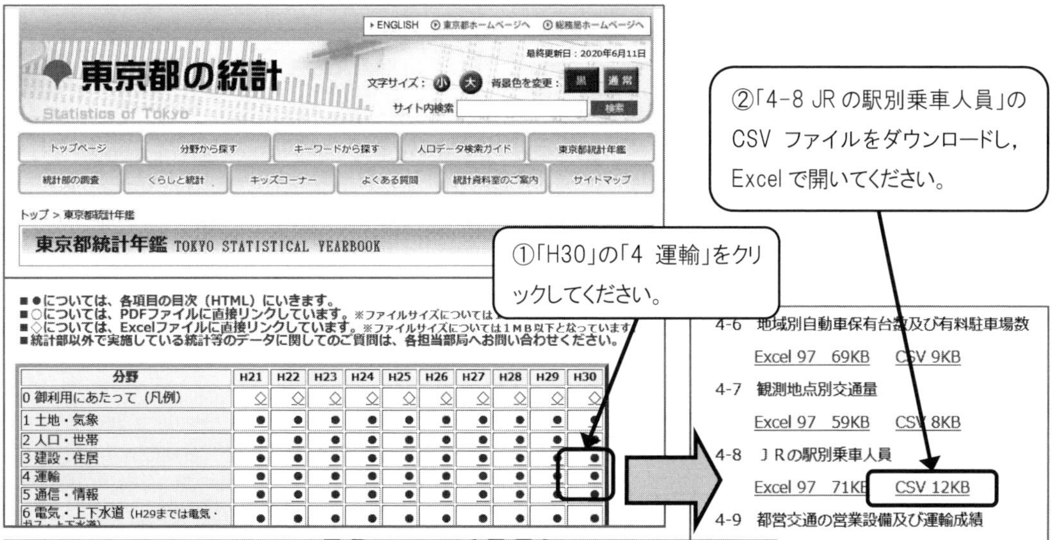

①「H30」の「4 運輸」をクリックしてください。

②「4-8 JR の駅別乗車人員」の CSV ファイルをダウンロードし，Excel で開いてください。

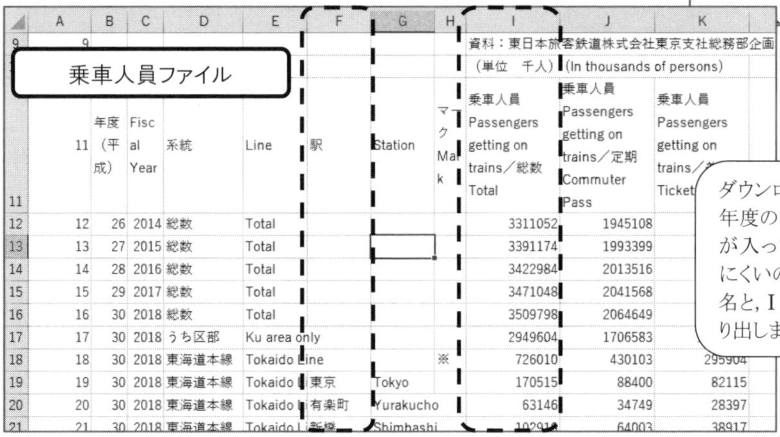

	A	B	C	D	E	F	G	H	I	J	K
9									資料：東日本旅客鉄道株式会社東京支社総務部企画		
10									（単位　千人）	(In thousands of persons)	
11	11	年度（平成）	Fiscal Year	系統	Line	駅	Station	マークMark	乗車人員 Passengers getting on trains／総数 Total	乗車人員 Passengers getting on trains／定期 Commuter Pass	乗車人員 Passengers getting on trains／… Ticket
12	12	26	2014	総数	Total				3311052	1945108	
13	13	27	2015	総数	Total				3391174	1993399	
14	14	28	2016	総数	Total				3422984	2013516	
15	15	29	2017	総数	Total				3471048	2041568	
16	16	30	2018	総数	Total				3509798	2064649	
17	17	30	2018	うち区部	Ku area only				2949604	1706583	
18	18	30	2018	東海道本線	Tokaido Line			※	726010	430103	295904
19	19	30	2018	東海道本線	Tokaido L	東京	Tokyo		170515	88400	82115
20	20	30	2018	東海道本線	Tokaido L	有楽町	Yurakucho		63146	34749	28397
21	21	30	2018	東海道本線	Tokaido L	新橋	Shimbashi		102919	64003	38917

乗車人員ファイル

ダウンロードしたファイルには，2018 年度の JR の駅と乗車人員のデータが入っています。このままでは扱いにくいので，必要な情報，F 列の駅名と，I 列の乗車人員総数のみを取り出します。

①乗車人員ファイルの，F 19 セルから F172 セルを選択してコピーし，MANDARA から貼り付けた Excel ファイルの J4 セルに貼り付けます。

②乗車人員ファイルの，I19 セルから I172 セルを選択してコピーし，MANDARA から貼り付けた Excel ファイルの K4 セルに貼り付けます。

MANDARA から貼り付けたファイル

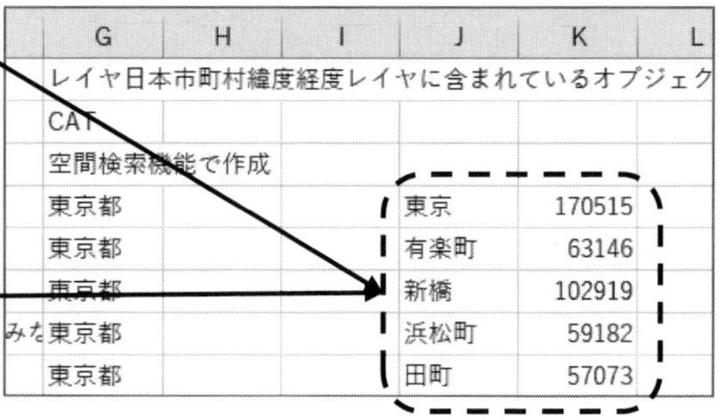

③貼り付けた駅名の中の「ケ」を小さい「ヶ」に変換します。J 列を選択し,［ホーム］タブ＞［検索と選択］＞［置換］とします。［検索する文字列］に「ケ」（カタカナのケ），置換後の文字列に「ヶ」（小さいヶ）を入れて，［すべて置換］します。

市ケ谷，阿佐ケ谷などがあります。地図ファイル「日本鉄道緯度経度.mpfz」の駅名では「市ヶ谷」「阿佐ヶ谷」となっています。

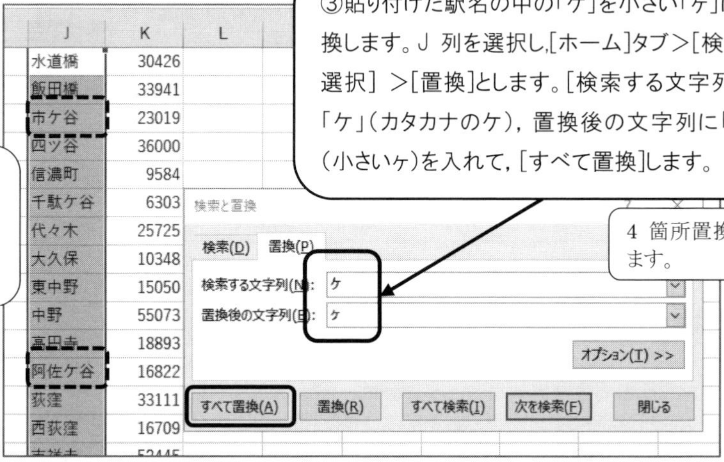

4 箇所置換されます。

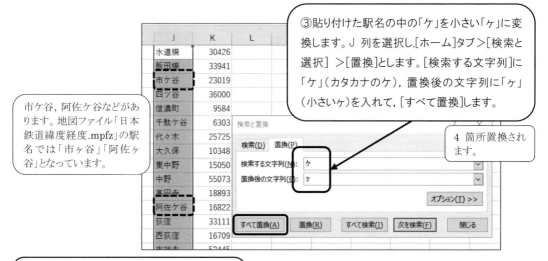

④K 列に「…」とあるのは無人駅です。③と同様に，「…」を空欄に置換して下さい。「…」は「てん」と入力して変換すると出てきます。

⑤H4 セルに，「=VLOOKUP(F4,J$4:K$157,2,FALSE)」と入力し，コピーして H143 セルまで貼り付けてください。

Vlookup 関数は，Excel の関数の一つで，指定した範囲の左端の列から検索値と同じ値を探し，見つかった場合は指定した列番号の位置の値を返す関数です。

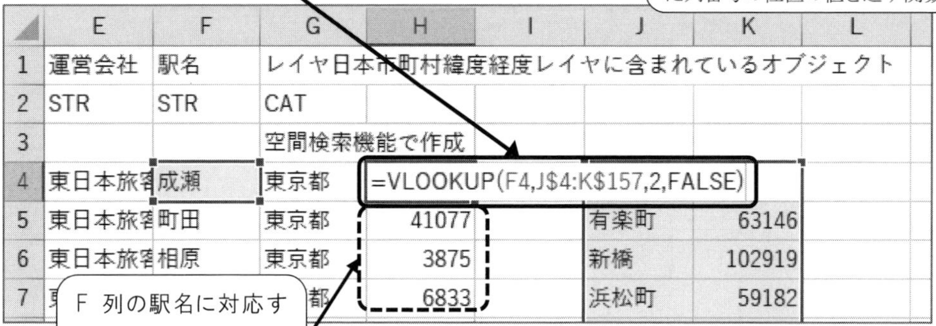

F 列の駅名に対応する，K 列の乗車人員が表示されます。

Excel の Vlookup 関数で取得した乗車人員データを属性データ編集画面に貼り付けます

①MANDARA の属性データ編集画面に戻り，1 列目で右クリックして，[属性データの挿入] >[前に挿入]と選択します。

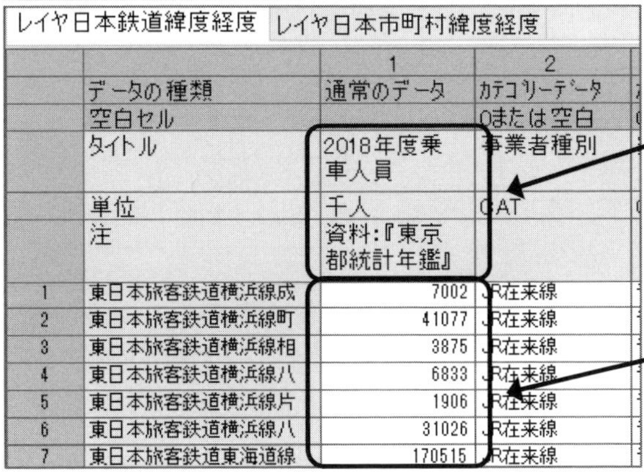

②1 列挿入されるので，タイトル，単位，注欄を図のように入力します。

③Excel の H4 から H143 セルまでをコピーし，1 行目に貼り付けます。

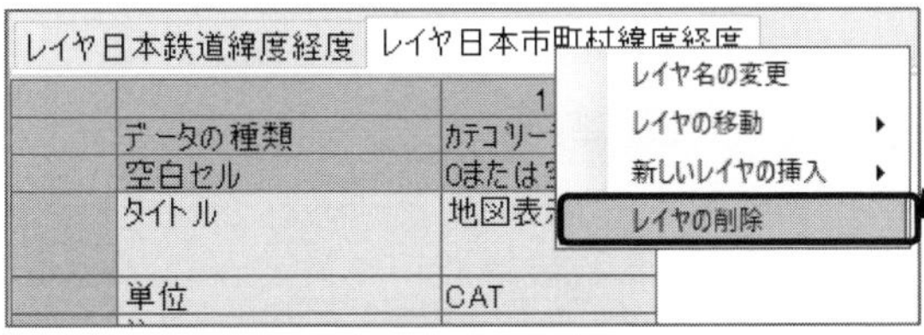

④「レイヤ日本市町村緯度経度」は，もう使わないので削除します。タブの上で右クリックし，[レイヤの削除]を選択します。

「レイヤ日本市町村緯度経度」が削除されると，地図ファイル「日本市町村緯度経度」も使わなくなるので，合わせて削除します。なお，ここで削除しても，地図ファイル自体が削除されるわけではありません。

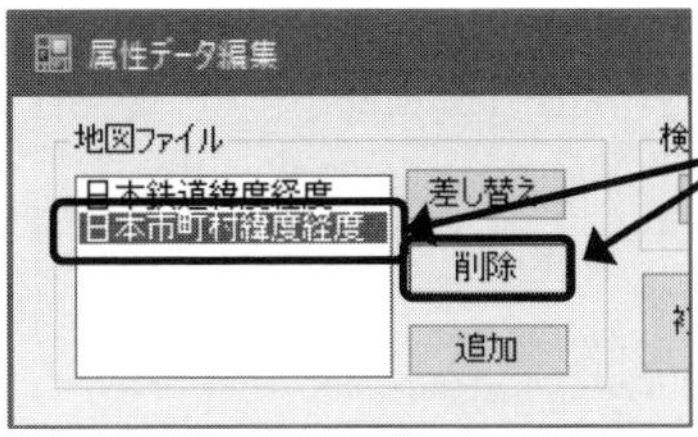

⑤[地図ファイル]欄で「日本市町村緯度経度」を選択し，[削除]してください。

⑥[OK]をクリックします。次の「新旧データ項目設定画面」もそのまま [OK]してください。

6.3 地図化と背景画像

①データ項目で「1:2018 年度乗車人員」を選択し，記号の大きさモードに設定します。

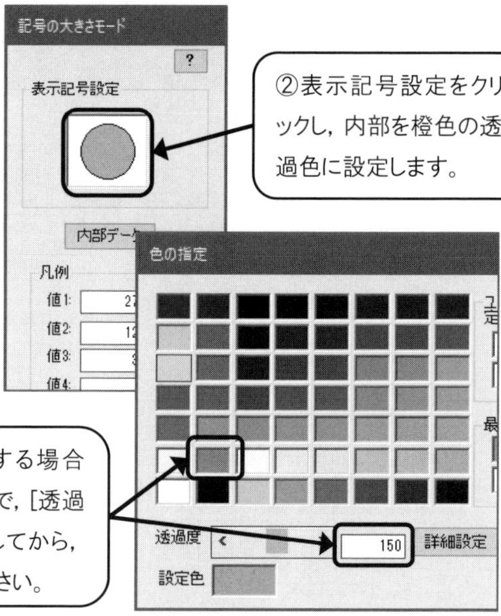

②表示記号設定をクリックし，内部を橙色の透過色に設定します。

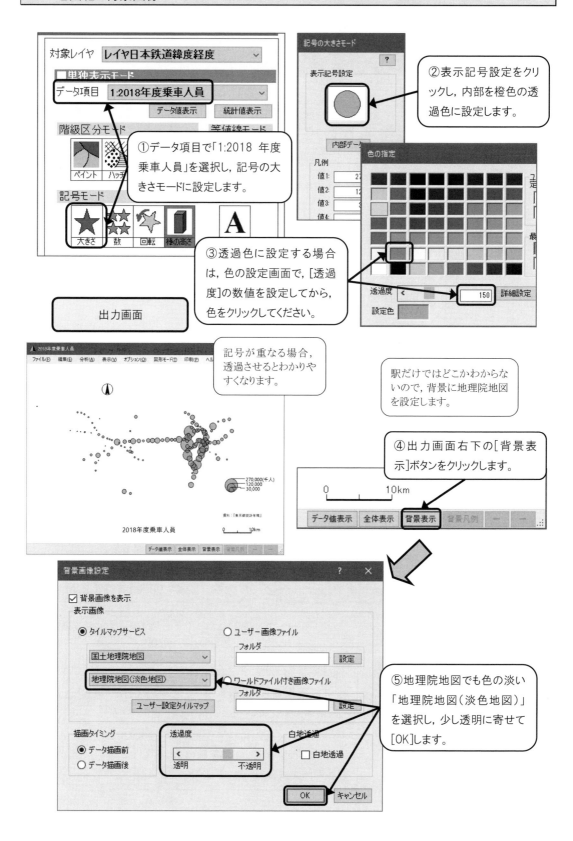

③透過色に設定する場合は，色の設定画面で，[透過度]の数値を設定してから，色をクリックしてください。

出力画面

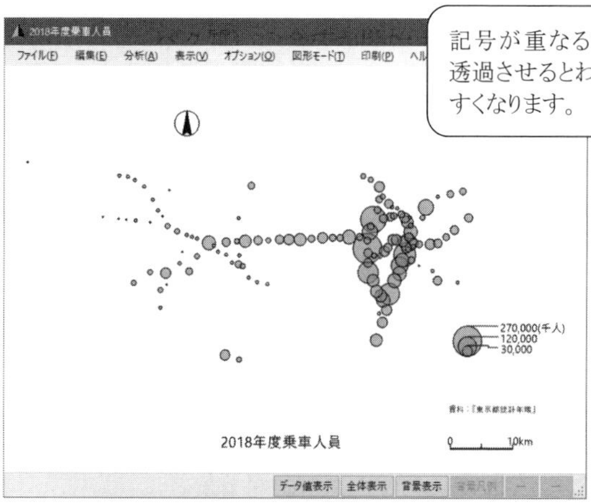

記号が重なる場合，透過させるとわかりやすくなります。

駅だけではどこかわからないので，背景に地理院地図を設定します。

④出力画面右下の[背景表示]ボタンをクリックします。

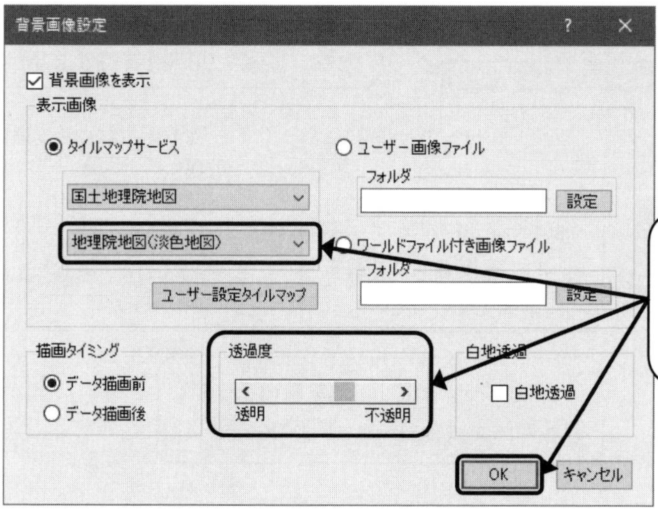

⑤地理院地図でも色の淡い「地理院地図（淡色地図）」を選択し，少し透明に寄せて[OK]します。

背景地図により位置関係がわかりやすくなりましたが，凡例が見にくくなりました。

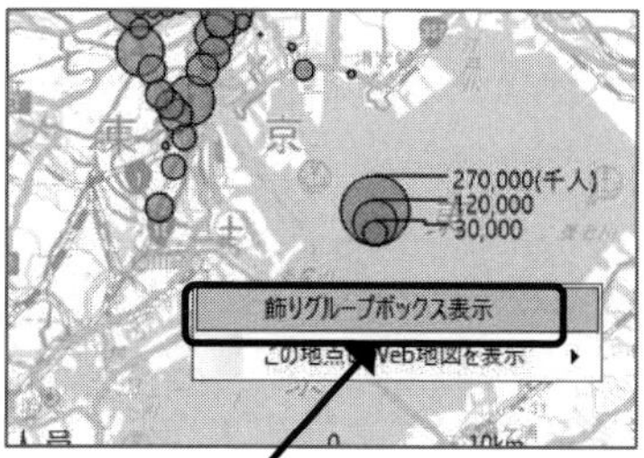

①第 4 章【p.53】でも行ったように，画面上で右クリックし，[飾りグループボックス表示]をクリックします。

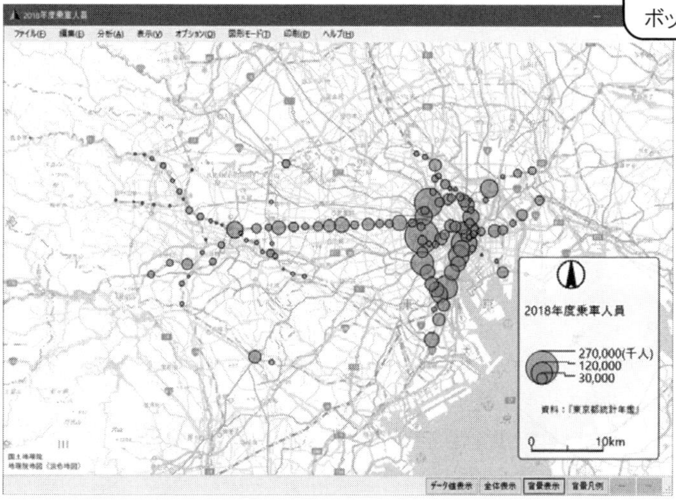

凡例が見やすくなりました。乗車人員の多い駅はどのような駅でしょうか。

棒の高さモードでも表示してみましょう。

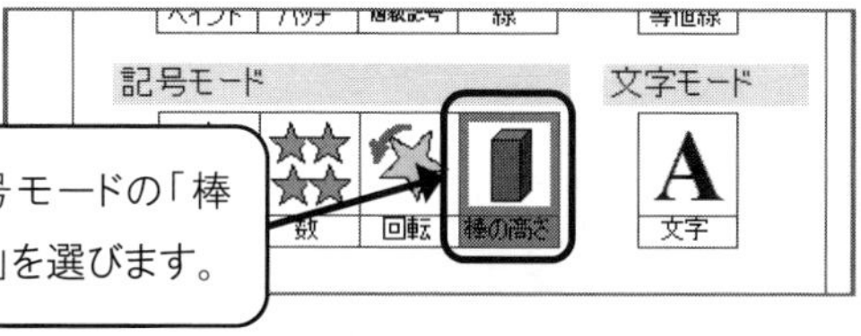

②記号モードの「棒の高さ」を選びます。

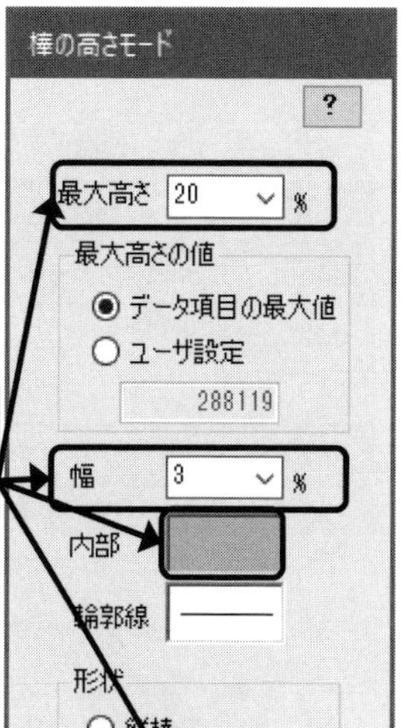

③[最大高さ]を「20」，[幅]を「3」，[形状]を「三角」とし，[内部色]を設定して[描画開始]します。

形状を「三角」にすると，記号の重なりが少なくなります。

第 7 章　国土数値情報のシェープファイルを使おう

本章の内容

① シェープファイルとは？
② 国土数値情報の地価データ
③ データ挿入でシェープファイルデータを追加
④ シェープファイルデータの保存
⑤ KML 形式で出力

第 7 章では，代表的な GIS データのファイルフォーマットであるシェープファイルを扱い，国土数値情報の地価データを地図化し，KML 形式で出力して Google Earth で表示します。

7.1　シェープファイルとは？

シェープファイルとは， GIS ソフト「ArcGIS」の開発元 ESRI 社によるベクターデータのファイルフォーマットです。現在多くの GIS ソフトがこの形式に対応しており，読み込んだり保存したりできることから，最も広く使われる GIS データのフォーマットとなっています。MANDARA では，このシェープファイルを読み込むことができ，また，シェープファイルに出力することもできます。シェープファイルは，以下の 3 つの異なる拡張子からなるファイルから構成されています。データによって，投影法や座標系の情報の入った prj ファイルなど，他のファイルも付属することがあります。MANDARA では，3 種のファイルと prj ファイルのみを使用します。

1 つのシェープファイルは拡張子の異なる 3 つのファイルから構成されています。

拡張子	名称	概要
.shp	メインファイル	図形の座標が入っています。
.dbf	属性ファイル	個々の図形に対応する属性データが入っています。Excel で開くこともできます。
.shx	インデックスファイル	shp と dbf ファイルの対応情報が入っています。

※この 3 つ以外に，拡張子「prj」のファイルも使用します。

このシェープファイルの形式で GIS データを配布している Web サイトは数多くあります。たとえば国内では，国土交通省により無償で公開されている「国土数値情報ダウンロードサービス」（https://nlftp.mlit.go.jp/ksj/），政府の小地域統計を境界のシェープファイルとともにダウンロードできる「政府統計の総合窓口」（https://www.e-stat.go.jp）の「統計 GIS」，環境省自然環境局生物多様性センターによる「自然環境保全基礎調査」（http://gis.biodic.go.jp/webgis/sc-023.html）などがあります。

ここでは，国土数値情報からデータをダウンロードして，地図化してみましょう。

7.2 国土数値情報の地価公示データの地図化

MANDARA でシェープファイルを扱う場合，①設定画面からシェープファイルを直接読み込む，②マップエディタでシェープファイルを読み込み，MANDARA の地図ファイルとして保存する，の２通りの方法があります。ここでは，より簡単な①の方法で読み込んで地図化してみます。

使用するシェープファイルは，国土数値情報の地価公示データです。

国土数値情報のダウンロード画面　https://nlftp.mlit.go.jp/ksj/

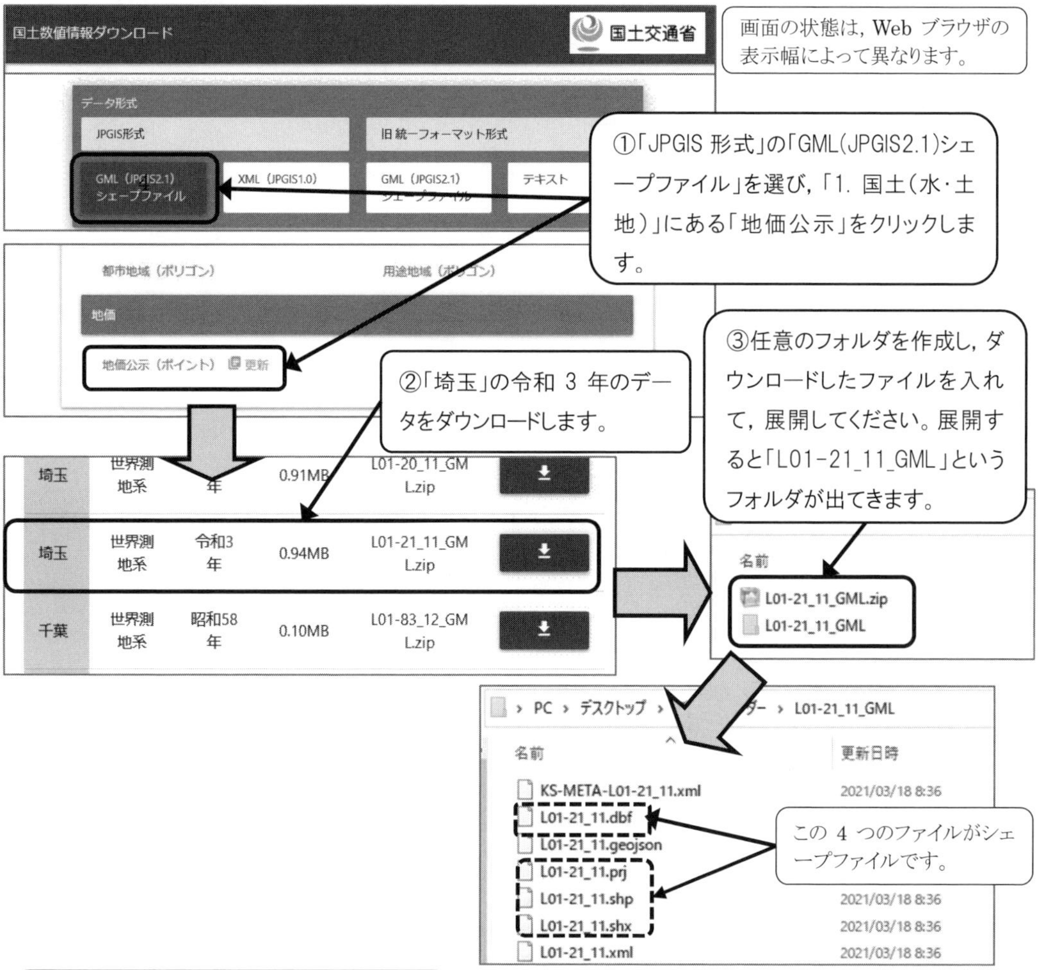

展開とは？

ファイルサイズの大きなファイルを小さくしたり，複数のファイルをひとつにまとめたりしてできたファイルを圧縮ファイルといい，zip は圧縮ファイルの形式のひとつです。圧縮ファイルを元のファイルに戻すことを展開（または解凍）といいます。Windows10 で展開する際は，ファイルを右クリックして「すべて展開」を選択します。なお，圧縮・展開を専門に行うアプリも多くあるので，インストールしておくとよいでしょう。

地価公示とは？

地価公示は，一般の土地の取引価格に対して指標を与えるなどの目的で，地価公示法に基づいて国土交通省が行っており，選定された標準地について毎年 1 月 1 日時点の正常な価格を調査し，公示しているものです。公示価格は不動産鑑定士が現地を調査し，最新の取引事例やその土地からの収益の見通しなどを分析して評価しています。この地価公示以外にも，都道府県が行う「都道府県地価調査」や，国税庁が公表する「路線価」などがあります。

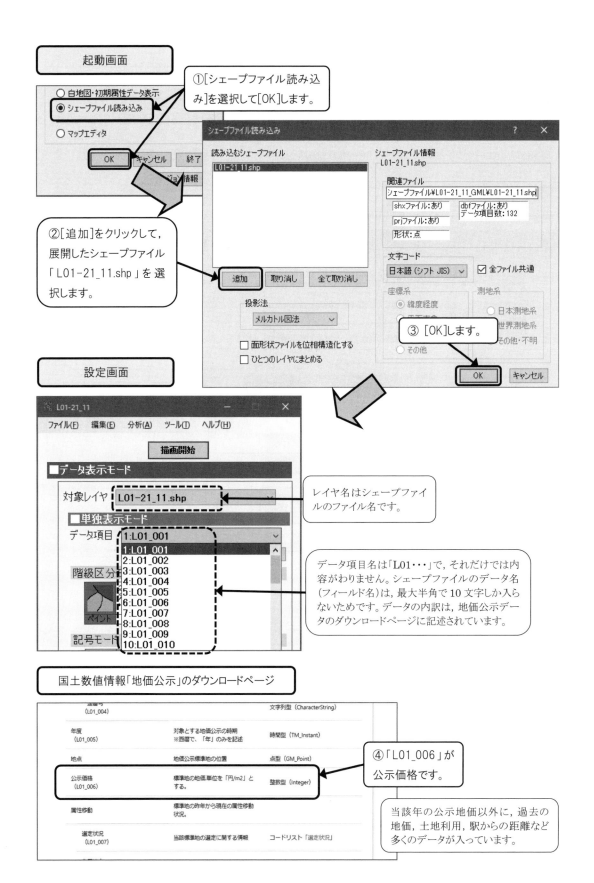

起動画面
白地図・初期属性データ表示
シェープファイル読み込み
マップエディタ
OK
キャンセル
終了
①[シェープファイル読み込み]を選択して[OK]します。
シェープファイル読み込み
読み込むシェープファイル
L01-21_11.shp
シェープファイル情報
L01-21_11.shp
関連ファイル
シェープファイル¥L01-21_11_GML¥L01-21_11.shp
shxファイル:あり
dbfファイル:あり
データ項目数:132
prjファイル:あり
形状:点
文字コード
日本語(シフトJIS)
全ファイル共通
座標系
緯度経度
その他
測地系
日本測地系
世界測地系
その他・不明
追加
取り消し
全て取り消し
投影法
メルカトル図法
面形状ファイルを位相構造化する
ひとつのレイヤにまとめる
OK
キャンセル
②[追加]をクリックして，展開したシェープファイル「L01-21_11.shp」を選択します。
③ [OK]します。
設定画面
L01-21_11
ファイル(F) 編集(E) 分析(A) ツール(T) ヘルプ(H)
描画開始
■データ表示モード
対象レイヤ
L01-21_11.shp
■単独表示モード
データ項目
1:L01_001
2:L01_002
3:L01_003
4:L01_004
5:L01_005
6:L01_006
7:L01_007
8:L01_008
9:L01_009
10:L01_010
階級区分
ペイント
記号モード
レイヤ名はシェープファイルのファイル名です。
データ項目名は「L01･･･」で，それだけでは内容がわかりません。シェープファイルのデータ名(フィールド名)は，最大半角で10文字しか入らないためです。データの内訳は，地価公示データのダウンロードページに記述されています。
国土数値情報「地価公示」のダウンロードページ
(L01_004)
文字列型（CharacterString）
年度
(L01_005)
対象とする地価公示の時期
※西暦で、「年」のみを記述
時間型（TM_Instant）
地点
地価公示標準地の位置
点型（GM_Point）
公示価格
(L01_006)
標準地の地価.単位を「円/m2」とする。
整数型（Integer）
属性移動
標準地の昨年から現在の属性移動状況。
選定状況
(L01_007)
当該標準地の選定に関する情報
コードリスト「選定状況」
④「L01_006」が公示価格です。
当該年の公示地価以外に，過去の地価，土地利用，駅からの距離など多くのデータが入っています。

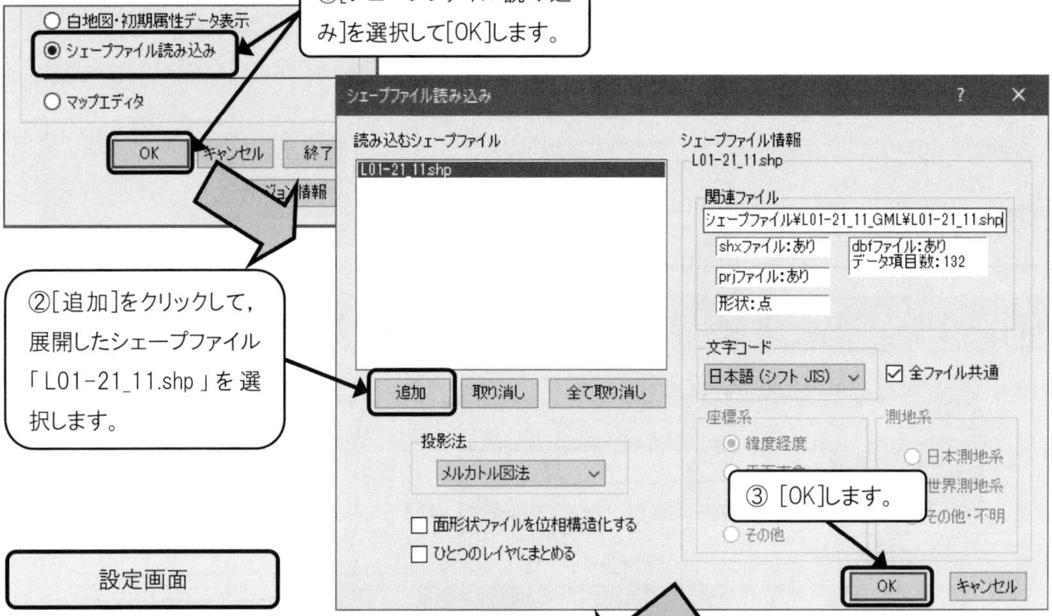

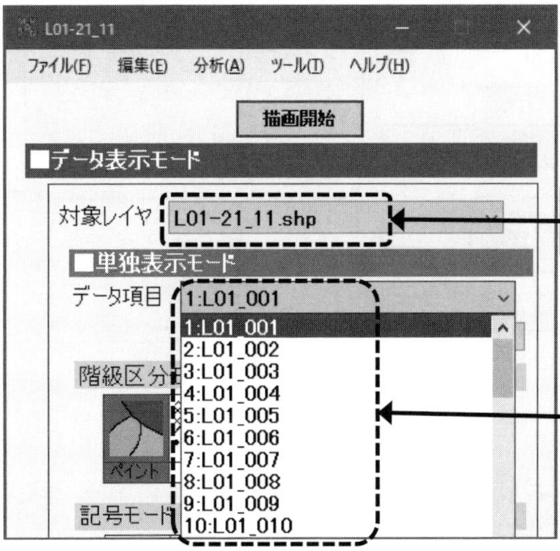

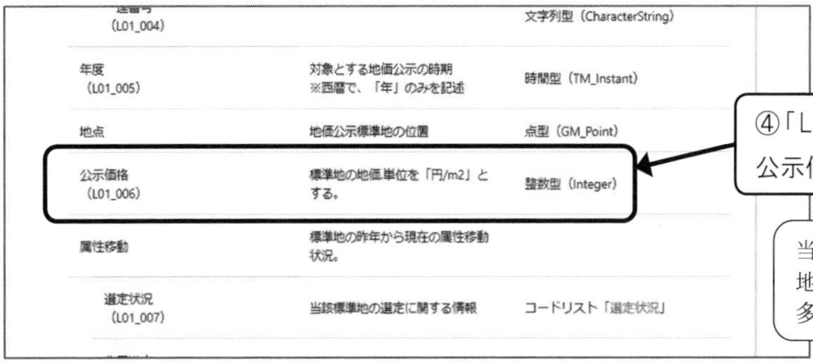

属性データ編集でデータを整理します

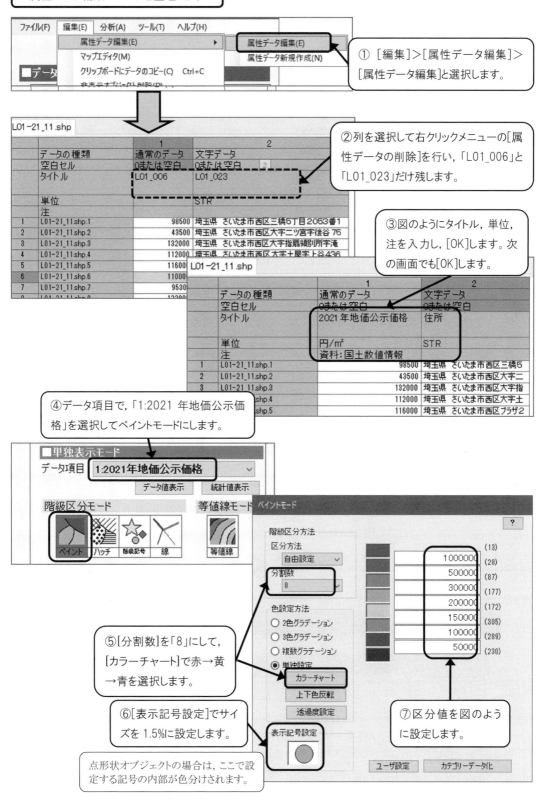

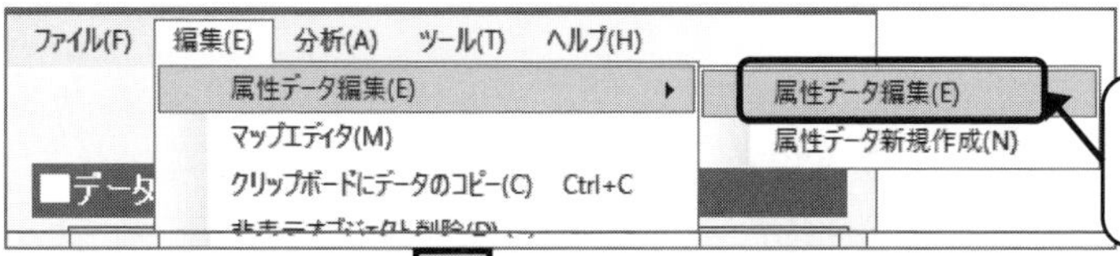

①［編集］>［属性データ編集］>［属性データ編集］と選択します。

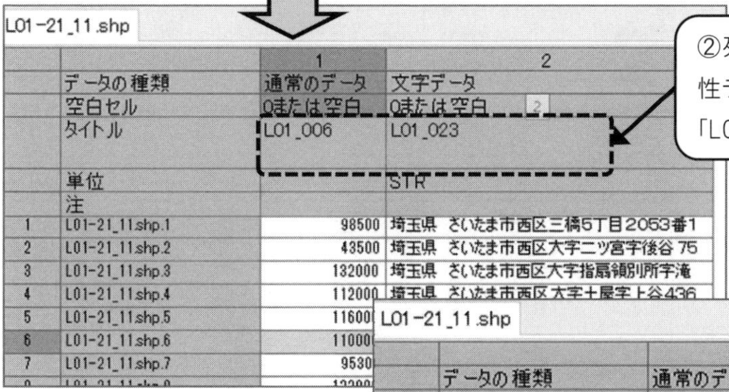

②列を選択して右クリックメニューの[属性データの削除]を行い，「L01_006」と「L01_023」だけ残します。

③図のようにタイトル，単位，注を入力し，[OK]します。次の画面でも[OK]します。

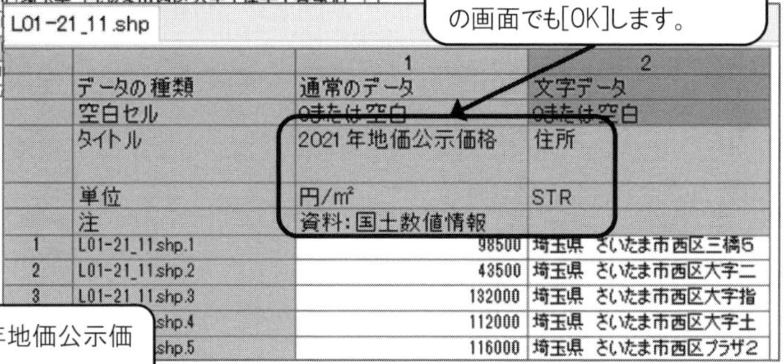

④データ項目で，「1:2021 年地価公示価格」を選択してペイントモードにします。

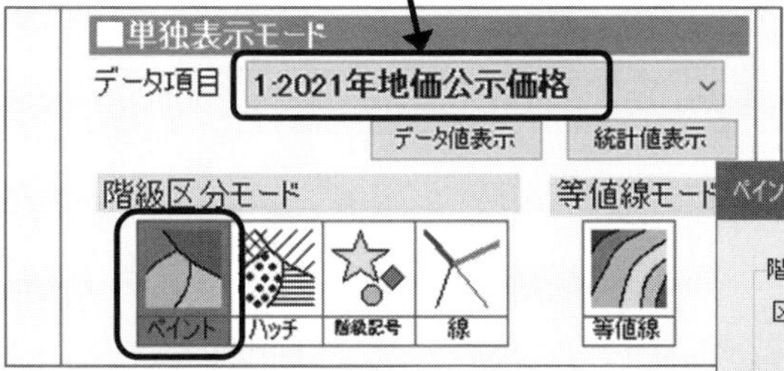

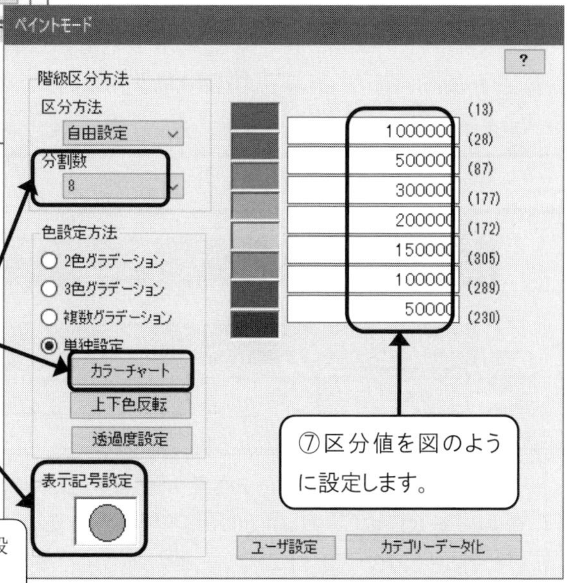

⑤[分割数]を「8」にして，[カラーチャート]で赤→黄→青を選択します。

⑥[表示記号設定]でサイズを 1.5%に設定します。

点形状オブジェクトの場合は，ここで設定する記号の内部が色分けされます。

⑦区分値を図のように設定します。

出力画面

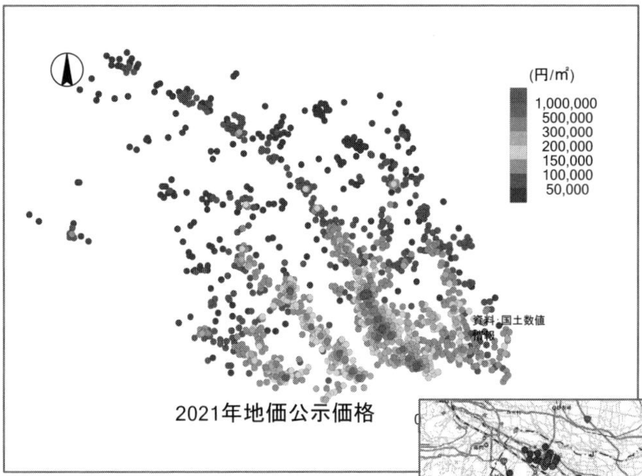

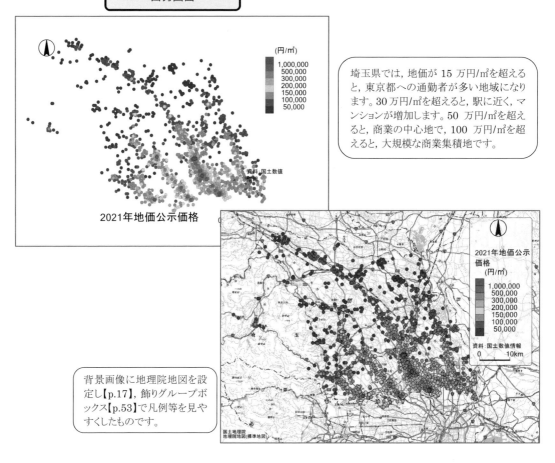

埼玉県では，地価が 15 万円/㎡を超えると，東京都への通勤者が多い地域になります。30 万円/㎡を超えると，駅に近く，マンションが増加します。50 万円/㎡を超えると，商業の中心地で，100 万円/㎡を超えると，大規模な商業集積地です。

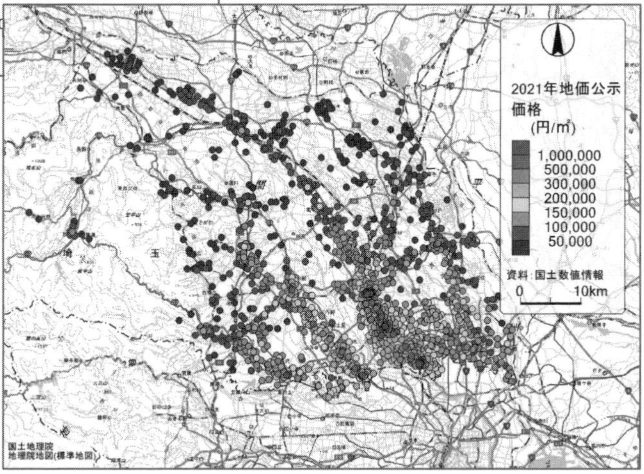

背景画像に地理院地図を設定し【p.17】，飾りグループボックス【p.53】で凡例等を見やすくしたものです。

7.3 行政界と DID のシェープファイルを追加

地価公示のデータには，先ほどのように背景地図を設定して表示してもいいですが，情報が過多に感じられます。そこで，市町村の行政界と，DID（人口集中地区）のデータを国土数値情報からダウンロードし，現在の地価公示データに追加します。

国土数値情報のダウンロード画面

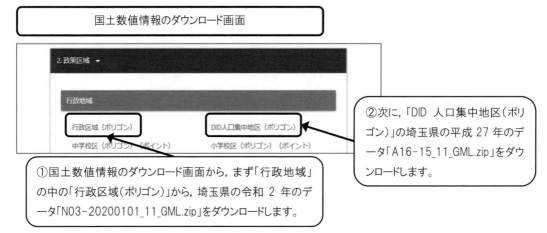

②次に，「DID 人口集中地区（ポリゴン）」の埼玉県の平成 27 年のデータ「A16-15_11_GML.zip」をダウンロードします。

①国土数値情報のダウンロード画面から，まず「行政地域」の中の「行政区域（ポリゴン）」から，埼玉県の令和 2 年のデータ「N03-20200101_11_GML.zip」をダウンロードします。

①ダウンロードしたファイルを地価公示のシェープファイルと同じフォルダにいれ，それぞれ展開します。

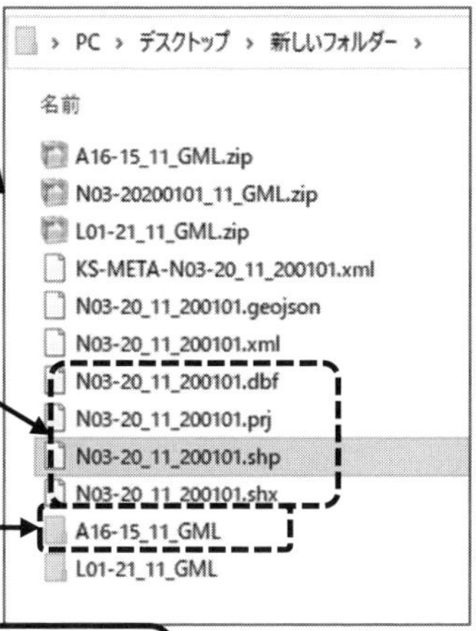

埼玉県の行政界のシェープファイルです。

埼玉県の DID のシェープファイルはこのフォルダに入っています。

DID とは？

DID（人口集中地区）は，Densely Inhabited District の略で，日本の国勢調査をもとに設定される人口密度 4,000 人/㎢以上の地区で，市区町村の区分よりも細かい空間単位で設定されます。この地区は，農村部や山間部を含まない，人口稠密な都市的地域と見なすことができます。

設定中の地価公示データに，別のレイヤとして行政区域と DID のシェープファイルデータを追加します

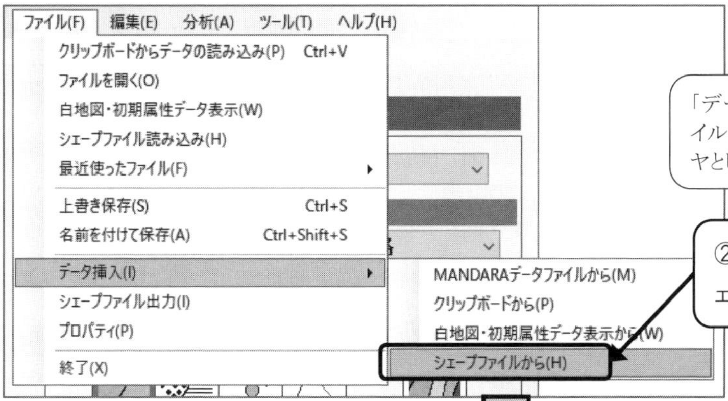

「データ挿入」機能を使うと，シェープファイルだけでなく，他の形式のデータもレイヤとして追加することができます。

② ［ファイル］>［データ挿入］>［シェープファイルから］と選択します。

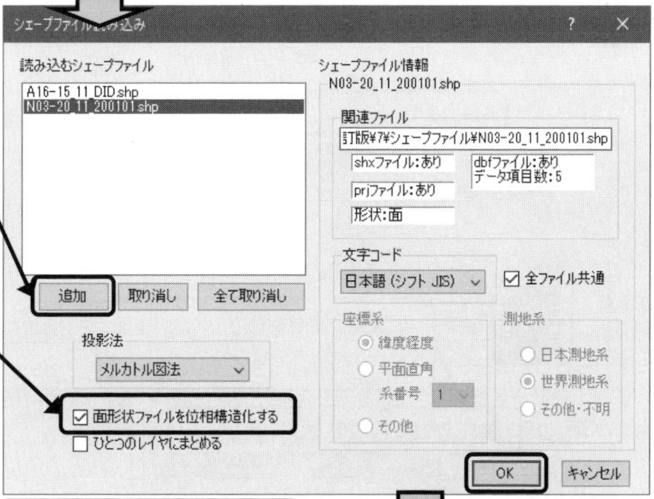

③［追加］をクリックして，2 つのシェープファイル「A16-15_11_DID.shp」と「N03-20_11_200101.shp」を選択します。

④［面形状ファイルを位相構造化する］にチェックし，［OK］します。

位相構造化とは，隣接する面形状オブジェクトの境界線を，オブジェクト間で共有する処理です。オブジェクトが大量にあると時間がかかることがあります。ここでは【p.80】の総描の自動設定のために位相構造化しています。

DID と行政区域のシェープファイルのレイヤが追加されました。

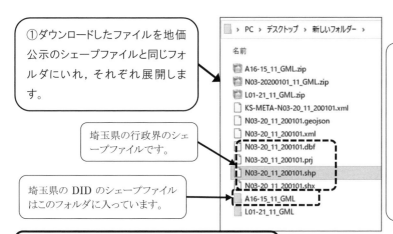

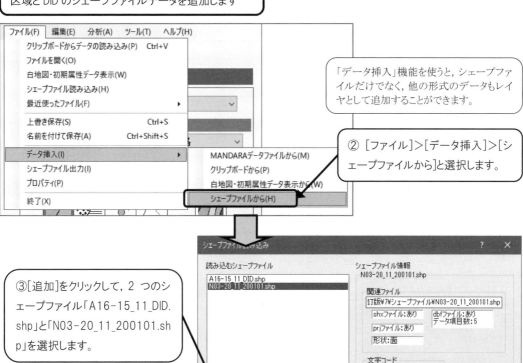

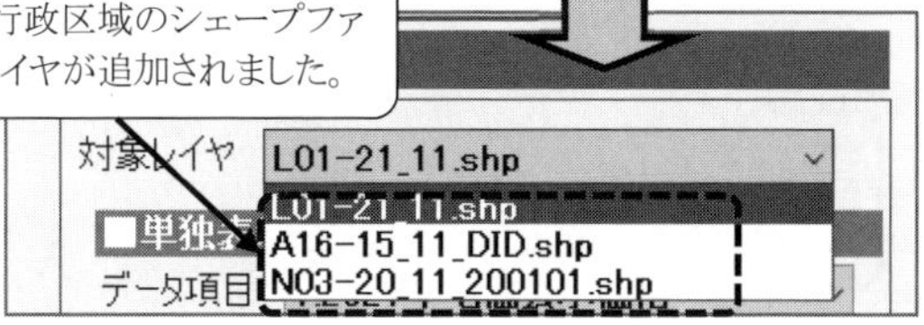

7

国土数値情報のシェープファイルを使おう

各シェープファイルの属性データの内訳を，ダウンロードページにあるExcelファイルを開いて確認します。

国土数値情報「人口集中地区」のダウンロードページ

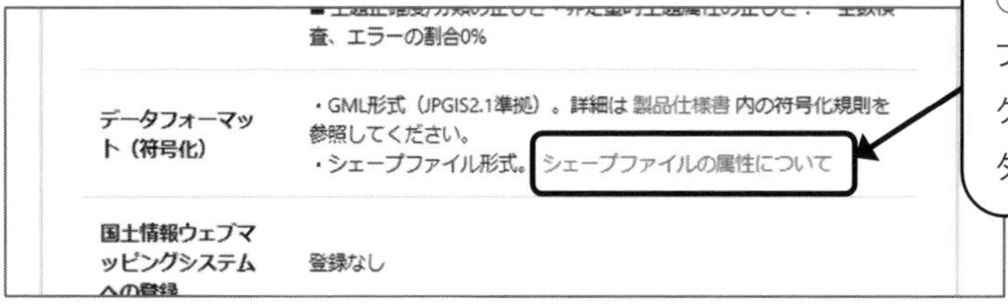

①ダウンロードページから，「シェープファイルの属性について」をクリックし，「shape_property_table.xls」をダウンロードしてExcelで開きます。

shape_property_table.xls

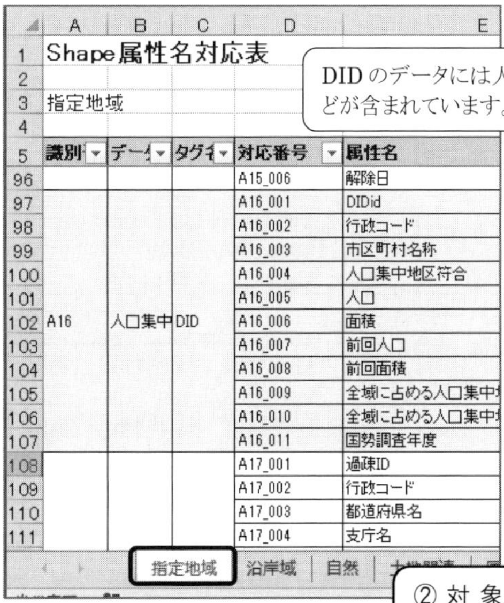

DIDのデータには人口などが含まれています。

なお，今回は背景として表示するだけなので，データの内容は使いません。

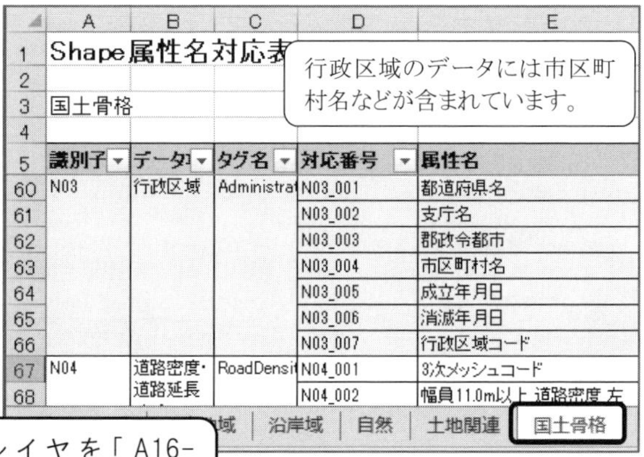

行政区域のデータには市区町村名などが含まれています。

②対象レイヤを「A16-15_11_DID.shp」とします。

③ペイントモードで，全色を同じ色に設定し，[重ね合わせセット]ボタンをクリックします【p.23】。

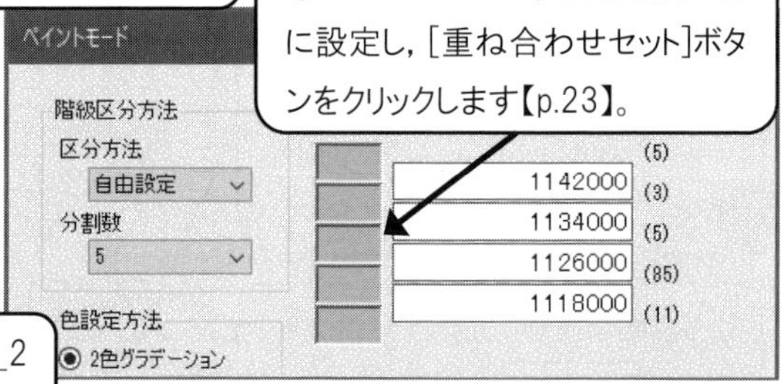

④対象レイヤを「N03-20_11_200101.shp」とします。

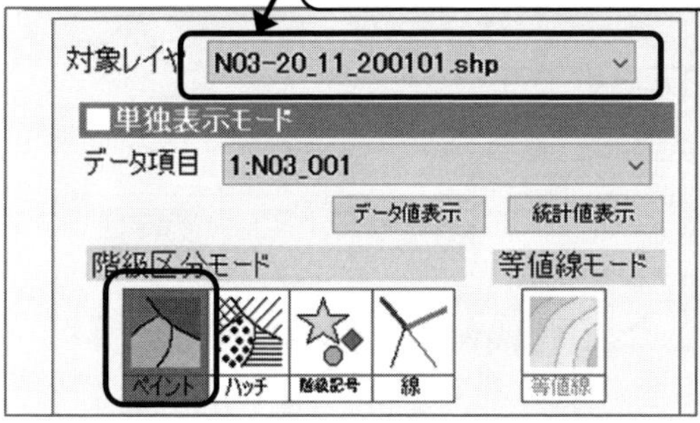

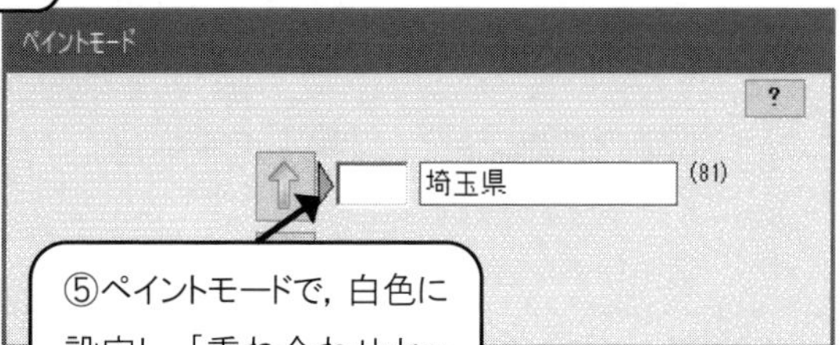

⑤ペイントモードで，白色に設定し，[重ね合わせセット]ボタンをクリックします。

①対象レイヤを「L01-21_11.shp」とします。

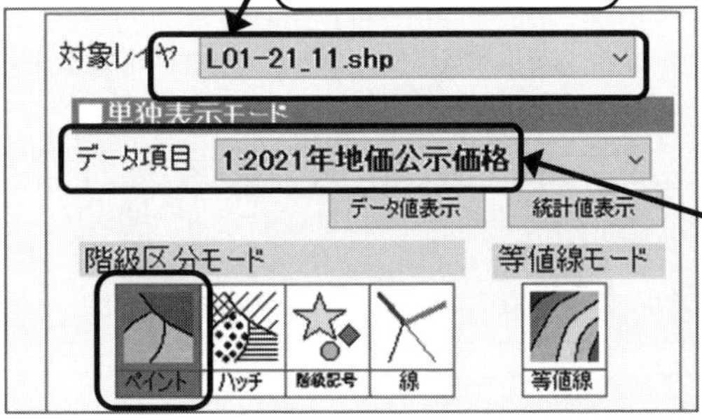

②「1:2021 年地価公示価格」データのペイントモードで，[重ね合わせセット]ボタンをクリックします。

③重ね合わせ表示モードを選択します。

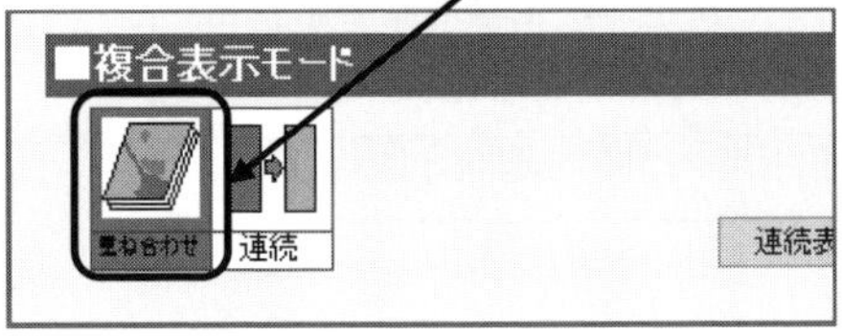

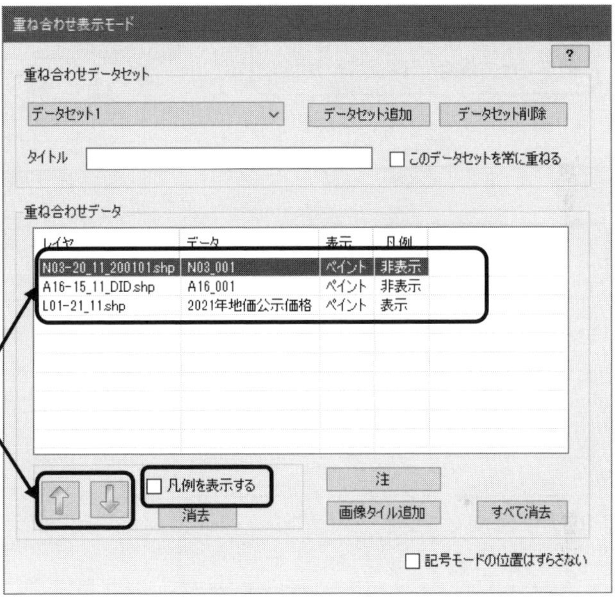

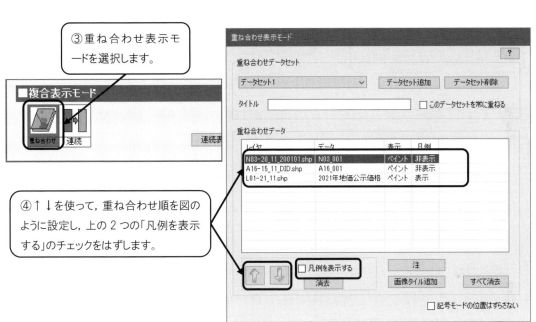

④↑↓を使って，重ね合わせ順を図のように設定し，上の 2 つの「凡例を表示する」のチェックをはずします。

出力画面

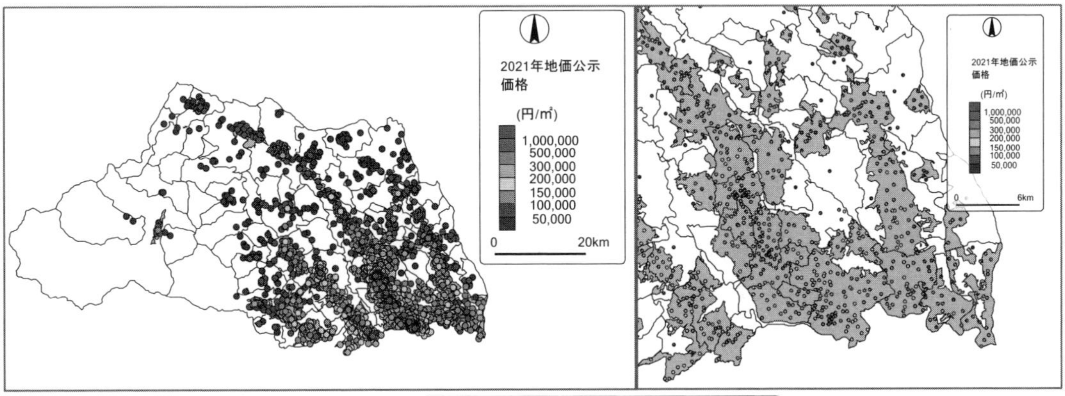

市区町村行政界と DID の上に地価公示価格の分布が表示されました。

設定したデータを保存します

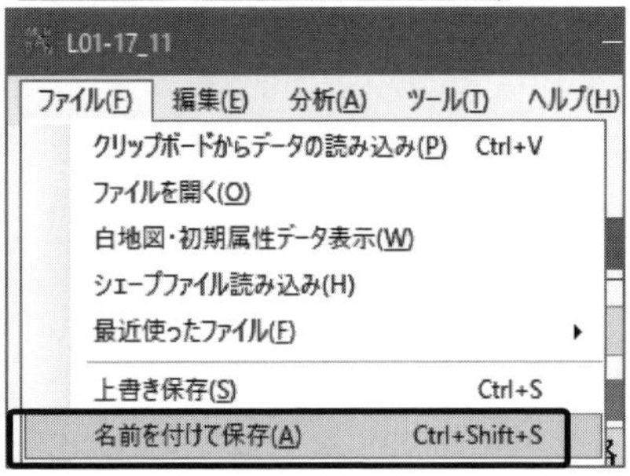

①設定画面で，[ファイル]>[名前をつけて保存]と選択します。

地図ファイル付属形式ファイルとは？

地図ファイル付属形式ファイルとは，ファイルの中に属性データや描画設定に加え，地図データも含んでいるMANDARAデータファイルです。通常の拡張子がmdrzのMANDARAデータファイルは，地図ファイルはMAPフォルダ内のものを探して自動的に読み込んでおり，ファイル内には地図データを含んでいません。しかし，シェープファイルを直接読み込んだ場合は，MANDARAの地図ファイルを使用していないため，地図データ自体をファイル中に記憶しておく必要があります。 地図ファイル付属形式で保存した後は，元のシェープファイルは使用しないので，削除しても構いません。

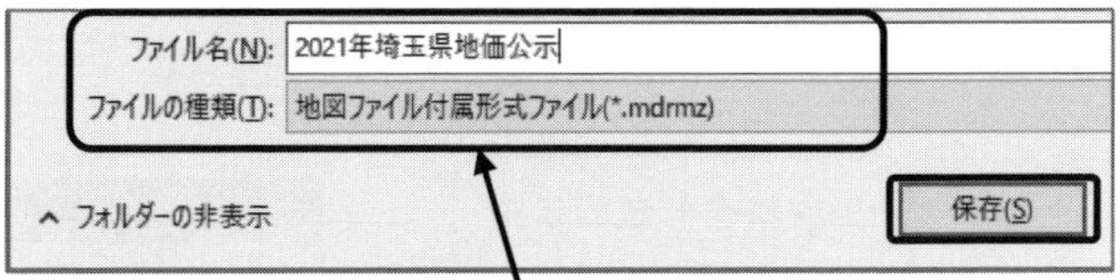

②[ファイル名]に「2021 年埼玉県地価公示」と設定します。[ファイルの種類]は，「地図ファイル付属形式ファイル」，拡張子はmdrmzとなります。

総描の自動設定

MANDARAのバージョン10.0.1.3以降では，総描が自動設定になっています。総描とは，建物をまとめて市街地記号にするなど，スケールに応じて情報を簡略化することを指します。MANDARAでは，表示している領域に応じて，ラインの間の座標を間引き，小さなループを非表示にしています。

出力画面の[オプション]>[オプション]の[全般]タブに総描の設定があります。

自動設定で中程度の間引き具合が指定してあります。自動設定をやめる場合はチェックを外します。

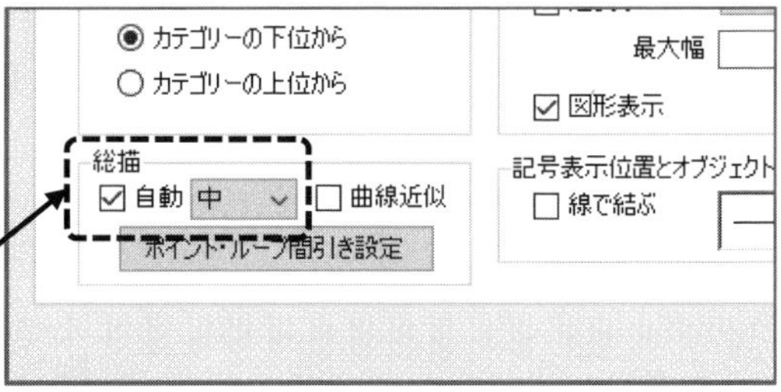

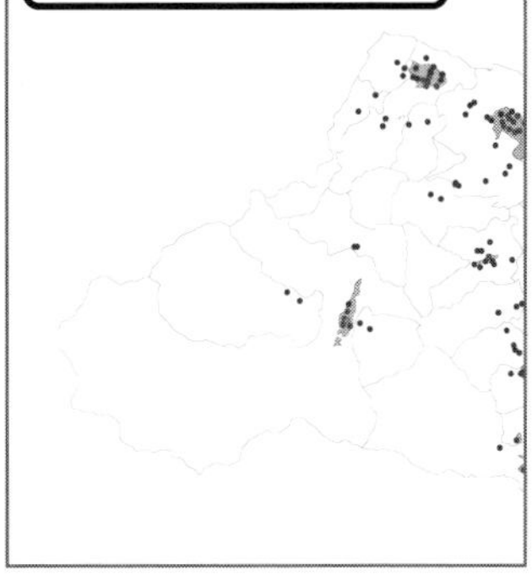
総描の自動設定あり

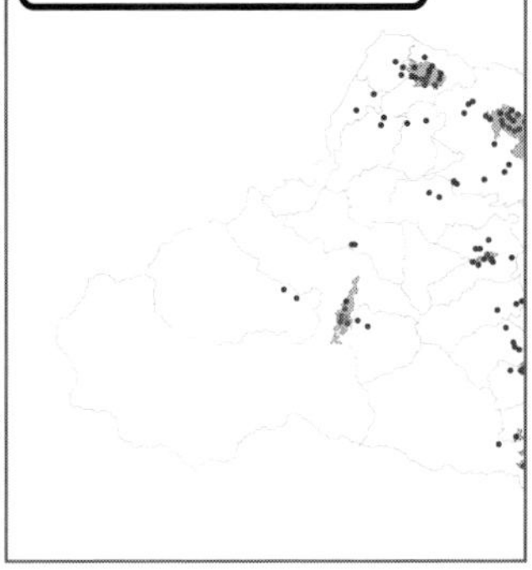
総描の自動設定なし

総描の自動設定なしの状態では，データに含まれるすべての座標が使われます。国土数値情報の行政界データには，詳細な座標が含まれるため，境界線が太く描かれてしまいます。自動設定にすると，スケールに応じて間引かれて描画されるので，すっきりとした地図になります。

自動設定の対象は，線形状オブジェクト，および位相構造化された面形状オブジェクトです。【p.77】で[面形状ファイルを位相構造化する]にチェックしたのはそのためです。

7.4 KML 形式で出力して Google Earth で表示

最後に，地価公示の図を KML 形式のファイルに出力し，Google Earth で表示してみます。Google Earth には，Web ブラウザ上で動作する Google Earth と，インストール作業が必要な Google Earth Pro があります。ここでは，Google Earth Pro を使用するので，ダウンロード・インストールしておいてください。KML 形式のファイルは，Google Earth 以外にも対応しているソフトが多くあり，MANDARA でもマップエディタで KML ファイルを取り込むことができます。

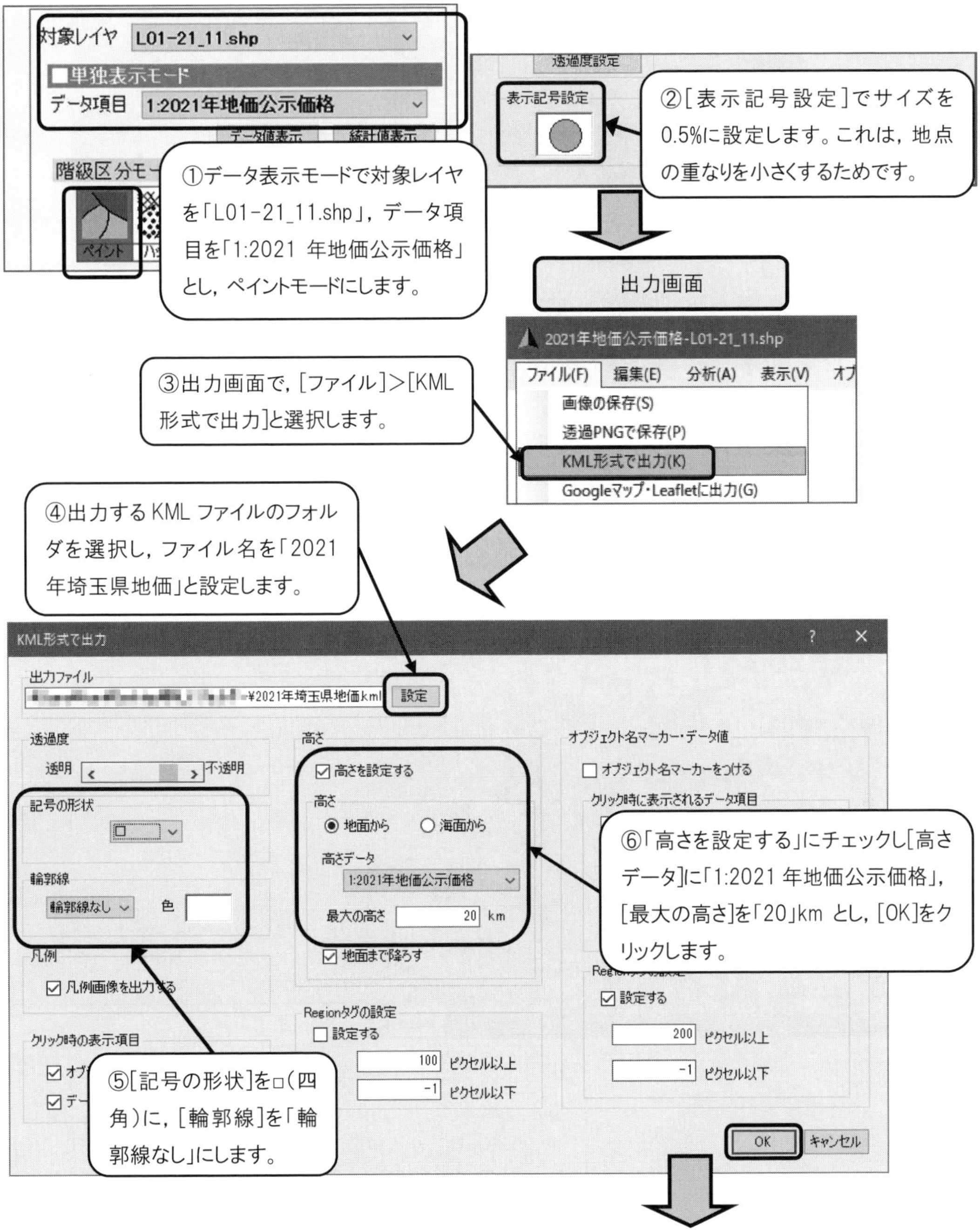

Google Earth

Google Earth 上に色と高さで地価公示標準地と価格が表示されました。

地理院地図

KML ファイルは汎用的なデータ形式なので，KML に対応したシステムで表示できます。この図は，国土地理院による「地理院地図」サイト（https://maps.gsi.go.jp/）です。

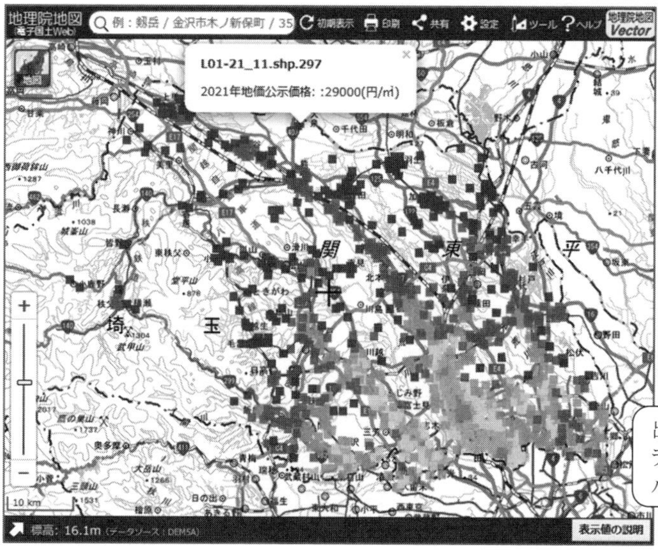

出力した KML ファイルを地図上にドラッグ＆ドロップすると，KML ファイルの内容が表示されます。

シェープファイルと KML ファイルの違い

本章で読み込んだシェープファイルは，色の設定などは保存できませんが，KML ファイルは色の設定も保存できます。また，KML ファイルはテキストファイルなので，ファイルを直接編集することもできます。なお KML ファイルを圧縮した形式が KMZ ファイルです。

第 8 章　点データの読み込みとジオコーディング

本章の内容

① 緯度経度の点情報の地図化
② 気候データをグラフ表示モードで地図化
③「ジオコーディングと地図化」サイトで地名・施設名から緯度経度に変換

第 8 章では，緯度経度の点データを MANDARA タグを使って地図化します。あわせて，地名から緯度経度に変換する「ジオコーディング」についても紹介します。

8.1　緯度経度の点情報の地図化

第 7 章で扱った地価公示データは，点の形状をしたデータで，既存のシェープファイルを読み込んで表示しました。次に緯度と経度で位置を示した点データ読み込み，MANDARA タグを使って表示してみましょう。まず練習で，東京の 3 つの高層建築物の位置に高さデータを表示したいと思います。Excel を起動し，次のデータを入力してください。

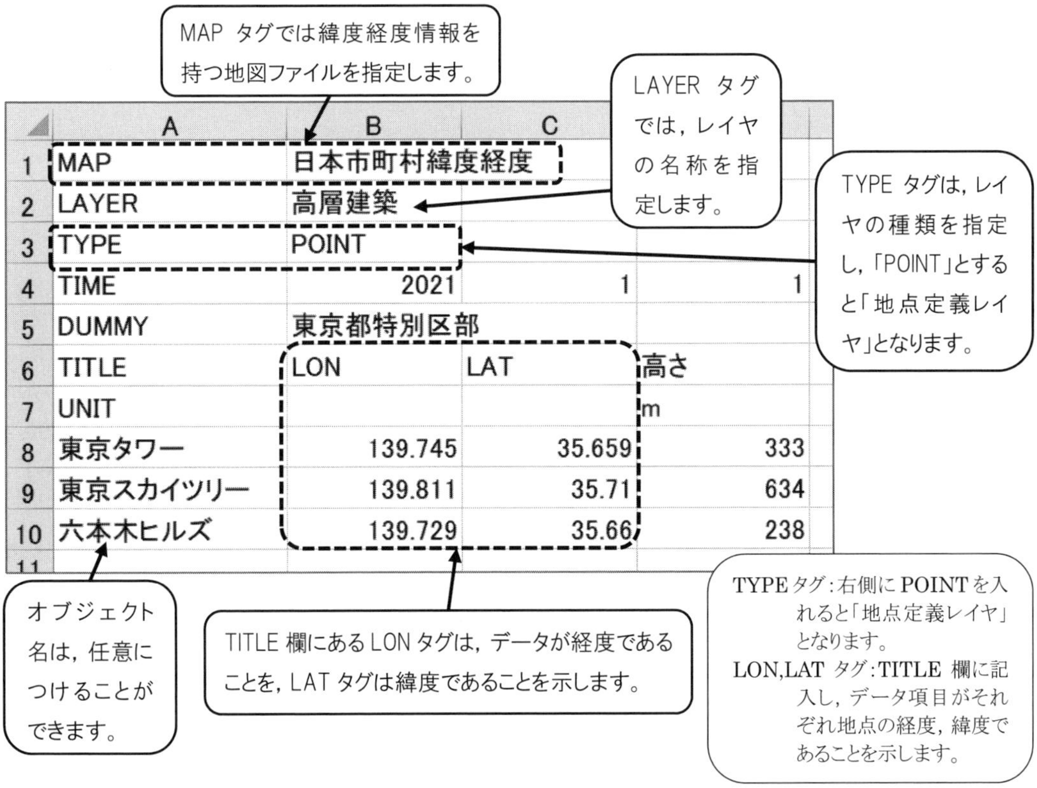

	A	B	C	D
1	MAP	日本市町村緯度経度		
2	LAYER	高層建築		
3	TYPE	POINT		
4	TIME	2021	1	1
5	DUMMY	東京都特別区部		
6	TITLE	LON	LAT	高さ
7	UNIT			m
8	東京タワー	139.745	35.659	333
9	東京スカイツリー	139.811	35.71	634
10	六本木ヒルズ	139.729	35.66	238
11				

MAP タグでは緯度経度情報を持つ地図ファイルを指定します。
LAYER タグでは，レイヤの名称を指定します。
TYPE タグは，レイヤの種類を指定し，「POINT」とすると「地点定義レイヤ」となります。
オブジェクト名は，任意につけることができます。
TITLE 欄にある LON タグは，データが経度であることを，LAT タグは緯度であることを示します。
TYPE タグ：右側に POINT を入れると「地点定義レイヤ」となります。
LON,LAT タグ：TITLE 欄に記入し，データ項目がそれぞれ地点の経度，緯度であることを示します。

このように，点形状のデータを MANDARA に取り込むには，「地点定義レイヤ」を TYPE タグで「POINT」と指定することで行います。入力後に Excel のデータをコピーして MANDARA に読み込ませてください【p.26】。

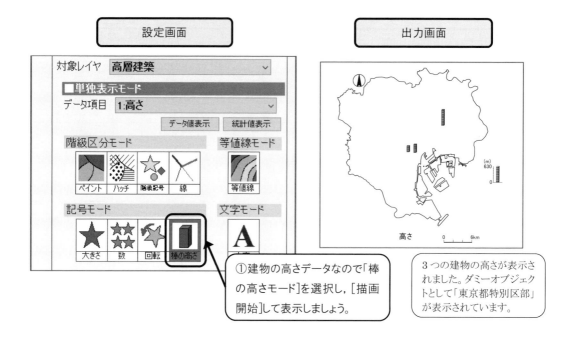

設定画面

①建物の高さデータなので「棒の高さモード」を選択し，［描画開始］して表示しましょう。

出力画面

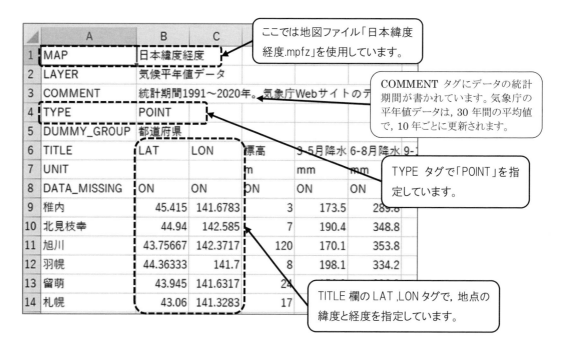

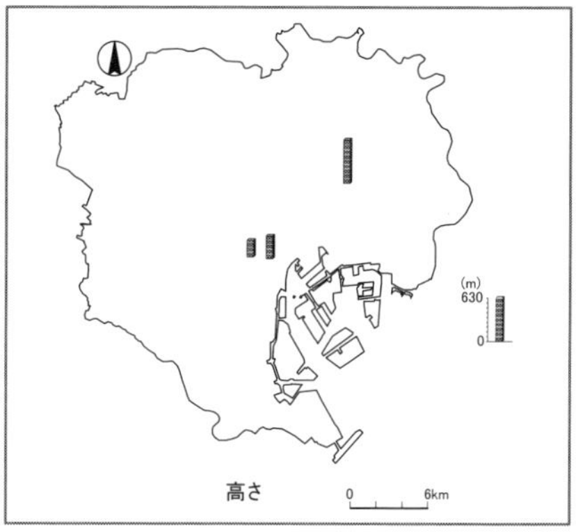

3 つの建物の高さが表示されました。ダミーオブジェクトとして「東京都特別区部」が表示されています。

8.2 気象観測地点データの地図化

［ドキュメント］［MANDARA10］［SAMPLE］フォルダには，「日本の気候.csv」という全国の気象観測地点ごとの平年値データが入ったサンプルデータがあるので，この CSV ファイルを見てみましょう。Excel で開くと，次のようになっています。

	A	B	C	D	E	F	G
1	MAP	日本緯度経度					
2	LAYER	気候平年値データ					
3	COMMENT	統計期間1991～2020年。気象庁Webサイトのデ					
4	TYPE	POINT					
5	DUMMY_GROUP	都道府県					
6	TITLE	LAT	LON	標高	3-5月降水	6-8月降水	9-
7	UNIT			m	mm	mm	
8	DATA_MISSING	ON	ON	ON	ON	ON	
9	稚内	45.415	141.6783	3	173.5	[illegible]	
10	北見枝幸	44.94	142.585	7	190.4	348.8	
11	旭川	43.75667	142.3717	120	170.1	353.8	
12	羽幌	44.36333	141.7	8	198.1	334.2	
13	留萌	43.945	141.6317	24			
14	札幌	43.06	141.3283	17			

ここでは地図ファイル「日本緯度経度.mpfz」を使用しています。

COMMENT タグにデータの統計期間が書かれています。気象庁の平年値データは，30 年間の平均値で，10 年ごとに更新されます。

TYPE タグで「POINT」を指定しています。

TITLE 欄の LAT ,LON タグで，地点の緯度と経度を指定しています。

このデータを MANDARA に読み込みませてください。

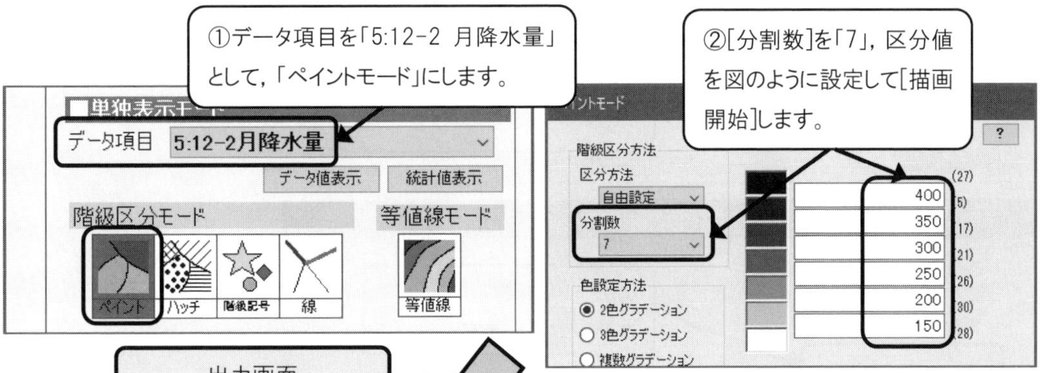

出力画面

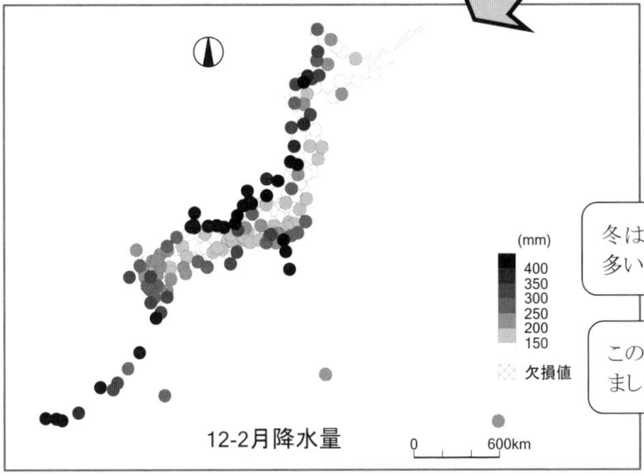

冬は日本海側で降水量が多いことがわかります。

この図を等値線で示してみましょう。

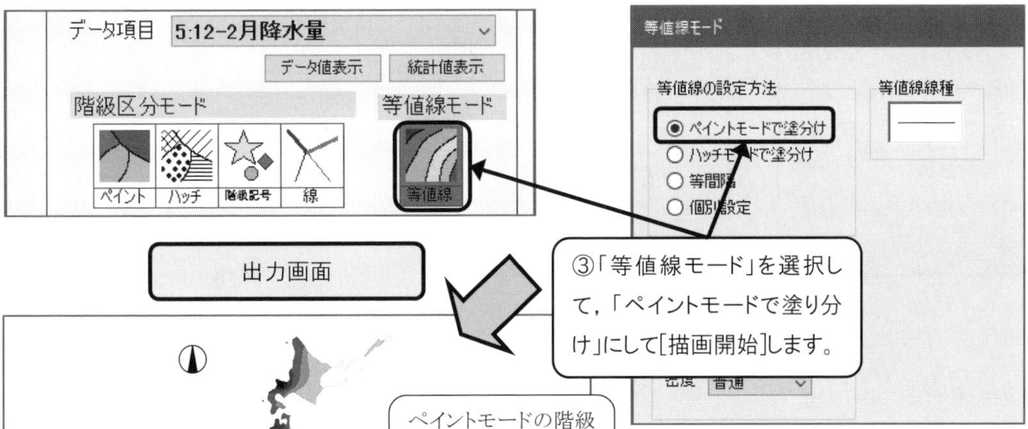

出力画面

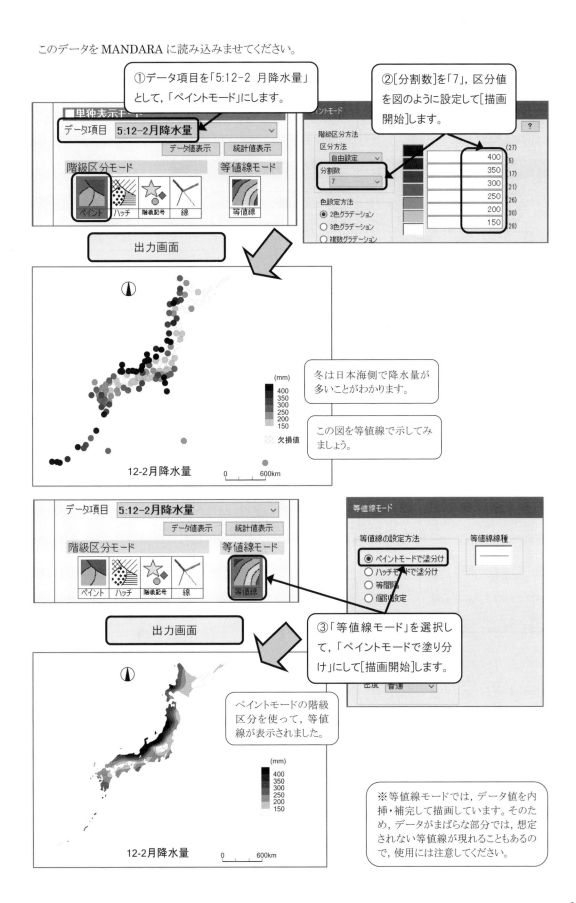

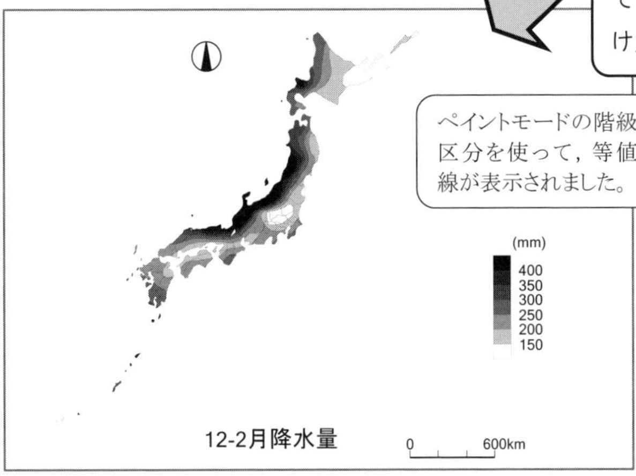

ペイントモードの階級区分を使って，等値線が表示されました。

※等値線モードでは，データ値を内挿・補完して描画しています。そのため，データがまばらな部分では，想定されない等値線が現れることもあるので，使用には注意してください。

次にグラフ表示モードで描画してみましょう
■複数表示モード
グラフ
ラベル
移動
重ね合わせセット
①複数表示モードの「グラフ表示モード」を選択します。
グラフ表示モード
グラフデータセット
季節別降水量
タイトル 季節別降水量
②[タイトル]欄に「季節別降水量」と入力します。
表示データ項目
2:3-5月降水量
3:6-8月降水量
4:9-11月降水量
5:12-2月降水量
グラフ設定
グラフの形式
円グラフ
帯グラフ
折れ線グラフ
棒グラフ
最大サイズ
固定
可変
最大サイズの値
選択データの最大値
ユーザ設定
4653.1
線種
凡例値
4500
2000
500
③[グラフの形式]で「円グラフ」を選択します。
追加
まとめて追加
データ項目選択
1:標高
2:3-5月降水量
3:6-8月降水量
4:9-11月降水量
5:12-2月降水量
6:1月降水量
7:2月降水量
8:3月降水量
9:4月降水量
10:5月降水量
11:6月降水量
12:7月降水量
13:8月降水量
14:9月降水量
15:10月降水量
16:11月降水量
17:12月降水量
18:年降水量
19:1月平均気温
OK
キャンセル
④[まとめて追加]をクリックして，データ項目「2:2-5 月降水量」から「5:12-2 月降水量」の4つを選択して[OK]します。設定したら[描画開始]します。
出力画面
4,500(mm)
2,000
500
3-5月降水量
6-8月降水量
9-11月降水量
12-2月降水量
季節別降水量
0 100km
円グラフが表示されました。円の大きさは降水量の合計に比例しています。

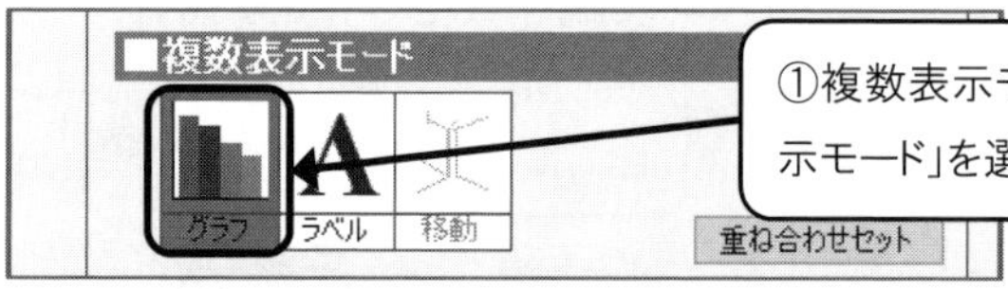

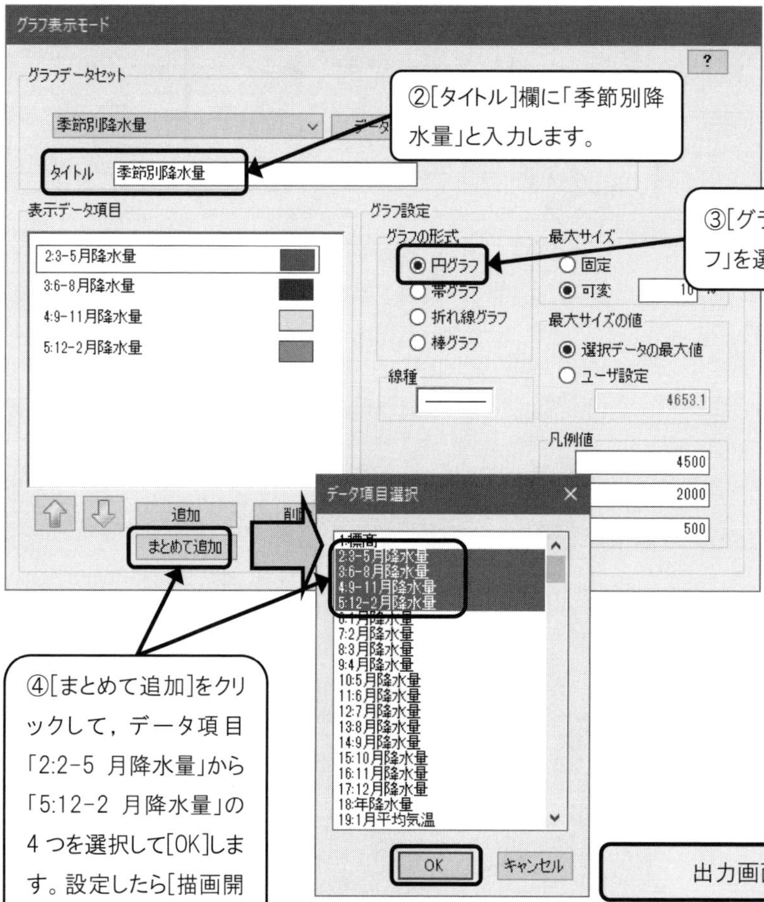

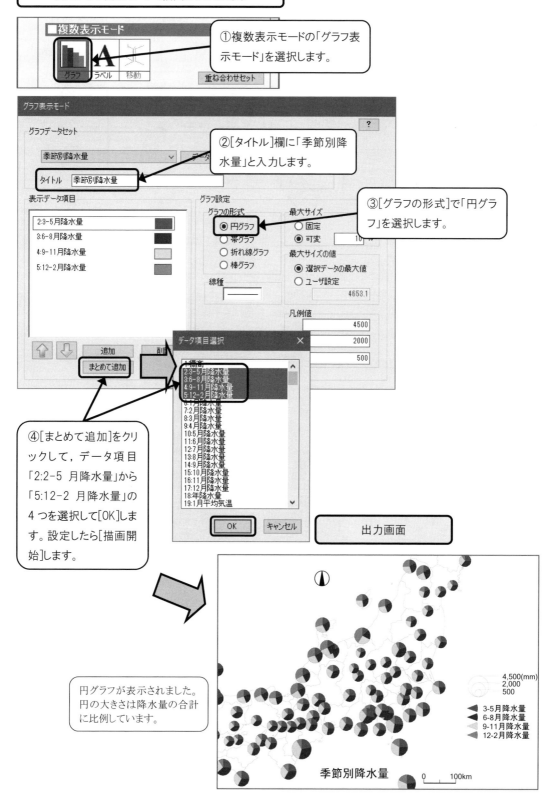

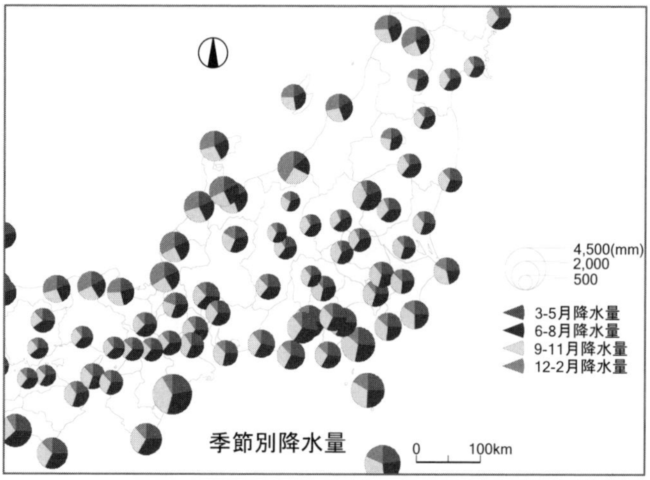

月降水量を棒グラフで表示してみましょう

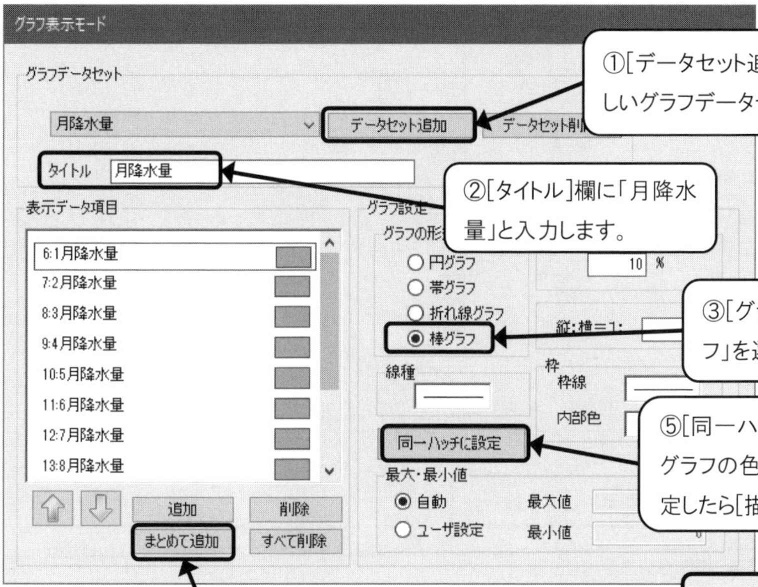

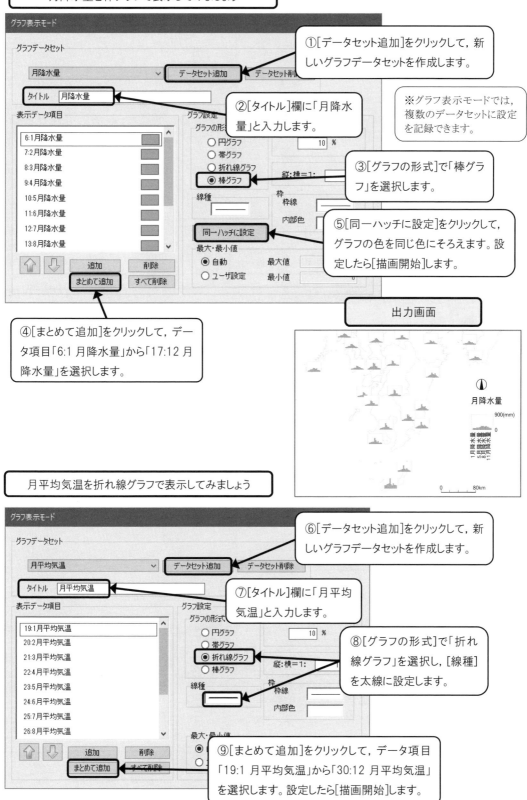

①[データセット追加]をクリックして，新しいグラフデータセットを作成します。

②[タイトル]欄に「月降水量」と入力します。

※グラフ表示モードでは，複数のデータセットに設定を記録できます。

③[グラフの形式]で「棒グラフ」を選択します。

⑤[同一ハッチに設定]をクリックして，グラフの色を同じ色にそろえます。設定したら[描画開始]します。

④[まとめて追加]をクリックして，データ項目「6:1 月降水量」から「17:12 月降水量」を選択します。

出力画面

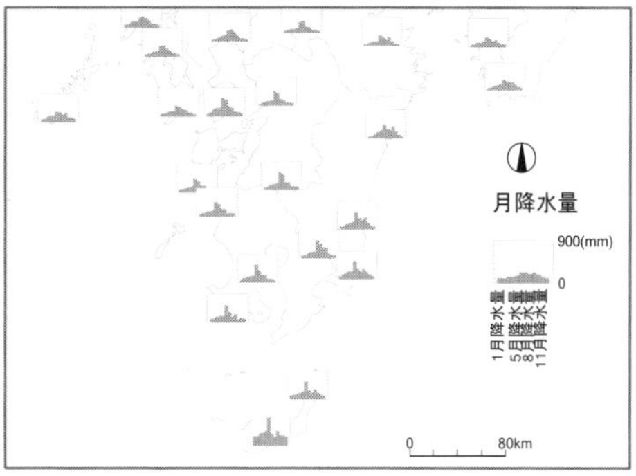

月平均気温を折れ線グラフで表示してみましょう

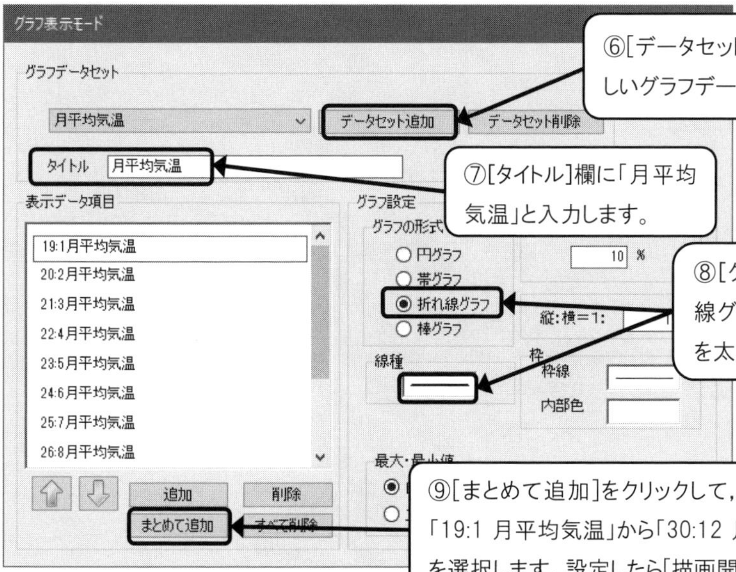

⑥[データセット追加]をクリックして，新しいグラフデータセットを作成します。

⑦[タイトル]欄に「月平均気温」と入力します。

⑧[グラフの形式]で「折れ線グラフ」を選択し，[線種]を太線に設定します。

⑨[まとめて追加]をクリックして，データ項目「19:1 月平均気温」から「30:12 月平均気温」を選択します。設定したら[描画開始]します。

出力画面

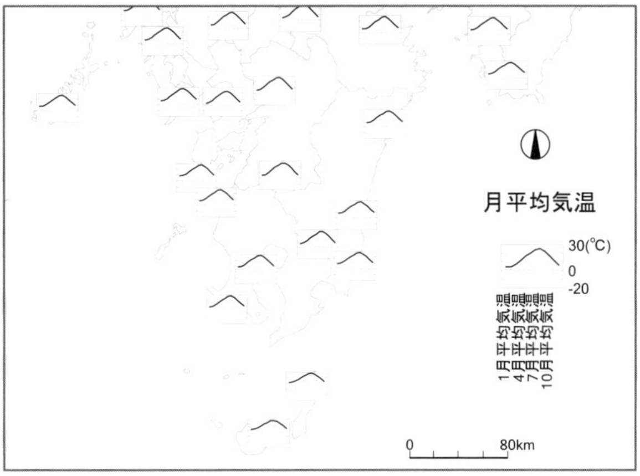

棒グラフと折れ線グラフを重ね合わせて表示してみましょう

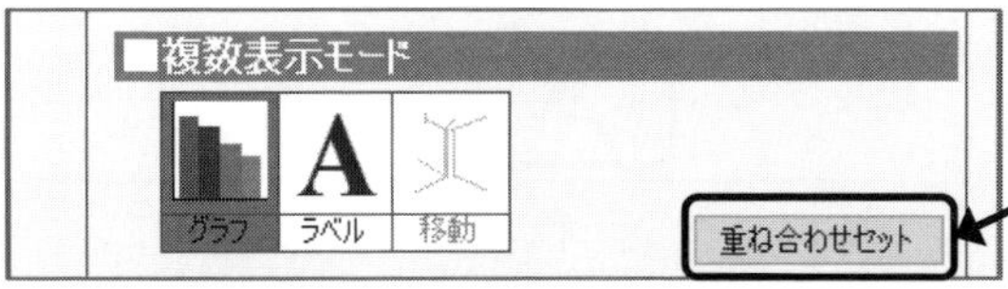

①データセット「月平均気温」を選んだ状態で，[重ね合わせセット]します。次にデータセット「月降水量」を選択し，同じく[重ね合わせセット]します。

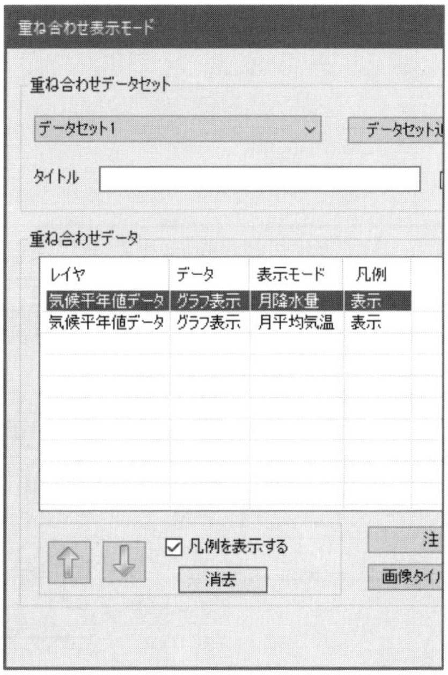

②「重ね合わせ表示モード」に設定して，[描画開始]します。

出力画面

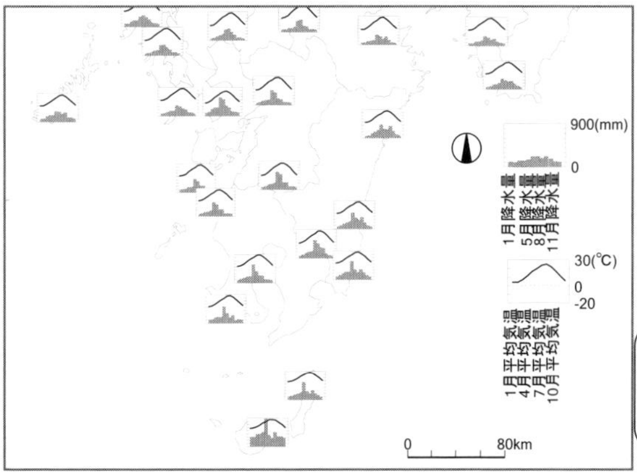

棒グラフの降水量と，折れ線グラフの気温を重ねると，雨温図として表示されます。

8.3 「ジオコーディングと地図化」サイトでの緯度経度の取得

ここまで，最初から地点の緯度経度がわかっている状態で作業を行ってきましたが，地点の緯度経度はどのように調べるのでしょうか？簡単な方法として Web 地図サービスを使って調べることができます。たとえば国土地理院の「地理院地図」を使うと，次のようになります。

地理院地図 https://maps.gsi.go.jp

この図で北緯 35 度 40 分 30 秒，東経 139 度 44 分 40 秒と，北緯 35.674999 と東経 139.744444 という 2 つの表記があります。この 2 つは次のような関係にあります。

35 度 40 分 30 秒 ＝ 35 度 40.5 分 ＝ 35 度 ＋ 40.5 ÷ 60 ＝ 35.675 度
139 度 44 分 40 秒 ＝ 139 度 2680 秒 ＝139 度 ＋ 2680 ÷ 3600 ＝ 139.744444 度

このように，緯度経度で位置を示す場合は，度分秒で表す場合と，10 進数で表す場合があります。MANDARA で位置を示す場合は，10 進数を使用します。

この地図上で調べる方法を使えば，確実に目的地の緯度経度が判明しますが，調べる数が多くなると時間がかかります。そこで，住所から緯度経度に変換する「ジオコーディング」（アドレスマッチング）という処理を行ってみましょう。MANDARA 内部にはそうした機能は含まれませんが，筆者の公開している Web 地図サービス「ジオコーディングと地図化」サイト（https://ktgis.net/gcode/）を使えば，複数の地点を一括してジオコーディングし，緯度経度に変換することができます。この Web サイトでは，Yahoo!ジオコーダ API という Yahoo!JAPAN のサービスを使っています。

次の表は，さいたま市桜区の公立小学校とその児童数です（資料は埼玉県教育委員会の『埼玉県学校便覧』による）。このデータを入力してください。

	A	B	C	D
1	MAP	日本市町村緯度経度		
2	TYPE	POINT		
3	TIME	2017	1	1
4	DUMMY	さいたま市桜区		
5	TITLE	児童数		
6	UNIT	人		
7	さいたま市立栄和小学校	1136		
8	さいたま市立大久保小学校	276		
9	さいたま市立新開小学校	361		
10	さいたま市立神田小学校	464		
11	さいたま市立土合小学校	855		
12	さいたま市立大久保東小学校	705		
13	さいたま市立中島小学校	462		
14	さいたま市立田島小学校	516		

①入力したら，学校名を選択してコピーしてください。

「ジオコーディングと地図化」サイトでは，住所だけでなく，学校等の公共施設名や店舗名でも変換可能です。ただし，大量に変換すると時間がかかったり，変換できなかったりすることがあります。

ジオコーディングと地図化　https://ktgis.net/gcode/

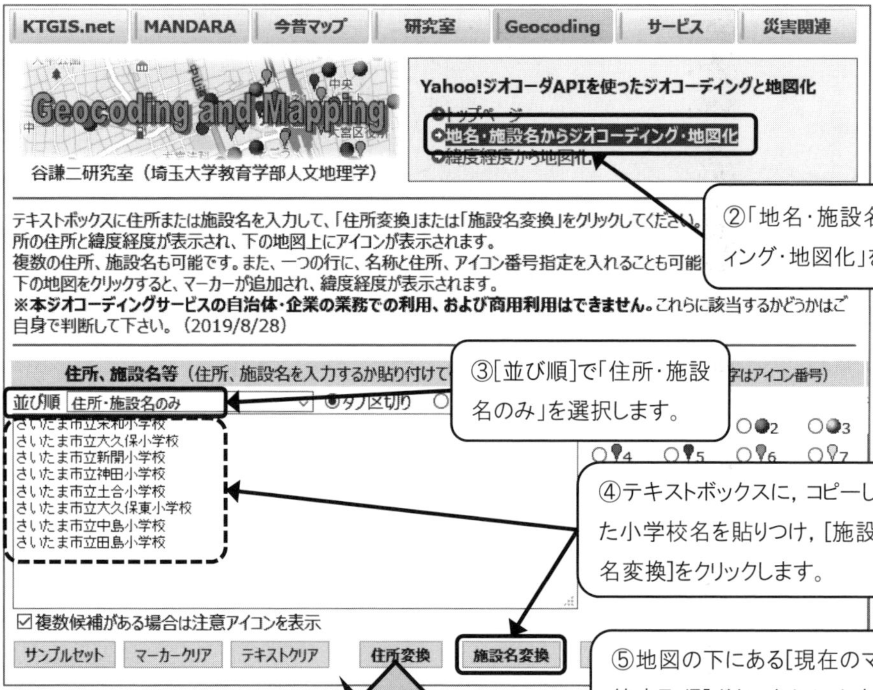

②「地名・施設名からジオコーディング・地図化」を選択します。

③[並び順]で「住所・施設名のみ」を選択します。

④テキストボックスに，コピーした小学校名を貼りつけ，[施設名変換]をクリックします。

⑤地図の下にある[現在のマーカーの経度/緯度取得]ボタンをクリックすると，下のボックスに学校ごとの経度と緯度が表示されます。

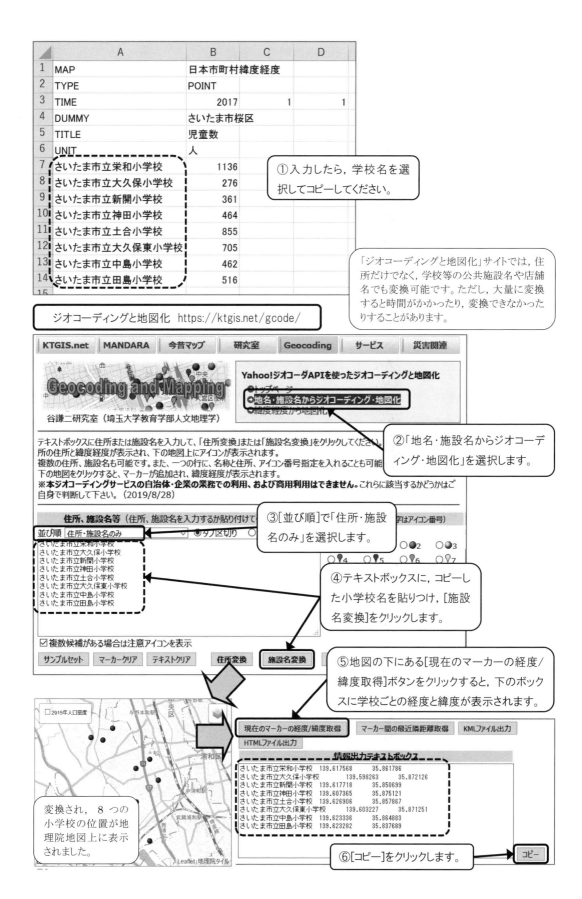

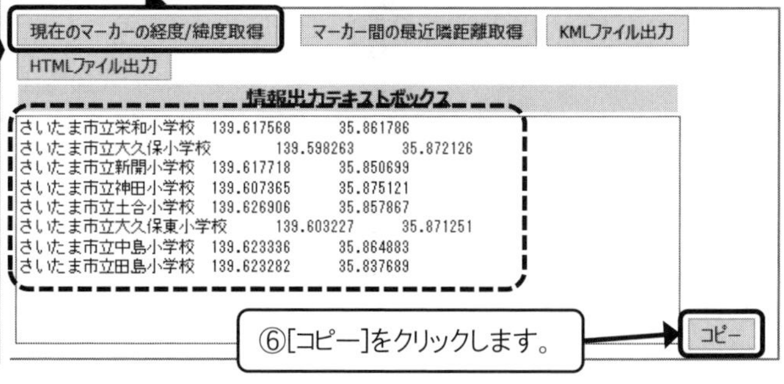

変換され，8つの小学校の位置が地理院地図上に表示されました。

⑥[コピー]をクリックします。

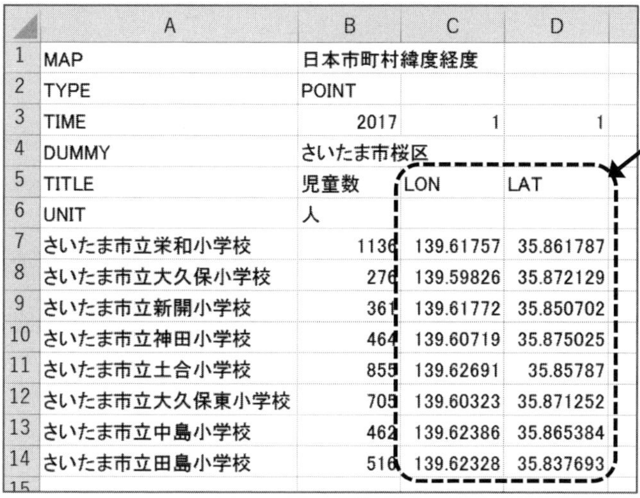

	A	B	C	D
1	MAP	日本市町村緯度経度		
2	TYPE	POINT		
3	TIME	2017	1	1
4	DUMMY	さいたま市桜区		
5	TITLE	児童数	LON	LAT
6	UNIT	人		
7	さいたま市立栄和小学校	1136	139.61757	35.861787
8	さいたま市立大久保小学校	276	139.59826	35.872129
9	さいたま市立新開小学校	361	139.61772	35.850702
10	さいたま市立神田小学校	464	139.60719	35.875025
11	さいたま市立土合小学校	855	139.62691	35.85787
12	さいたま市立大久保東小学校	705	139.60323	35.871252
13	さいたま市立中島小学校	462	139.62386	35.865384
14	さいたま市立田島小学校	516	139.62328	35.837693

①コピーした小学校の経度と緯度を貼り付け，タイトル欄に LON,LAT タグを設定します。設定したら，コピーして MANDARA に読み込ませてください。

出力画面

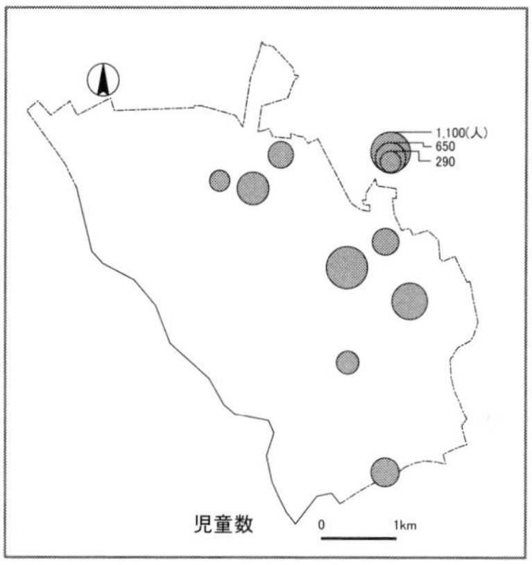

読み込み後に記号の大きさモードで児童数を表示したところです。

緯度経度から地図化

「ジオコーディングと地図化」サイトには，「緯度経度から地図化」の機能もあります。

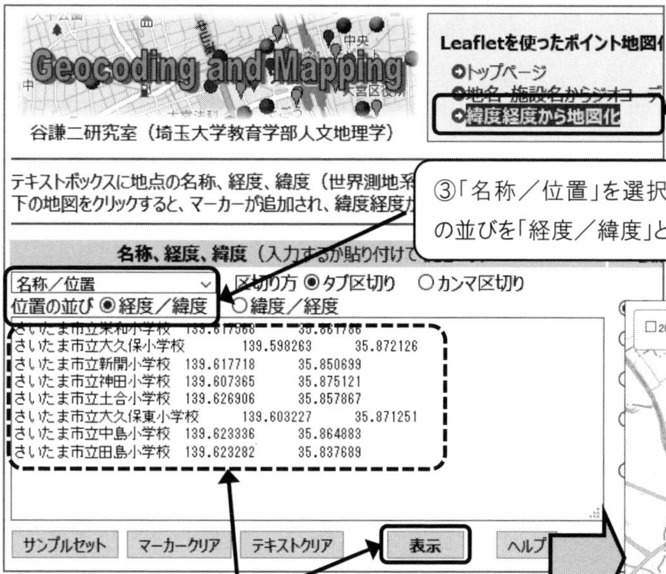

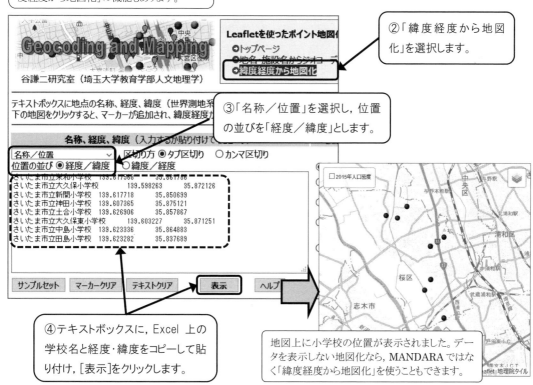

②「緯度経度から地図化」を選択します。

③「名称／位置」を選択し，位置の並びを「経度／緯度」とします。

④テキストボックスに，Excel 上の学校名と経度・緯度をコピーして貼り付け，[表示]をクリックします。

地図上に小学校の位置が表示されました。データを表示しない地図化なら，MANDARA ではなく「緯度経度から地図化」を使うこともできます。

第 9 章　メッシュデータを地図化しよう

本章の内容

① 標準地域メッシュとは
② メッシュレイヤの設定
③ 国土数値情報の地形メッシュデータ
④ 国勢調査の人口メッシュデータ
⑤ メッシュレイヤの統合とクロス集計，距離測定

第 9 章では，日本で広く使われている**標準地域メッシュ**を使ったデータを地図化します。使用するデータは国土数値情報の標高・傾斜度メッシュと国勢調査の人口メッシュで，**クロス集計**を行って相互の関係を分析します。

9.1　標準地域メッシュとは？

地表面を緯度・経度などをもとに四角形の形状に区切ったものを**メッシュ**（または**グリッド**）と呼びます。日本では，国勢調査などの各種統計，および土地利用や気候などのデータがメッシュデータとして提供されています。

行政区画を単位とするデータは，年次によって集計単位が異なったり，集計単位間で面積が異なったりするため，比較が難しいという問題があります。メッシュデータを使用すると，異なるデータや異なる時期のデータを共通の空間単位で比較できて便利で，さらに細かな空間単位で提供されているので詳細な分析が可能です。

日本では「標準地域メッシュ」が作られて昭和 48 年行政管理庁告示第 143 号で告示され，昭和 51 年には日本工業規格になっています。標準地域メッシュではメッシュごとにコード番号がつけられます。MANDARA では，地図ファイル中にメッシュが含まれていなくても，メッシュコードを指定してデータを地図化することができます。 メッシュコードは，次のような規則に従って設定されています。

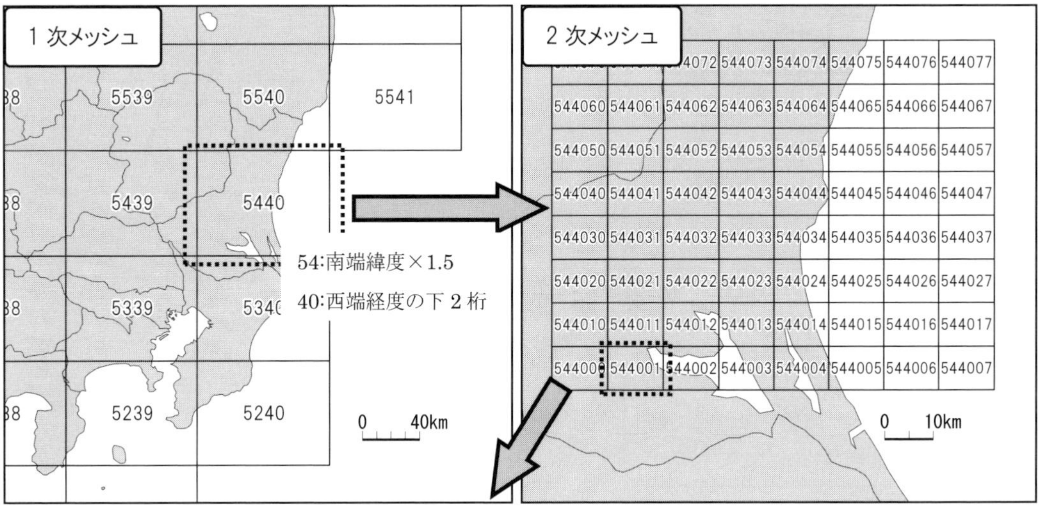

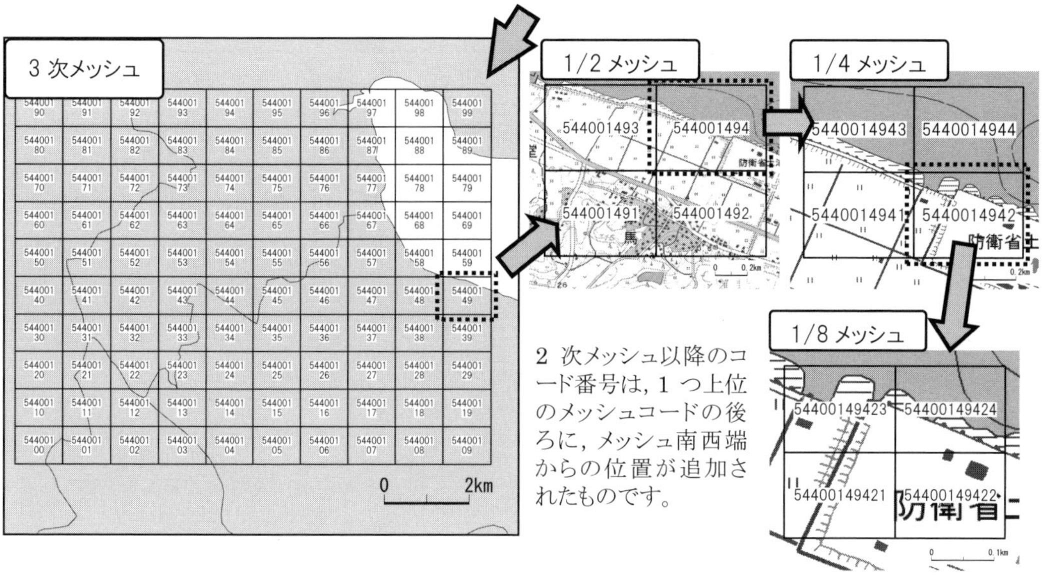

2 次メッシュ以降のコード番号は，1 つ上位のメッシュコードの後ろに，メッシュ南西端からの位置が追加されたものです。

メッシュ区画	メッシュコードの桁数	緯度間隔	経度間隔	備考
1次メッシュ	4	40 分	1 度	1/20 万地勢図
2次メッシュ	6	5 分	7 分 30 秒	1/2.5 万地形図
3次メッシュ	8	30 秒	45 秒	「基準メッシュ」「1km メッシュ」とも呼ばれる
1/2 メッシュ	9	15 秒	22.5 秒	「4 次メッシュ」「500m メッシュ」とも呼ばれる
1/4 メッシュ	10	7.5 秒	11.25 秒	
1/8 メッシュ	11	3.75 秒	5.5125 秒	
1/10 メッシュ	10	3 秒	4.5 秒	コードが 1/4 メッシュと重複

1 次メッシュ，2 次メッシュはかなり広域になります。データとして使われるのは，3 次メッシュや 1/2 メッシュになります。3 次メッシュは，1km メッシュ，基準メッシュと呼ばれることがあり，1/2 メッシュは 500m メッシュ，4 次メッシュと呼ばれることがあります。近隣のメッシュの面積はほぼ同じですが，経度で区切られるため，北に行くほど小さく，南に行くほど大きくなります。全国で見る場合は注意が必要です。

また，データの年次によっては，日本測地系にもとづくメッシュもあります。現在の世界測地系にもとづくメッシュと，古い日本測地系にもとづくメッシュでは，コードが同じであっても位置がずれており，そのまま比較できません。メッシュデータを使用する場合は，測地系にも注意しましょう。

測地系とは？

測地系とは地球の形の定義で，測地系が違うと同じ地点でも異なる緯度・経度になります。日本では 2002 年から「世界測地系」が使われています。それ以前の「日本測地系」のデータとは位置が合わないので，注意が必要です。

9.2 メッシュデータの地図化

MANDARA タグを使ってメッシュデータを表示するには，TYPE タグを使用し，パラメータに「MESH」と指定します。すると，レイヤが「メッシュレイヤ」に設定されます。「MESH」の右側には，メッシュの種類を指定します。次の作成例のデータを Excel に入力してください。

MAP タグでは緯度経度情報を持つ地図ファイルを指定します。

TYPE タグはレイヤの種類を指定し,「MESH」とすると「メッシュレイヤ」となります。その右側の「3」は, データが 3 次メッシュであることを意味します。

	A	B	C	D
1	MAP	日本市町村緯度経度		
2	LAYER	3次メッシュ人口		
3	TIME	2010	10	1
4	DUMMY	東京都中央区		
5	TYPE	MESH	3	
6	TITLE	人口		
7	UNIT	人		
8	53394622	16290		
9	53394623	21762		
10	53394612	11781		
11	53394613	14351		
12	53394601	7240		
13	53394602	21764		
14	53393691	5444		
15	53393692	24436		

オブジェクト名はメッシュコードを指定します。ここでは 3 次メッシュなので, 8 桁の数字になります。

TYPE タグ: 右側に MESH を入れると「メッシュレイヤ」となります。その右側でメッシュの種類を指定し, 1, 2, 3, 4(1/2), 5(1/4)などのように設定します。

入力したら, データ部分をコピーして MANDARA で読み込んでください。

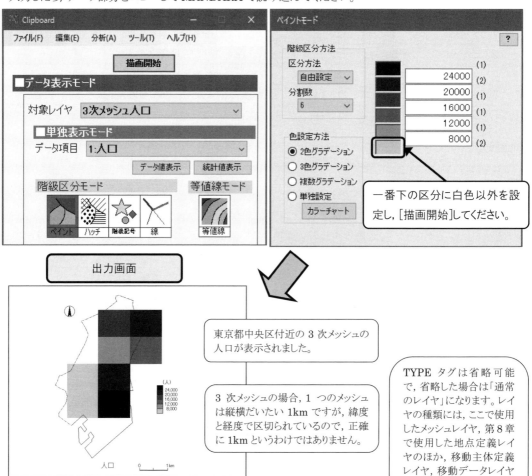

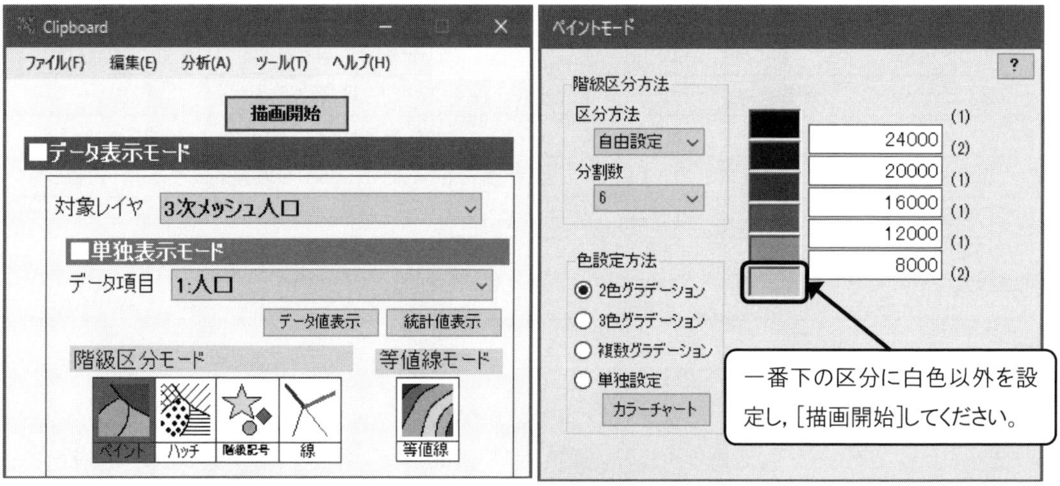

出力画面

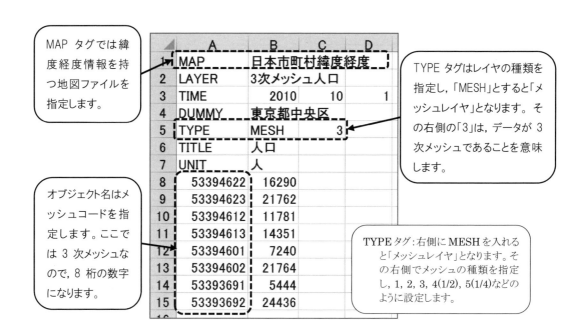

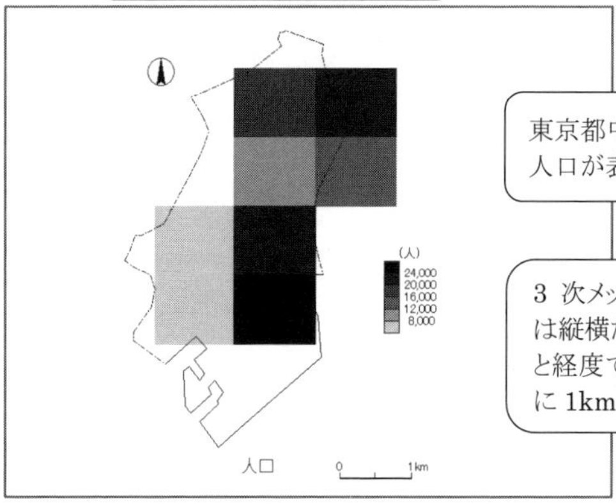

東京都中央区付近の 3 次メッシュの人口が表示されました。

3 次メッシュの場合, 1 つのメッシュは縦横だいたい 1km ですが, 緯度と経度で区切られているので, 正確に 1km というわけではありません。

TYPE タグは省略可能で, 省略した場合は「通常のレイヤ」になります。レイヤの種類には, ここで使用したメッシュレイヤ, 第 8 章で使用した地点定義レイヤのほか, 移動主体定義レイヤ, 移動データレイヤがあります。

9.3 国土数値情報の標高･傾斜度 4 次メッシュデータの地図化

メッシュデータを自分で入力して作ることはあまりなく，既存のデータを使うことが一般的です。ここでは第 7 章でも使用した国土数値情報から，4 次メッシュ（1/2 メッシュ，500m メッシュ）の標高･傾斜度データを表示します。

国土数値情報のダウンロード画面　https://nlftp.mlit.go.jp/ksj/

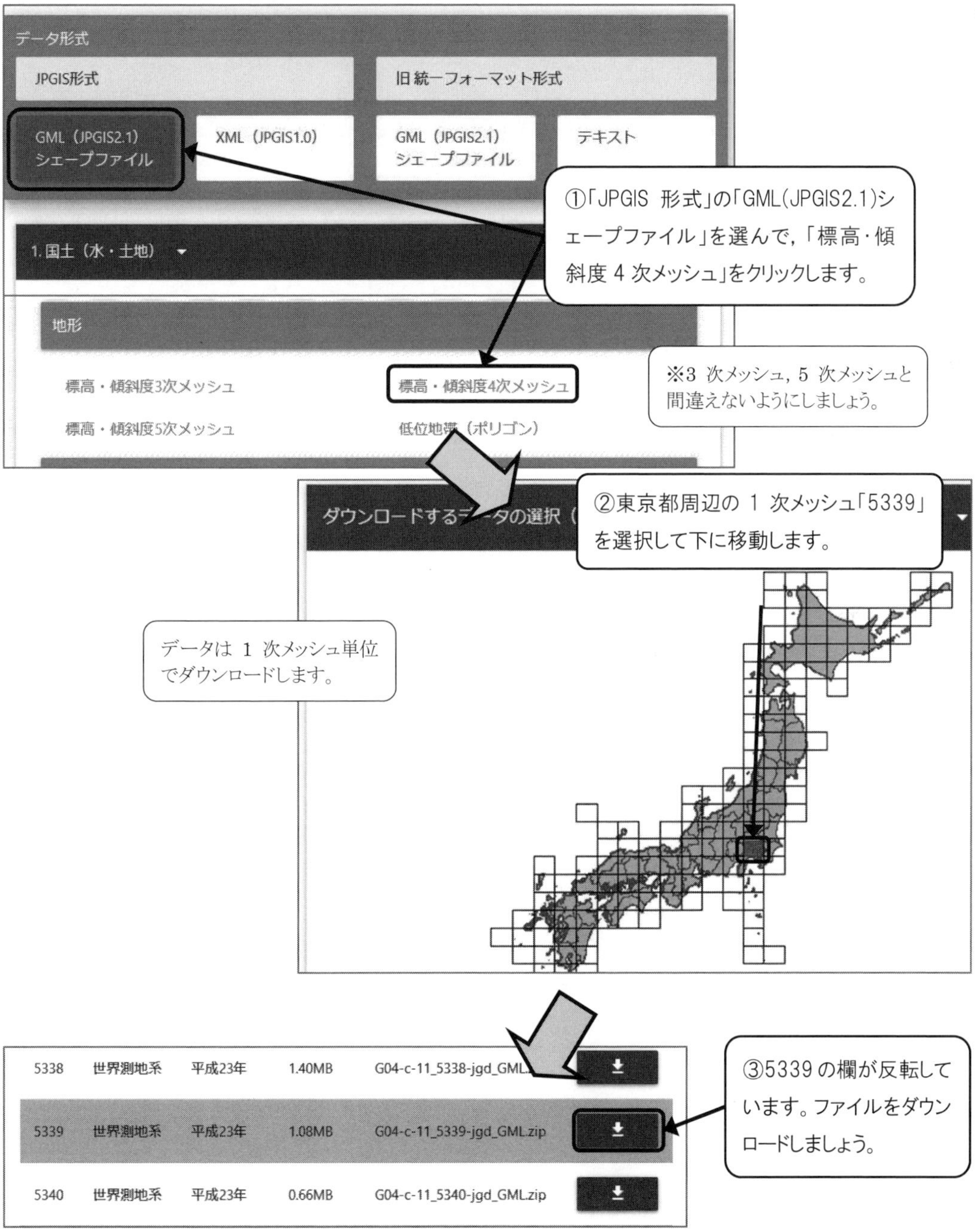

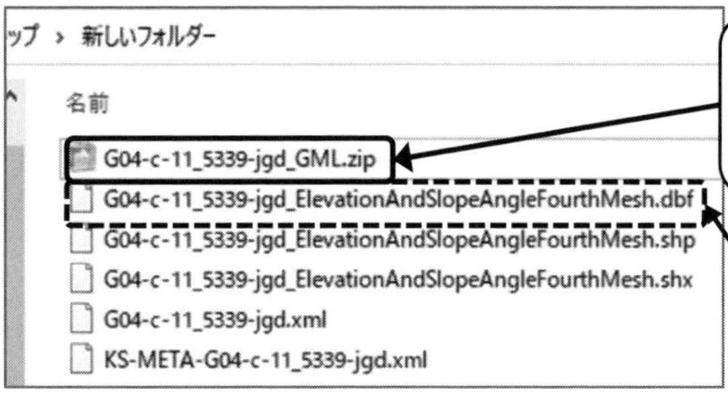

①任意のフォルダを作成し，ダウンロードしたファイルを入れ，展開してください。

シェープファイルが現れますが，今回はメッシュレイヤを作成するため，拡張子 dbf の属性データファイルを Excel で開きます。

Excel

②Excel を実行し，ファイルを開きます。

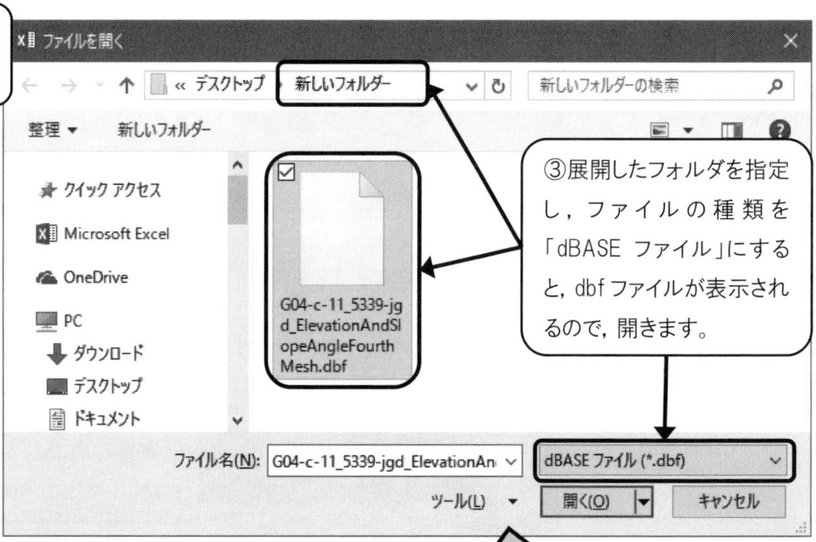

③展開したフォルダを指定し，ファイルの種類を「dBASE ファイル」にすると，dbf ファイルが表示されるので，開きます。

4 次メッシュコード

平均標高

読み込まれた dbf ファイルです。

平均傾斜

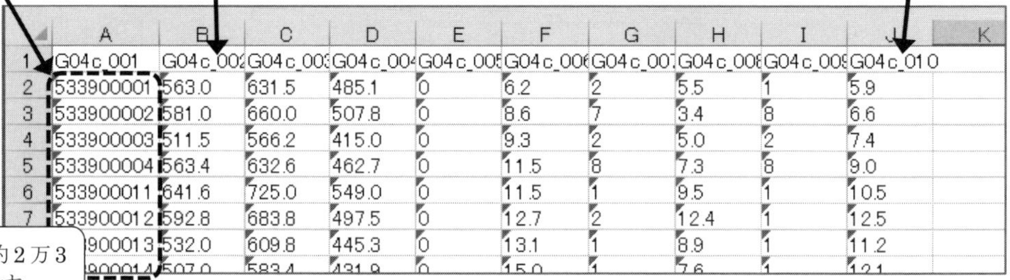

データは約 2 万 3 千行あります。

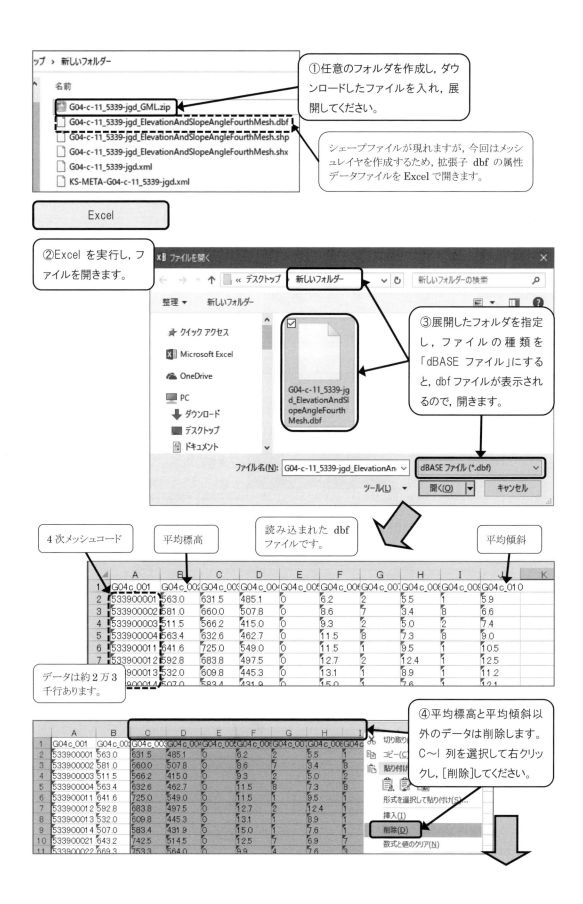

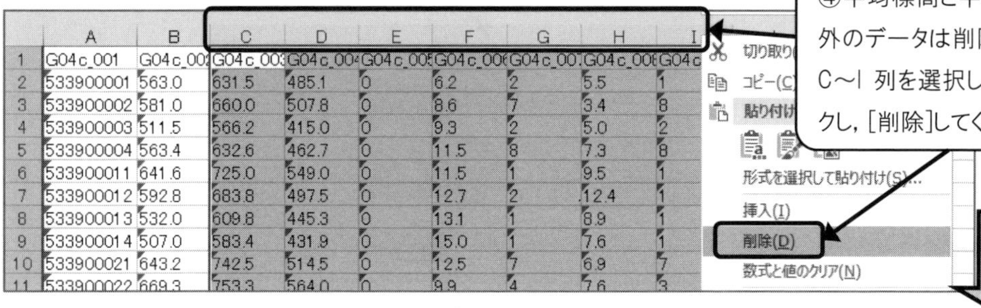

④平均標高と平均傾斜以外のデータは削除します。C～I 列を選択して右クリックし，[削除]してください。

	A	B	C	D
1	G04c_001	G04c_00	G04c_010	
2	533900001	563.0	5.9	
3	533900002	581.0	6.6	
4	533900003	511.5	7.4	
5	533900004	563.4	9.0	
6	533900011	641.6	10.5	

①先頭に 4 行分挿入し，図のように MANDARA タグを設定します。

	A	B	C	D
1	MAP	日本緯度経度		
2	LAYER	標高・傾斜度4次メッシュ		
3	TYPE	MESH	4	
4	TITLE	平均標高	平均傾斜	
5	UNIT	m	度	
6	533900001	563.0	5.9	
7	533900002	581.0	6.6	
8	533900003	511.5	7.4	

②タグをつけたら，CSV 形式で保存します。「名前をつけて保存」で，「CSV UTF-8(コンマ区切り)」でファイル名を設定して保存してください。保存したら Excel を終了します。

※MANDARA では，Excel 上のデータを読み込む際にクリップボード以外に，CSV ファイルからも読み込めます。

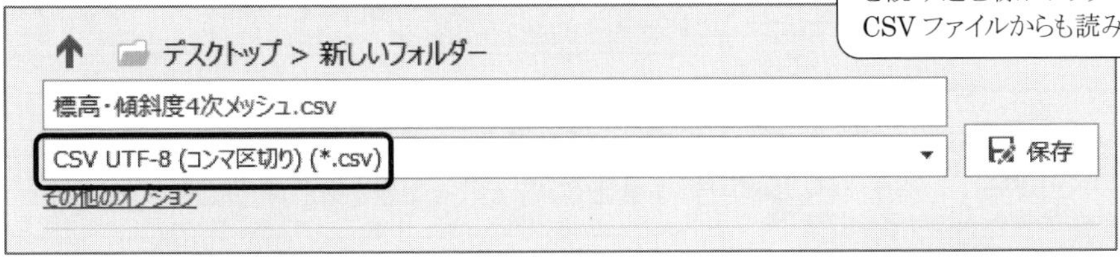

起動画面

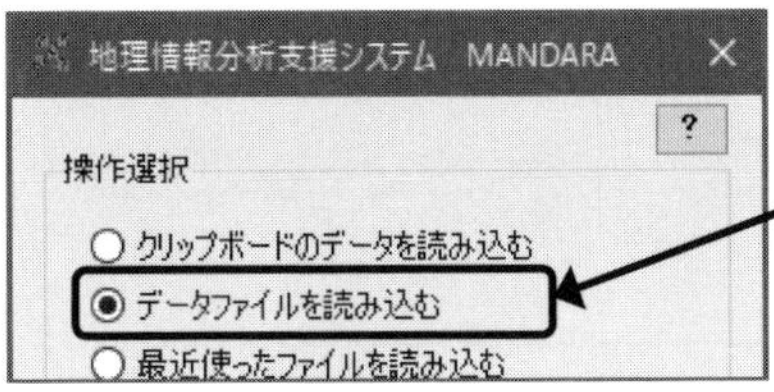

③MANDARA を実行し，「起動画面」から[データファイルを読み込む]を選択して[OK]をクリックし，先に保存した CSV ファイルを開きます。

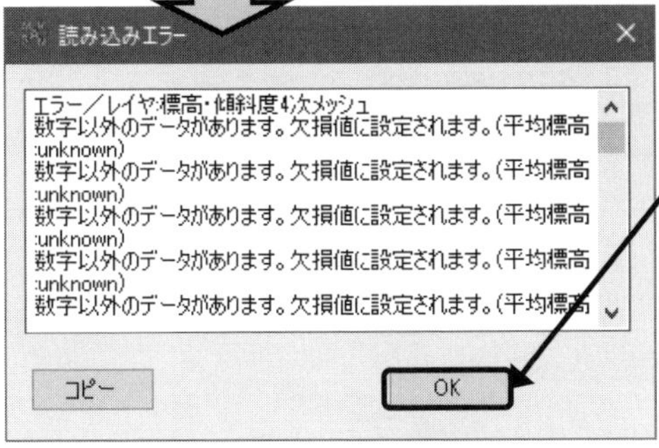

④読み込みエラーが表示されます。これは，データ中に「unknown」という文字が入っているためです。この部分は欠損値として扱われて問題ないので，[OK]してください。

※MANDARA では，「通常のデータ」を読み込む際に，数字以外の文字があった場合は，欠損値として扱います。

設定画面

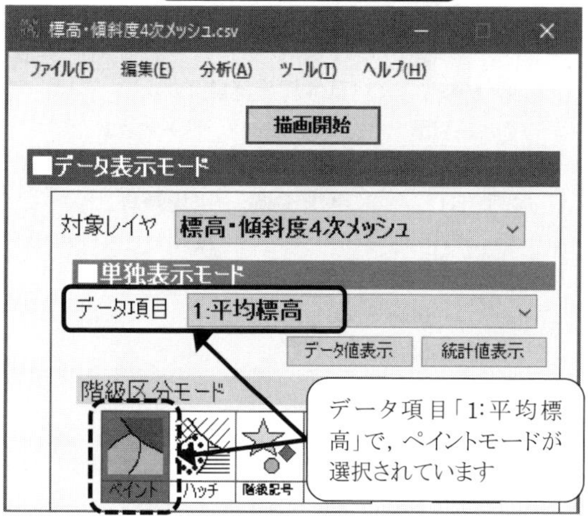

データ項目「1:平均標高」で，ペイントモードが選択されています

①[分割数]を「11」にして，区分値を図のように設定します。

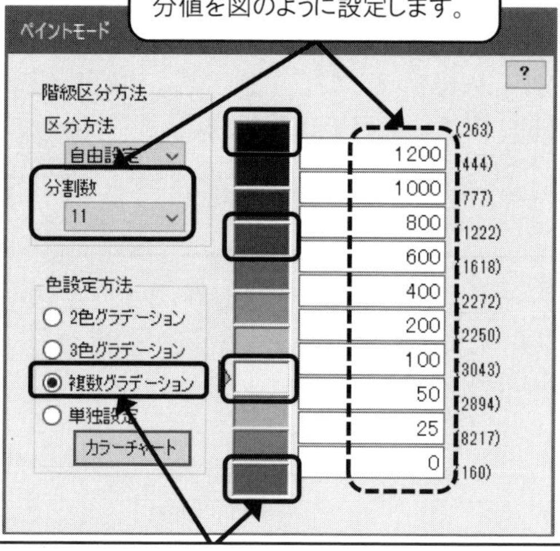

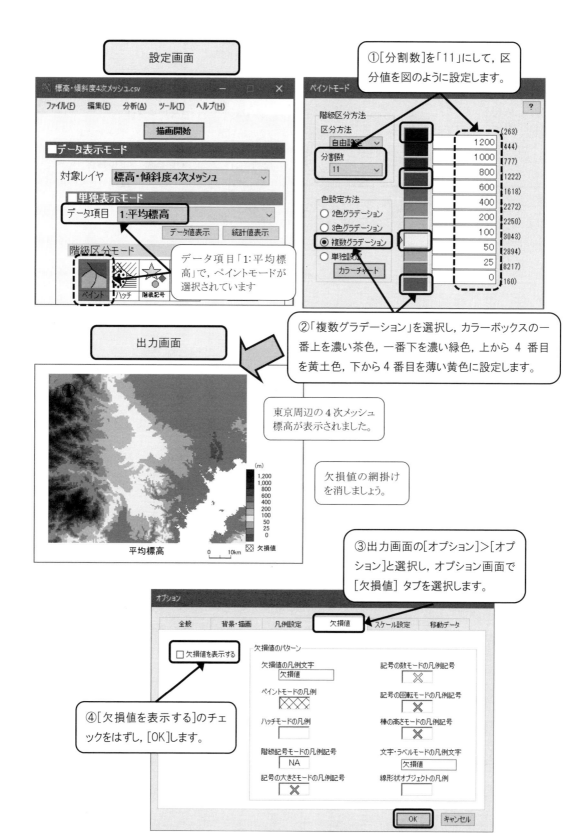

②「複数グラデーション」を選択し，カラーボックスの一番上を濃い茶色，一番下を濃い緑色，上から 4 番目を黄土色，下から 4 番目を薄い黄色に設定します。

出力画面

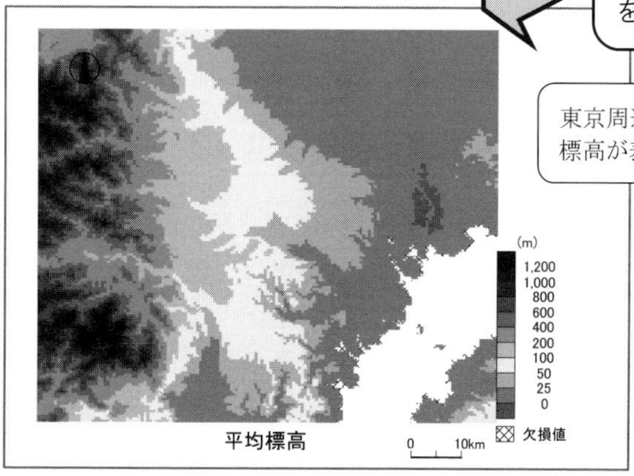

東京周辺の 4 次メッシュ標高が表示されました。

欠損値の網掛けを消しましょう。

③出力画面の[オプション]>[オプション]と選択し，オプション画面で[欠損値] タブを選択します。

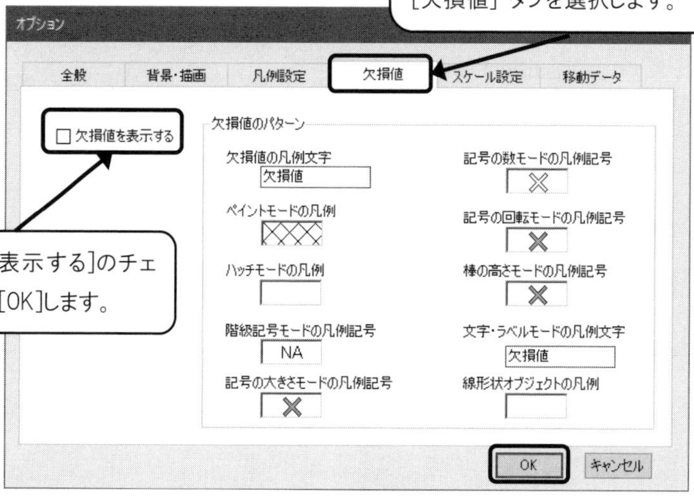

④[欠損値を表示する]のチェックをはずし，[OK]します。

①地理院地図を重ねてみます。出力画面下の[背景表示]をクリックします。

②地図描画後に地理院地図を表示するため，[描画タイミング]を「データ描画後」に設定します。

③地理院地図から標高色が見えるように，「白地透過」にチェックして[OK]します。

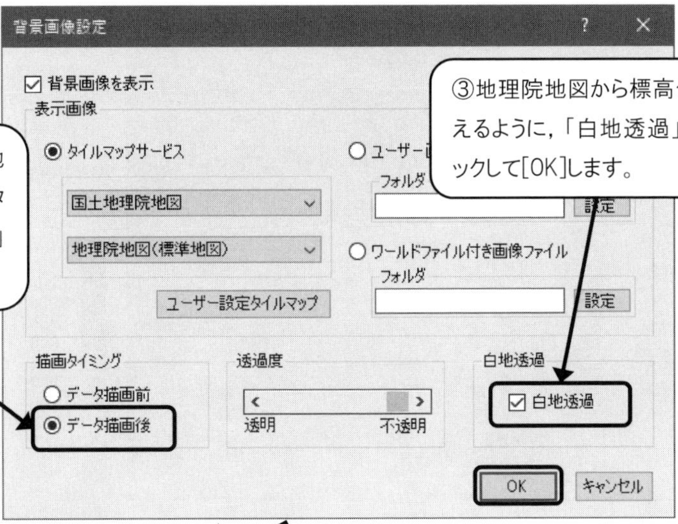

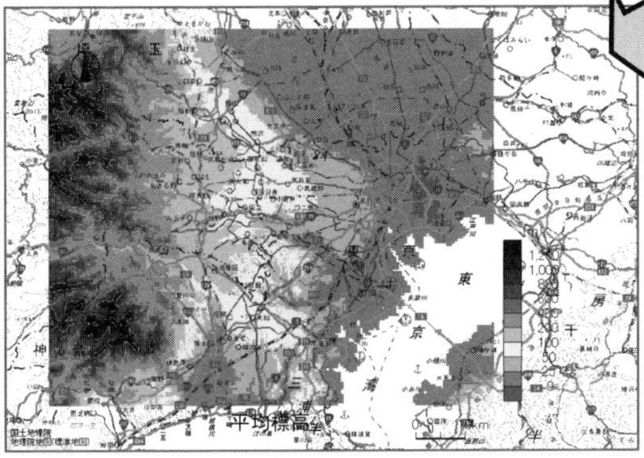

地理院地図が前面に表示されましたが，メッシュ領域外の地図が気になります。

④出力画面の[オプション]>[オプション]と選択し，オプション画面で[背景・描画] タブを選択します。

※ウインドウ内余白，地図領域，画面領域については次ページを参照してください。

⑤ [余白で地図画像クリップ]にチェックし，[地図領域枠線]のラインパターンを太線，[地図領域背景色]に水色を設定して，[OK]します。

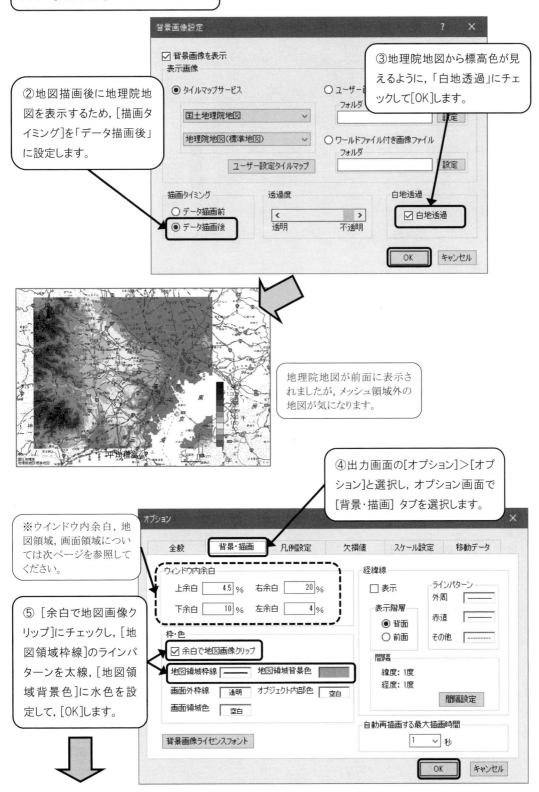

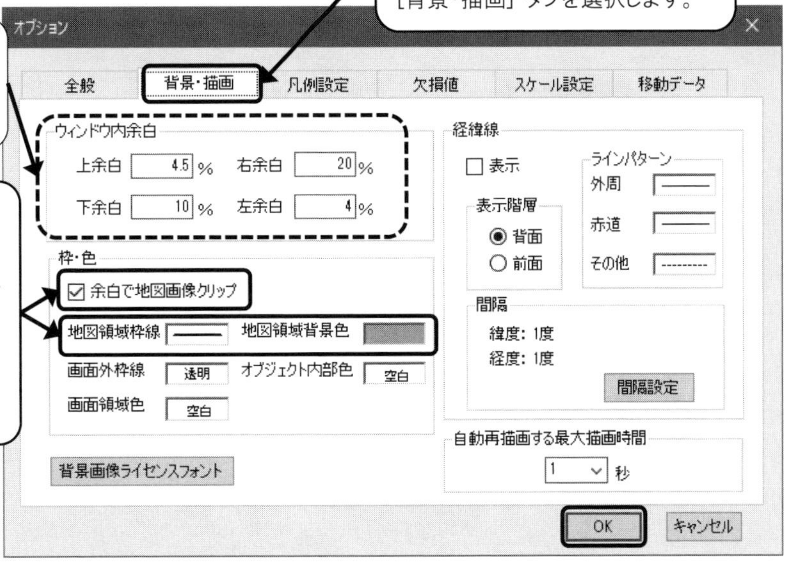

出力画面

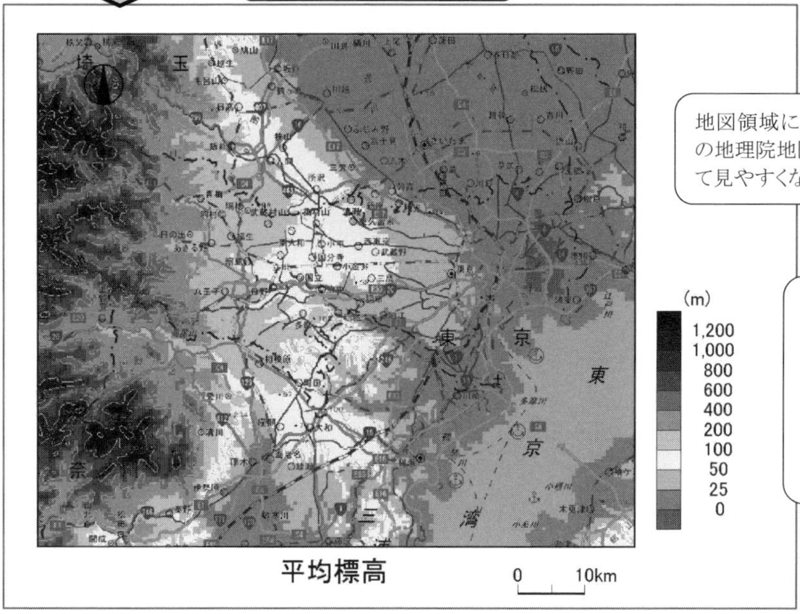

地図領域に太線が描かれ，外側の地理院地図が表示されなくなって見やすくなりました。

東京湾が水色になっています。この部分は，メッシュのデータが存在しないか，欠損値だったため，地図領域背景色として設定した水色が現れているためです。

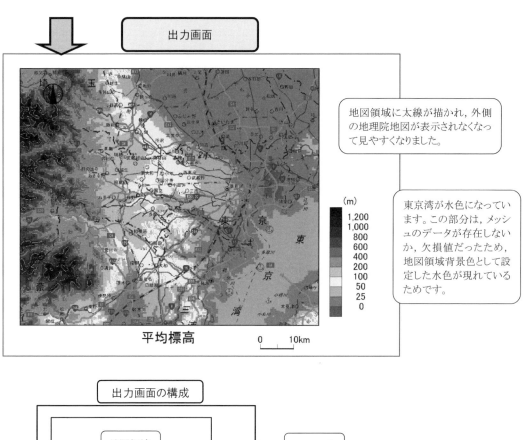

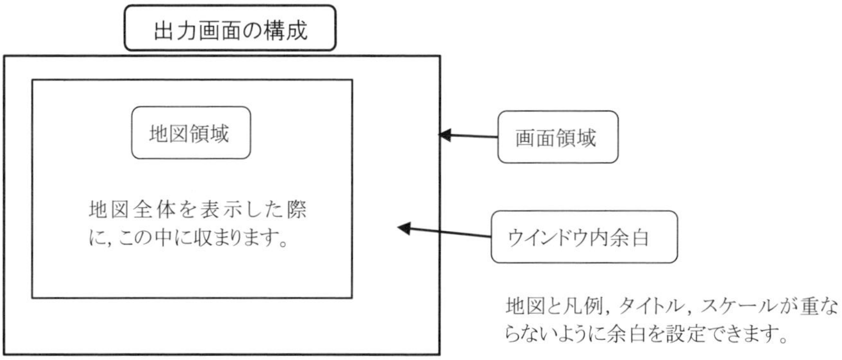

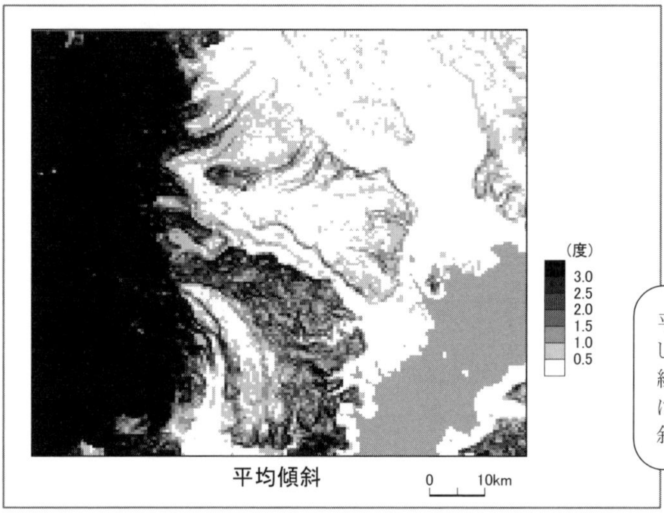

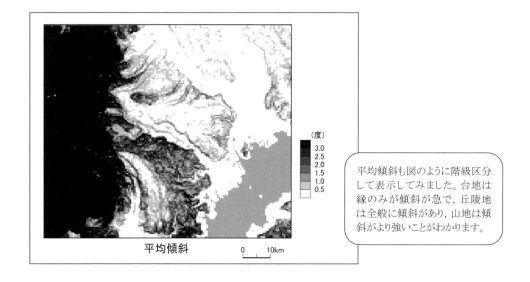

平均傾斜も図のように階級区分して表示してみました。台地は縁のみが傾斜が急で，丘陵地は全般に傾斜があり，山地は傾斜がより強いことがわかります。

9.4　国勢調査の 4 次メッシュ人口データの地図化

続いて，国勢調査の 4 次メッシュ人口データをダウンロードし，先ほどの標高・傾斜度データに追加します。

政府統計の総合窓口　https://www.e-stat.go.jp/

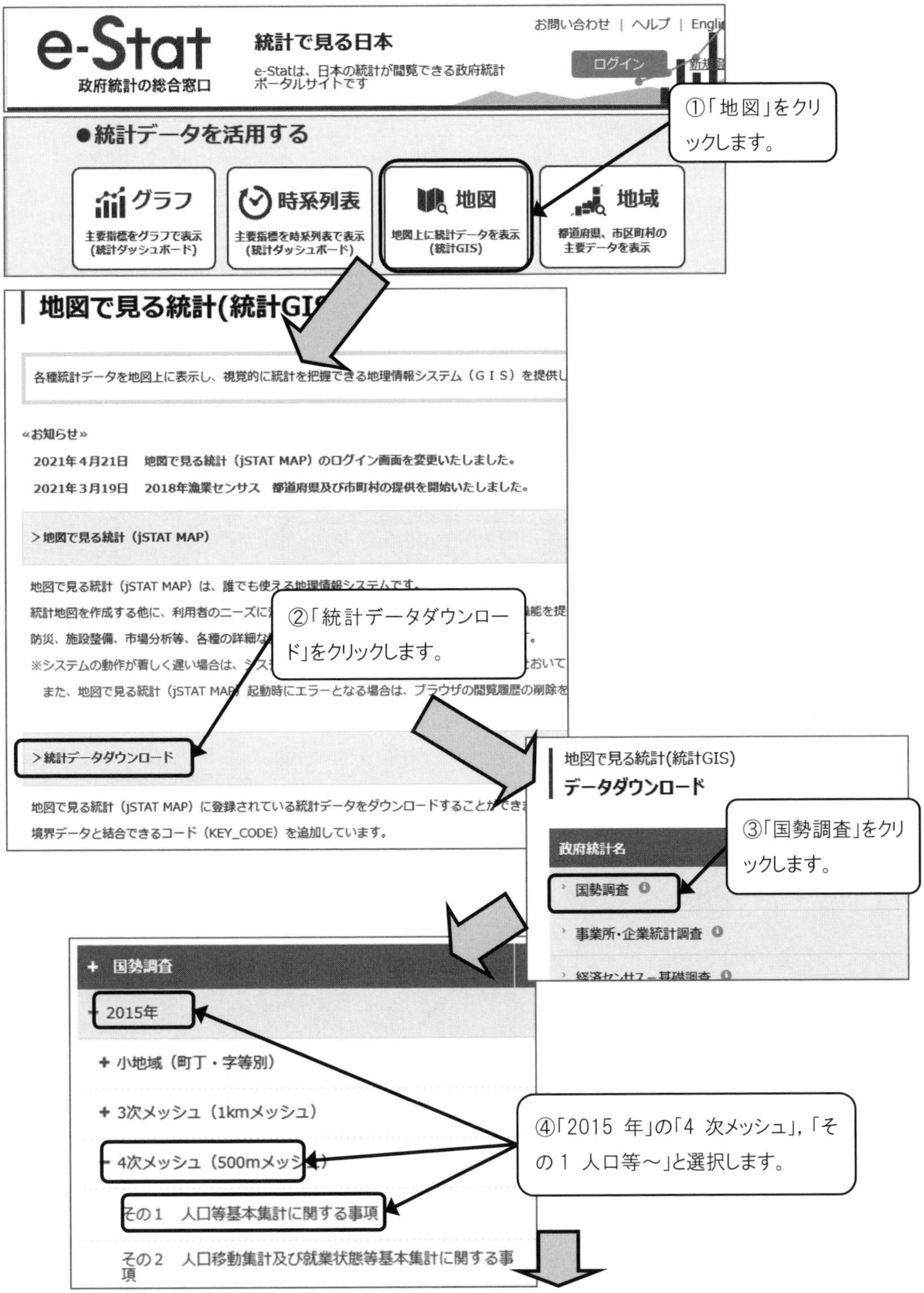

e-Stat
政府統計の総合窓口
統計で見る日本
e-Statは、日本の統計が閲覧できる政府統計ポータルサイトです
お問い合わせ | ヘルプ | English
ログイン
●統計データを活用する
グラフ
主要指標をグラフで表示（統計ダッシュボード）
時系列表
主要指標を時系列表で表示（統計ダッシュボード）
地図
地図上に統計データを表示（統計GIS）
地域
都道府県、市区町村の主要データを表示
①「地図」をクリックします。
地図で見る統計(統計GIS)
各種統計データを地図上に表示し、視覚的に統計を把握できる地理情報システム（ＧＩＳ）を提供し
«お知らせ»
2021年4月21日　地図で見る統計（jSTAT MAP）のログイン画面を変更いたしました。
2021年3月19日　2018年漁業センサス　都道府県及び市町村の提供を開始いたしました。
＞地図で見る統計（jSTAT MAP）
地図で見る統計（jSTAT MAP）は、誰でも使える地理情報システムです。
②「統計データダウンロード」をクリックします。
＞統計データダウンロード
地図で見る統計（jSTAT MAP）に登録されている統計データをダウンロードすることができ
境界データと結合できるコード（KEY_CODE）を追加しています。
地図で見る統計(統計GIS)
データダウンロード
政府統計名
国勢調査
事業所・企業統計調査
③「国勢調査」をクリックします。
＋ 国勢調査
2015年
＋ 小地域（町丁・字等別）
＋ 3次メッシュ（1kmメッシュ）
4次メッシュ（500mメッシュ）
その１　人口等基本集計に関する事項
その２　人口移動集計及び就業状態等基本集計に関する事項
④「2015 年」の「4 次メッシュ」，「その 1 人口等～」と選択します。

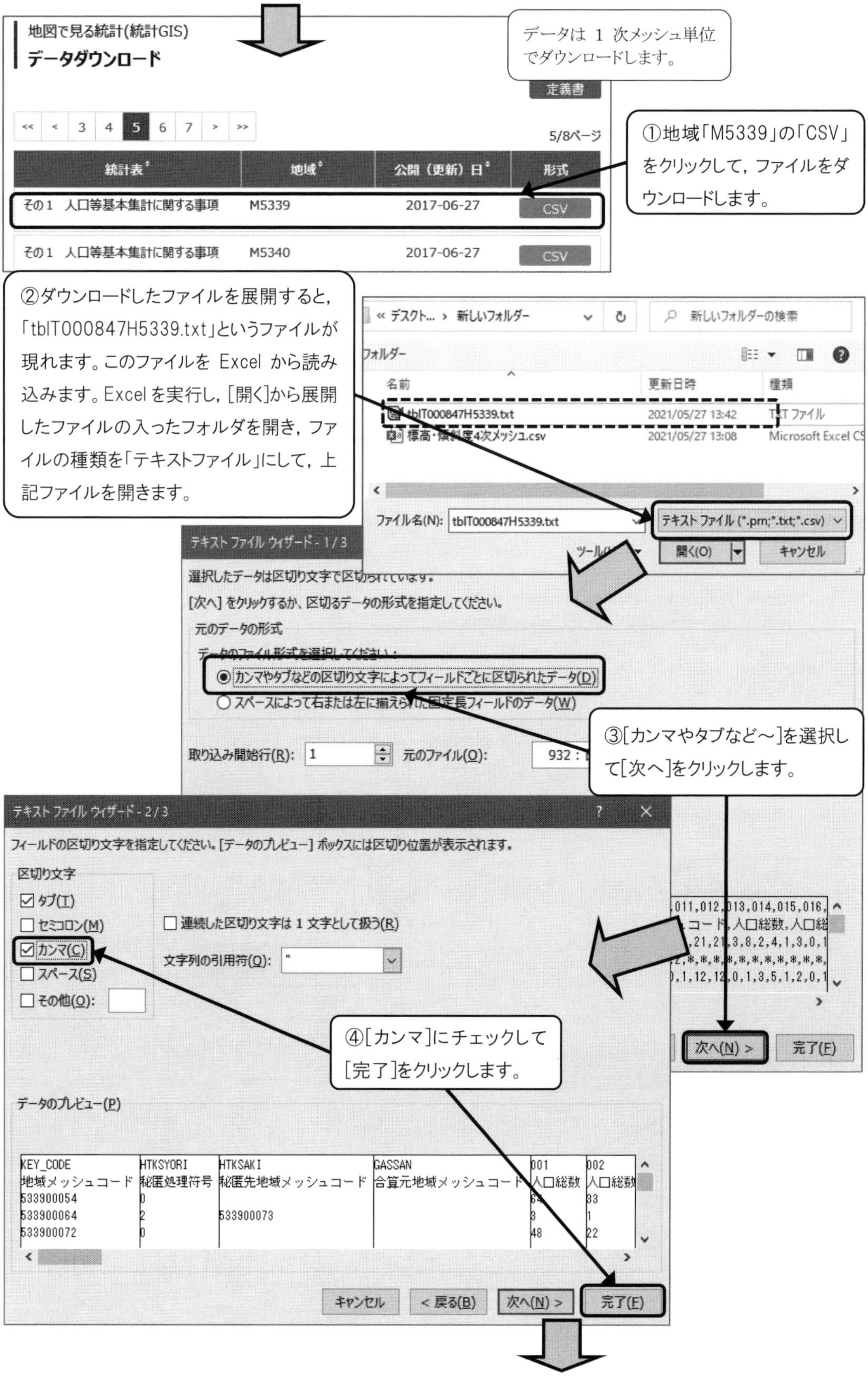
地図で見る統計(統計GIS)
データダウンロード
データは 1 次メッシュ単位でダウンロードします。
①地域「M5339」の「CSV」をクリックして，ファイルをダウンロードします。
その1 人口等基本集計に関する事項 M5339 2017-06-27 CSV
その1 人口等基本集計に関する事項 M5340 2017-06-27 CSV
②ダウンロードしたファイルを展開すると，「tblT000847H5339.txt」というファイルが現れます。このファイルを Excel から読み込みます。Excel を実行し，[開く]から展開したファイルの入ったフォルダを開き，ファイルの種類を「テキストファイル」にして，上記ファイルを開きます。
tblT000847H5339.txt
テキスト ファイル (*.prn;*.txt;*.csv)
テキスト ファイル ウィザード - 1/3
カンマやタブなどの区切り文字によってフィールドごとに区切られたデータ(D)
スペースによって右または左に揃えられた固定長フィールドのデータ(W)
③[カンマやタブなど～]を選択して[次へ]をクリックします。
テキスト ファイル ウィザード - 2/3
フィールドの区切り文字を指定してください。[データのプレビュー] ボックスには区切り位置が表示されます。
区切り文字
タブ(T)
セミコロン(M)
カンマ(C)
スペース(S)
その他(O):
連続した区切り文字は 1 文字として扱う(R)
文字列の引用符(Q):
④[カンマ]にチェックして[完了]をクリックします。
データのプレビュー(P)
キャンセル
< 戻る(B)
次へ(N) >
完了(F)

Excel

読み込まれたファイルです。

	A	B	C	D	E	F	G
1	KEY_CODE	HTKSYOR	HTKSAKI	GASSAN	T000847001	T0008470(	T0008470(
2					人口総数	人口総数	人口総数
3	533900054	0			64	33	31
4	533900064	2	5.34E+08		3	1	
5	533900072	0			48	22	
6	533900073	1		5.34E+08	57	27	
7	533900074	0			74	34	40
		0			180	89	91

4 次メッシュコード

E 列の人口総数のみ使用します。

データは約 1 万 6 千行あります。人口が 0 人のメッシュは入っていません。

①A，E 列以外の列を削除し，図のような状態にします。

	A	B
1	KEY_CODE	1
2	地域メッシュコー	人口総数
3	533900054	64
4	533900064	3
5	533900072	48
6	533900073	57

②図のように MANDARA タグを設定します。

	A	B	C	D
1	MAP	日本緯度経度		
2	LAYER	2015年人口4次メッシュ		
3	TYPE	MESH	4	
4	TITLE	人口総数		
5	UNIT	人		
6	533900054	64		
7	533900064	3		
		48		

③Excel のデータ範囲を選択して（Ctrl+A キー）コピーし，MANDARA の設定画面の［ファイル］>［データ挿入］>［クリップボードから］を行います。

設定画面

人口メッシュレイヤが読みこまれ，追加されました。

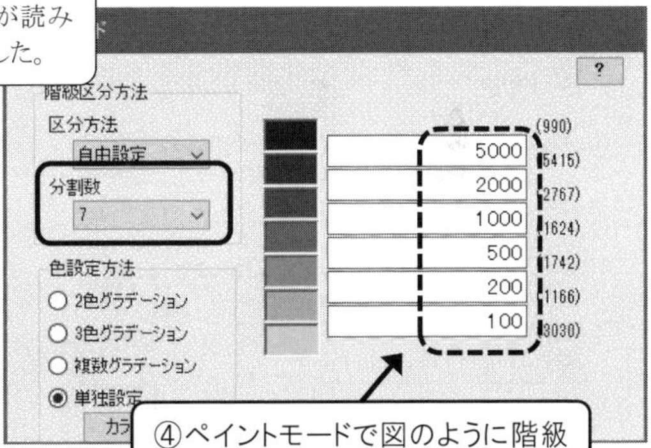

④ペイントモードで図のように階級区分し，［描画開始］してください。

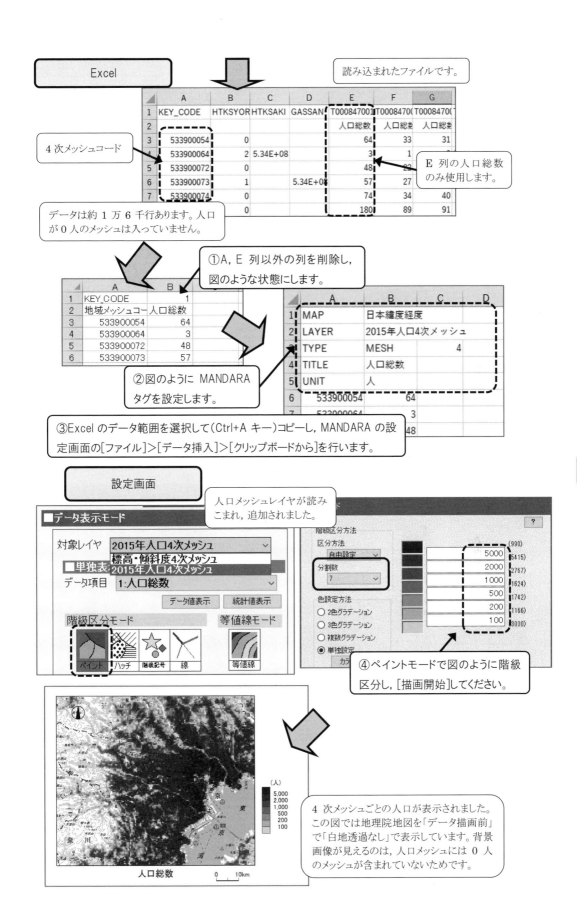

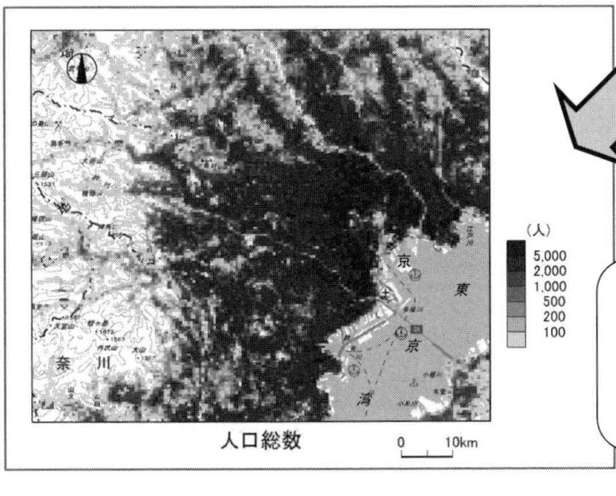

4 次メッシュごとの人口が表示されました。この図では地理院地図を「データ描画前」で「白地透過なし」で表示しています。背景画像が見えるのは，人口メッシュには 0 人のメッシュが含まれていないためです。

9.5 2つのメッシュレイヤをまとめ，クロス集計

地形と人口の 2 つのメッシュは，同じ範囲のデータです。標高や傾斜によって人口分布がどのように変わるのか，**クロス集計機能**で調べてみます。そのために，まず 2 つのレイヤを 1 つにまとめる必要があります。

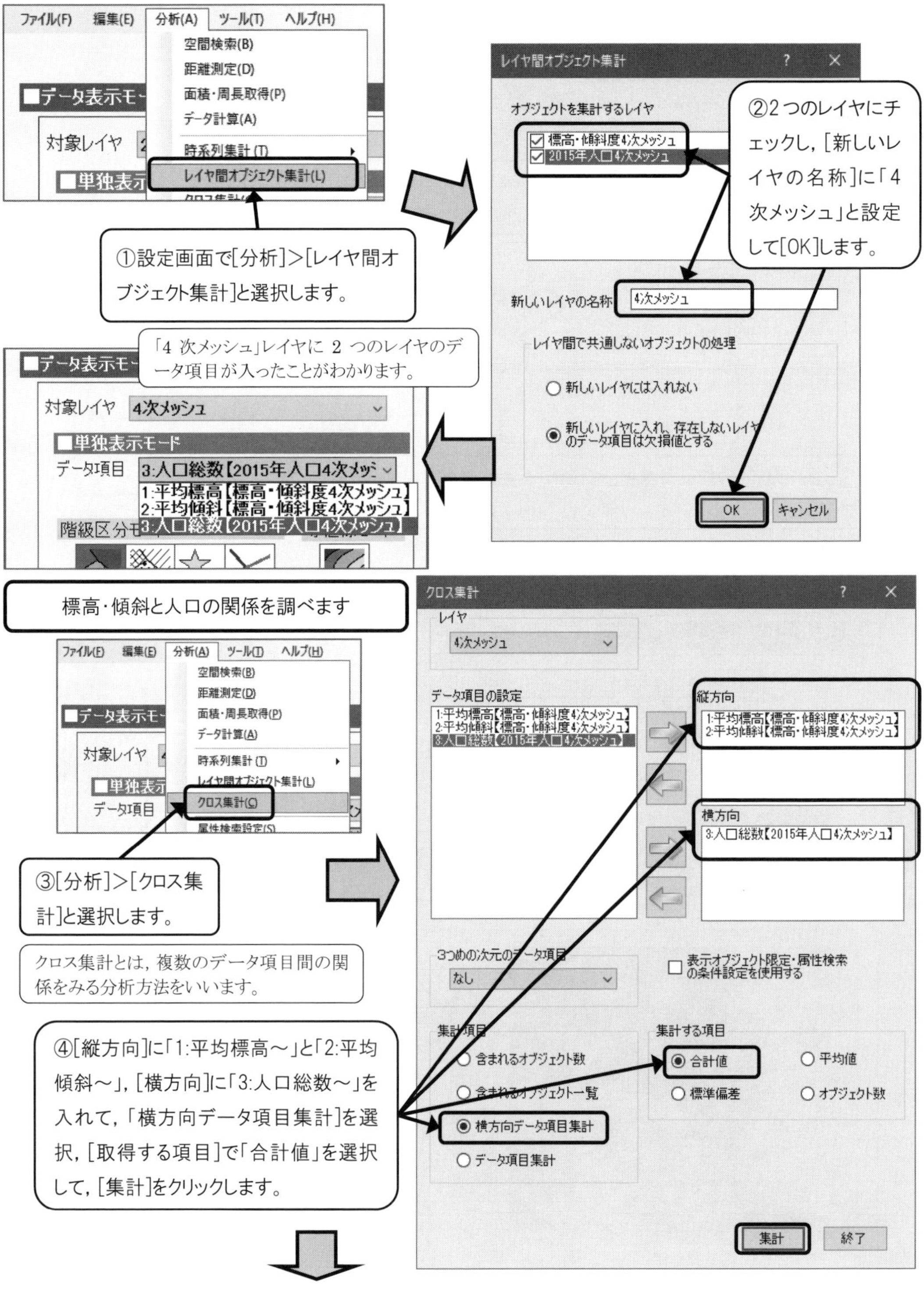

	1	2	3
1	横方向デー		
2	集計内容	合計値	
3			
4			人口総数【2015
5	平均標高【	x ＜0m	805995
6		0≦ x ＜25	14179020
7		25≦ x ＜50	6987870
8		50≦ x ＜100	5159281
9		100≦ x ＜200	2032100
		200≦ x ＜400	160204
		400≦ x ＜600	7282
		600≦ x ＜800	1824
		800≦ x ＜1000	8
		1000≦ x ＜1200	3
		1200≦ x	
16		欠損値	
17		計	29333587
18	平均傾斜【	x ＜0.5度	16476003
19		0.5≦ x ＜1	5383033
20		1≦ x ＜1.5	3022813
21		1.5≦ x ＜2	1777446
22		2≦ x ＜2.5	1177218
23		2.5≦ x ＜3	630649
24		3≦ x ＜5	659735
25		5≦ x ＜10	174570
26		10≦ x ＜15	26326
27		15≦ x ＜20	4986
28		20≦ x	808
29		欠損値	
30		計	29333587
31			

標高，傾斜の区分ごとに，人口数の合計が集計されました。標高，傾斜の区分は，階級区分モードでの区分値が使われます。

1 次メッシュ 5339 内では，2933 万人のうち半分近くの 1418 万人が標高 0～25m の土地に居住していることが分かります。海面下の土地にも 81 万人が居住しています。

56.2%が傾斜 0.5 度未満の平地に居住していますが，それ以外はある程度起伏のある土地に居住しています。

[コピー]して Excel に貼り付けて，割合を計算しましょう。

東京駅からの距離による人口密度の変化を調べます

人口密度を調べるため，メッシュごとに面積と東京駅からの距離を取得します。

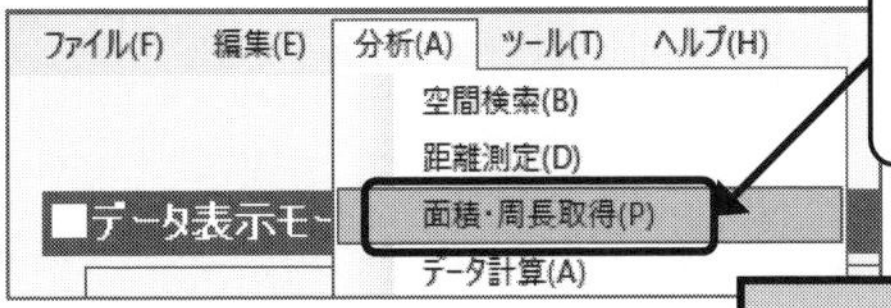

①[分析]>[面積・周長取得]と選択します。

②「オブジェクト面積取得」を選択して[OK]しま

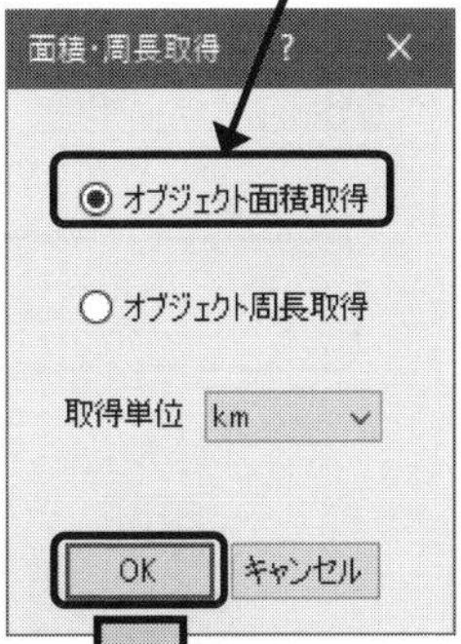

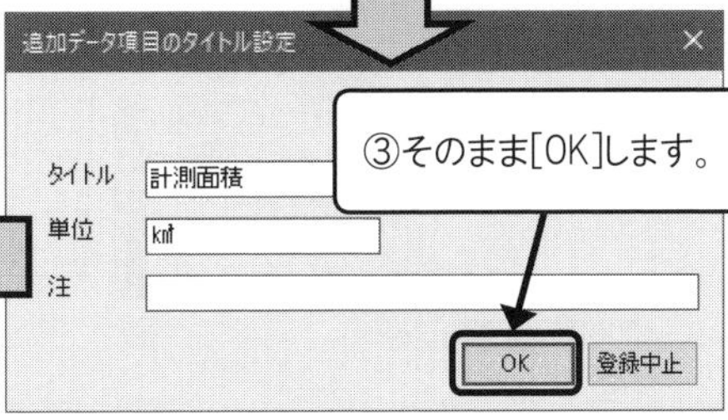

③そのまま[OK]します。

データ項目「4:計測面積」が追加されました。各メッシュの面積はだいたい 0.26k ㎡です。

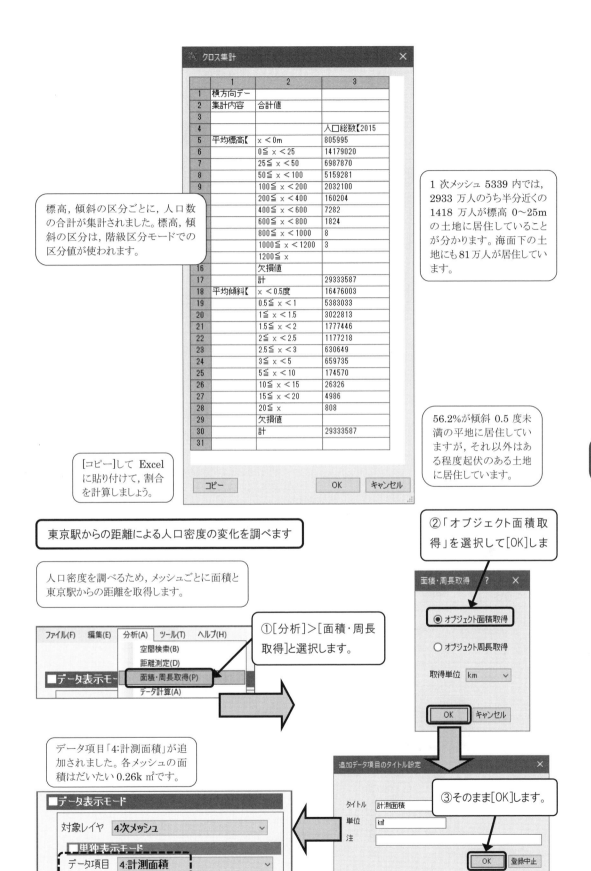

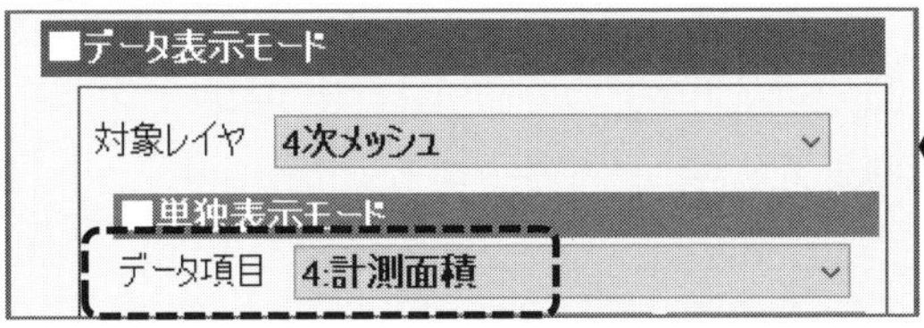

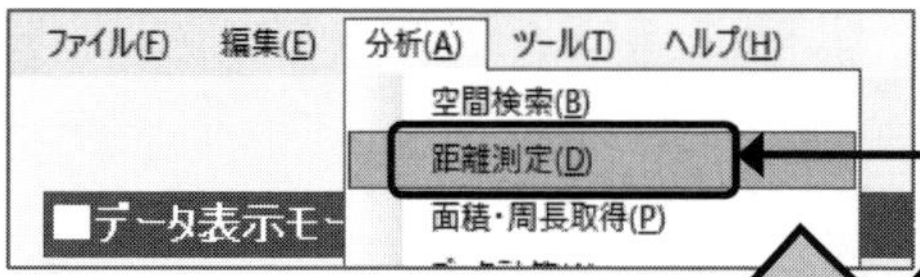

①[分析]>[距離測定]と選択します。

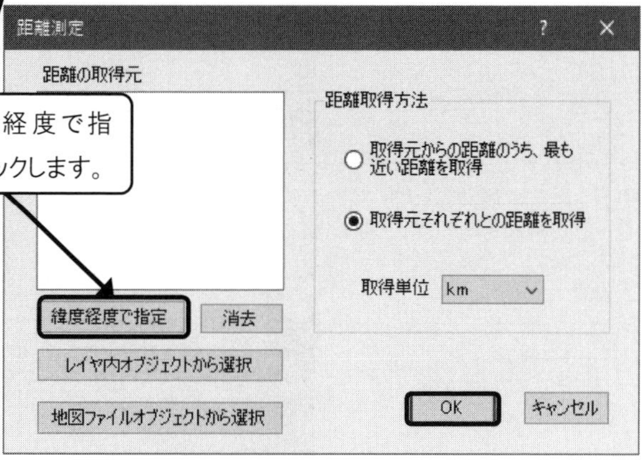

②[緯度経度で指定]をクリックします。

③東京駅の位置，北緯 35.681 度，東経 139.766 度を入力して[OK]します。

④[距離の取得元]欄に，設定した経緯度が入るので，[OK]します。

⑤東京駅からの距離の入ったデータ項目が追加されます。ペイントモードで下のように設定し，描画します。

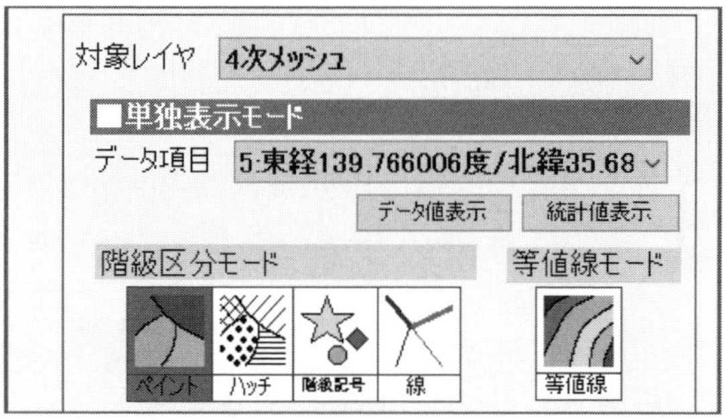

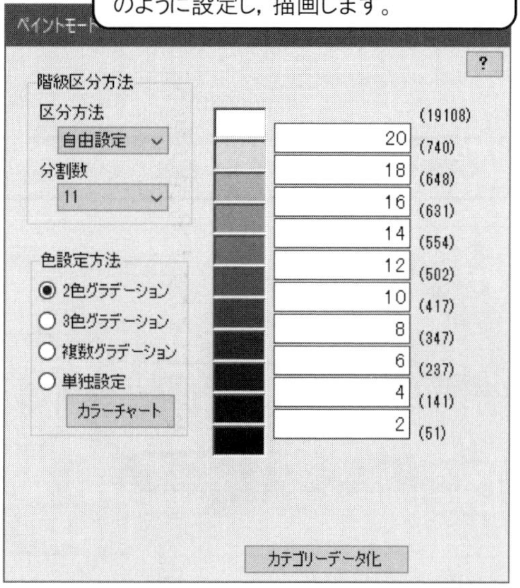

出力画面

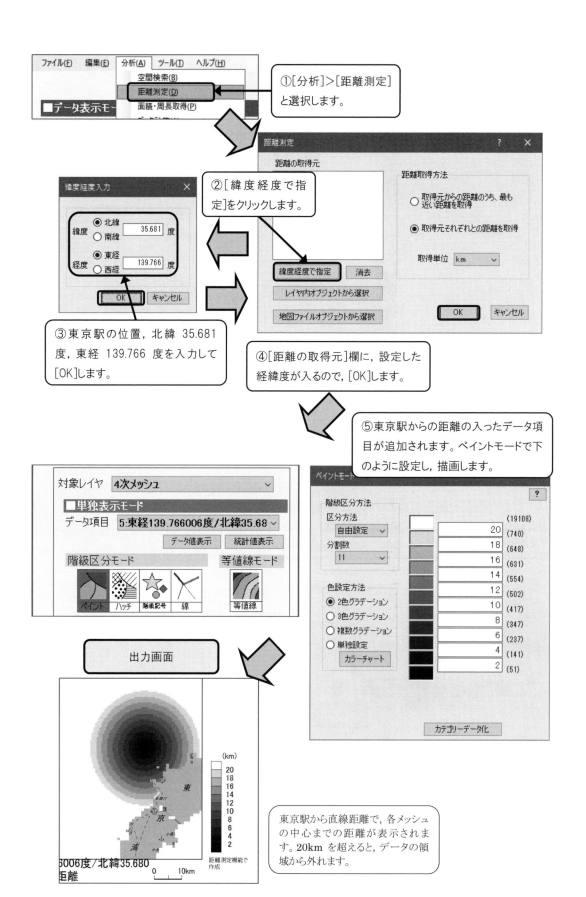

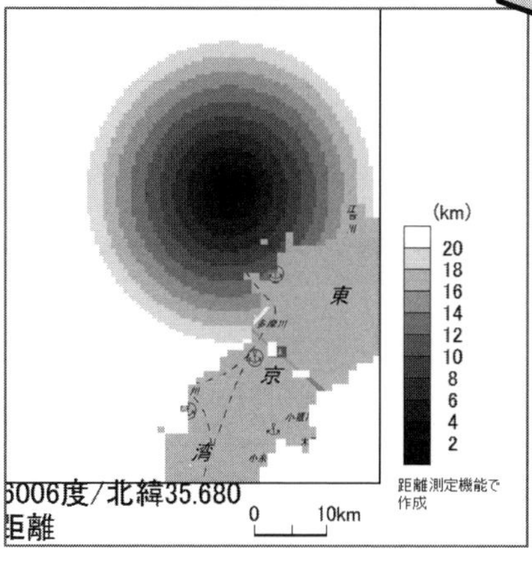

東京駅から直線距離で，各メッシュの中心までの距離が表示されます。20km を超えると，データの領域から外れます。

①設定画面で[分析]>[クロス集計]と選択します。

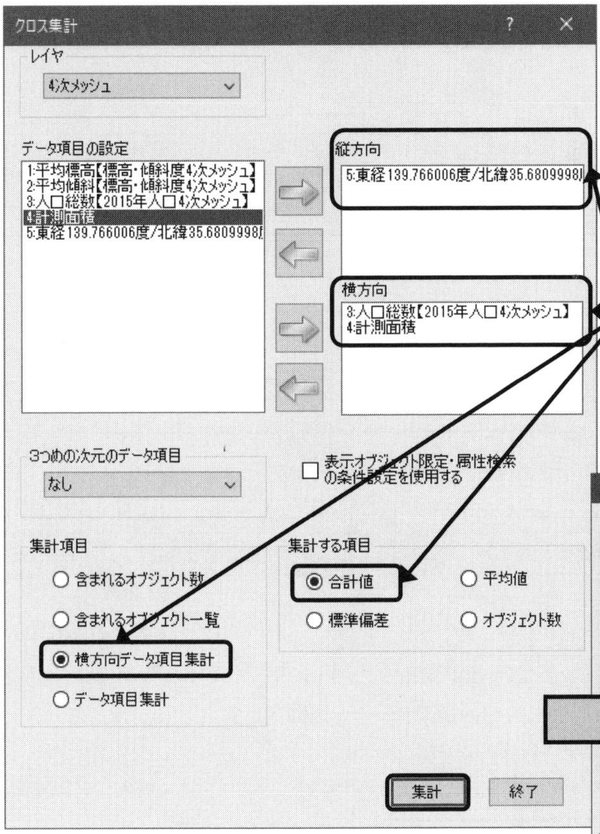

②[縦方向]に「5:東経～」，[横方向]に「3:人口総数～」と「4:計測面積」を入れて，「横方向データ項目集計]を選択，[取得する項目]で「合計値」を選択して，[集計]をクリックします。

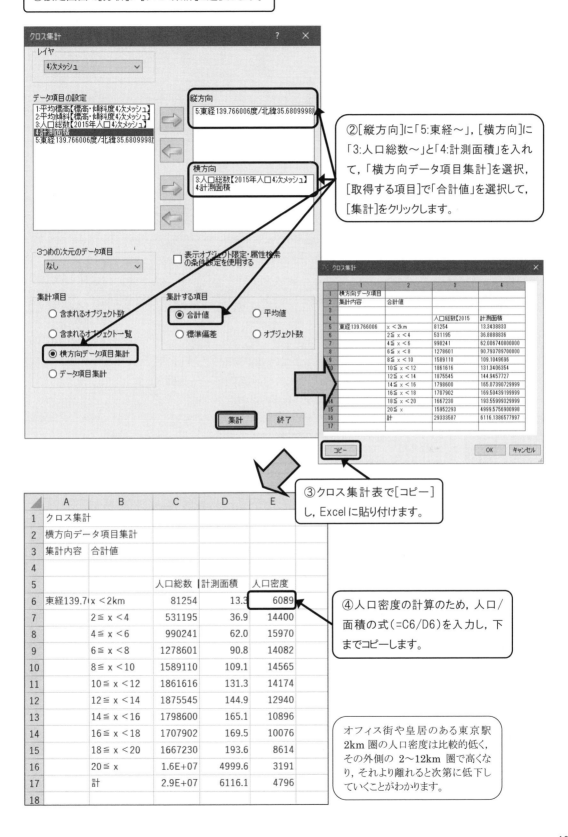

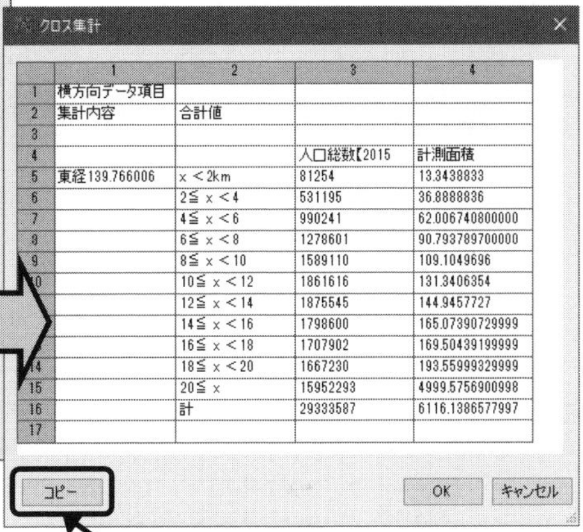

	1	2	3	4
1	横方向データ項目			
2	集計内容	合計値		
3				
4			人口総数【2015	計測面積
5	東経139.766006	x <2km	81254	13.3438833
6		2≦ x <4	531195	36.8888836
7		4≦ x <6	990241	62.006740800000
8		6≦ x <8	1278601	90.793789700000
9		8≦ x <10	1589110	109.1049696
10		10≦ x <12	1861616	131.3406354
11		12≦ x <14	1875545	144.9457727
12		14≦ x <16	1798600	165.07390729999
13		16≦ x <18	1707902	169.50439199999
14		18≦ x <20	1667230	193.55999329999
15		20≦ x	15952293	4999.5756900998
16		計	29333587	6116.1386577997
17				

③クロス集計表で[コピー]し，Excelに貼り付けます。

	A	B	C	D	E
1	クロス集計				
2	横方向データ項目集計				
3	集計内容	合計値			
4					
5			人口総数	計測面積	人口密度
6	東経139.7(	x <2km	81254	13.3	6089
7		2≦ x <4	531195	36.9	14400
8		4≦ x <6	990241	62.0	15970
9		6≦ x <8	1278601	90.8	14082
10		8≦ x <10	1589110	109.1	14565
11		10≦ x <12	1861616	131.3	14174
12		12≦ x <14	1875545	144.9	12940
13		14≦ x <16	1798600	165.1	10896
14		16≦ x <18	1707902	169.5	10076
15		18≦ x <20	1667230	193.6	8614
16		20≦ x	1.6E+07	4999.6	3191
17		計	2.9E+07	6116.1	4796
18					

④人口密度の計算のため，人口/面積の式(=C6/D6)を入力し，下までコピーします。

オフィス街や皇居のある東京駅2km圏の人口密度は比較的低く，その外側の2～12km圏で高くなり，それより離れると次第に低下していくことがわかります。

第 10 章　国勢調査の小地域データを地図化しよう

本章の内容

① 国勢調査の小地域データ
② 統計データと境界データのダウンロード
③ マップエディタでの読み込み処理
④ データ計算と Leaflet への出力

第 10 章では，国勢調査の町丁・字等の詳細な小地域データを取り込み，統計データを地図化します。

10.1　国勢調査の小地域データのダウンロード

第 9 章では，細かな領域に分割したメッシュデータを扱いましたが，丁目や大字といった，実際の行政区分による詳細なデータを使いたいことも多いと思います。そこで利用できるのが，第 9 章でも使用した「政府統計の総合窓口」の「統計 GIS」のデータです。本章では東京都特別区部のデータを地図化します。

最初に，小地域の人口データと住宅の種類別世帯数データをダウンロードし，次に境界データをダウンロードします。

政府統計の総合窓口　https://www.e-stat.go.jp/

①第 9 章の人口メッシュデータ取得時【p.101】と同様に，「地図」>「統計データダウンロード」>「国勢調査」と選択していきます。

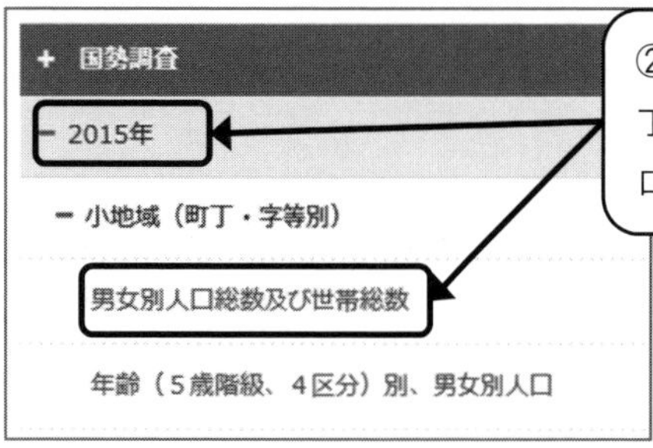

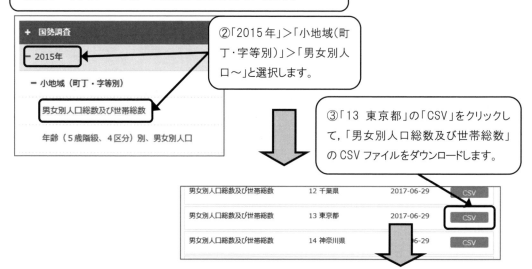

②「2015 年」>「小地域(町丁・字等別)」>「男女別人口～」と選択します。

③「13 東京都」の「CSV」をクリックして，「男女別人口総数及び世帯総数」の CSV ファイルをダウンロードします。

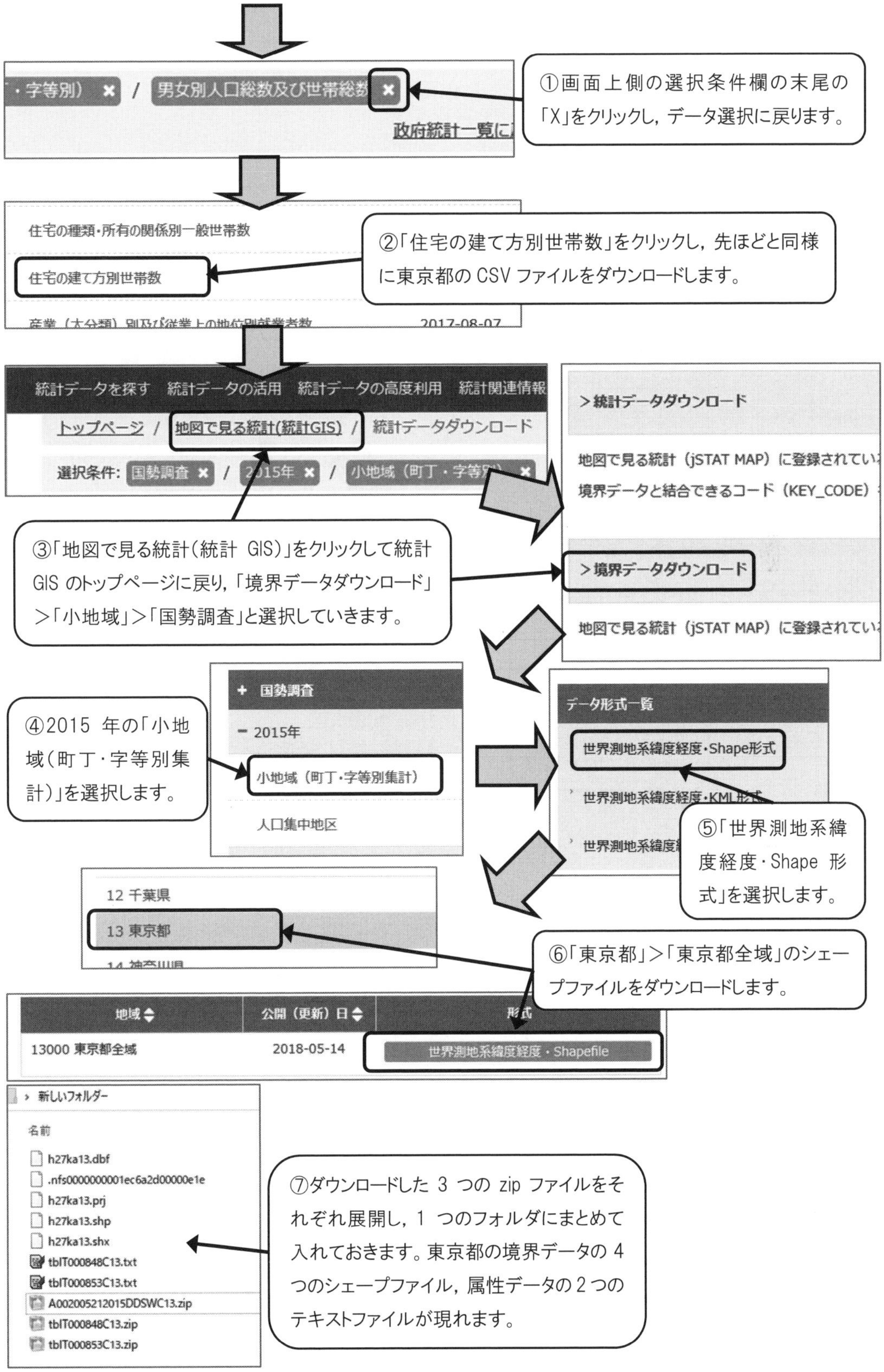
・字等別）
男女別人口総数及び世帯総数
政府統計一覧に
①画面上側の選択条件欄の末尾の「X」をクリックし，データ選択に戻ります。
住宅の種類・所有の関係別一般世帯数
住宅の建て方別世帯数
産業（大分類）別及び従業上の地位別就業者数
2017-08-07
②「住宅の建て方別世帯数」をクリックし，先ほどと同様に東京都の CSV ファイルをダウンロードします。
統計データを探す　統計データの活用　統計データの高度利用　統計関連情報
トップページ / 地図で見る統計(統計GIS) / 統計データダウンロード
選択条件: 国勢調査 / 2015年 / 小地域（町丁・字等別）
③「地図で見る統計（統計 GIS）」をクリックして統計 GIS のトップページに戻り，「境界データダウンロード」＞「小地域」＞「国勢調査」と選択していきます。
＞統計データダウンロード
地図で見る統計（jSTAT MAP）に登録されてい
境界データと結合できるコード（KEY_CODE）
＞境界データダウンロード
地図で見る統計（jSTAT MAP）に登録されてい
＋ 国勢調査
－ 2015年
小地域（町丁・字等別集計）
人口集中地区
④2015 年の「小地域（町丁・字等別集計）」を選択します。
データ形式一覧
世界測地系緯度経度・Shape形式
世界測地系緯度経度・KML形式
世界測地系緯度
⑤「世界測地系緯度経度・Shape 形式」を選択します。
12 千葉県
13 東京都
14 神奈川県
⑥「東京都」＞「東京都全域」のシェープファイルをダウンロードします。
地域
公開（更新）日
形式
13000 東京都全域
2018-05-14
世界測地系緯度経度・Shapefile
＞ 新しいフォルダー
名前
h27ka13.dbf
.nfs0000000001ec6a2d00000e1e
h27ka13.prj
h27ka13.shp
h27ka13.shx
tblT000848C13.txt
tblT000853C13.txt
A002005212015DDSWC13.zip
tblT000848C13.zip
tblT000853C13.zip
⑦ダウンロードした 3 つの zip ファイルをそれぞれ展開し，1 つのフォルダにまとめて入れておきます。東京都の境界データの 4 つのシェープファイル，属性データの 2 つのテキストファイルが現れます。

10.2 データの読み込み

データをダウンロードしたら，設定画面から MANDARA に取り込みます。

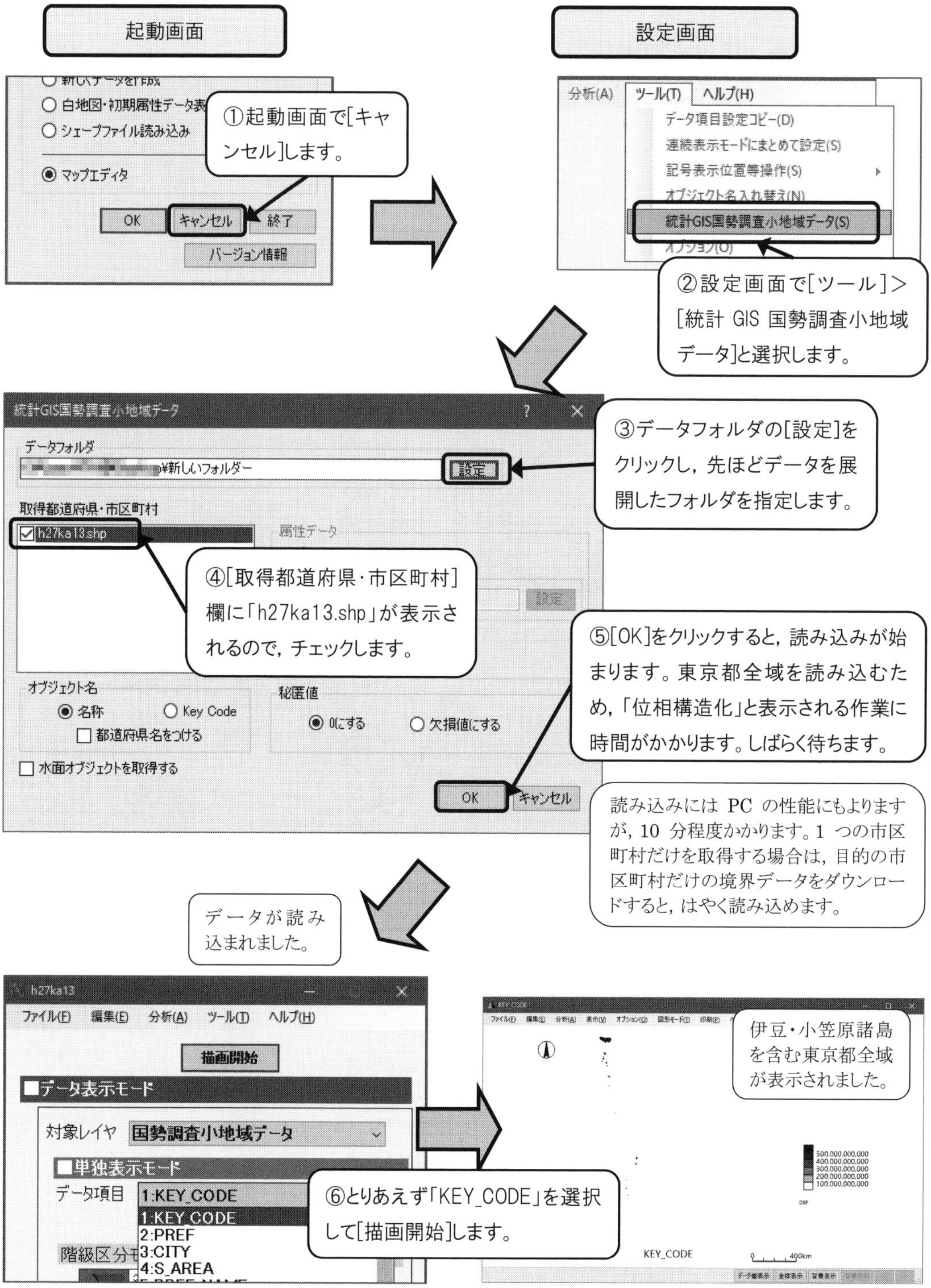

起動画面
設定画面
白地図・初期属性データ表
シェープファイル読み込み
マップエディタ
OK
キャンセル
終了
バージョン情報
①起動画面で[キャンセル]します。
分析(A)
ツール(T)
ヘルプ(H)
データ項目設定コピー(D)
連続表示モードにまとめて設定(S)
記号表示位置等操作(S)
オブジェクト名入れ替え(N)
統計GIS国勢調査小地域データ(S)
オプション(O)
②設定画面で[ツール]>[統計 GIS 国勢調査小地域データ]と選択します。
統計GIS国勢調査小地域データ
データフォルダ
¥新しいフォルダー
設定
取得都道府県・市区町村
h27ka13.shp
属性データ
③データフォルダの[設定]をクリックし，先ほどデータを展開したフォルダを指定します。
④[取得都道府県・市区町村]欄に「h27ka13.shp」が表示されるので，チェックします。
オブジェクト名
名称
Key Code
都道府県名をつける
秘匿値
0にする
欠損値にする
水面オブジェクトを取得する
OK
キャンセル
⑤[OK]をクリックすると，読み込みが始まります。東京都全域を読み込むため，「位相構造化」と表示される作業に時間がかかります。しばらく待ちます。
読み込みには PC の性能にもよりますが，10 分程度かかります。1 つの市区町村だけを取得する場合は，目的の市区町村だけの境界データをダウンロードすると，はやく読み込めます。
データが読み込まれました。
h27ka13
ファイル(F)
編集(E)
分析(A)
ツール(T)
ヘルプ(H)
描画開始
■データ表示モード
対象レイヤ
国勢調査小地域データ
■単独表示モード
データ項目
1:KEY_CODE
2:PREF
3:CITY
4:S_AREA
階級区分モ
⑥とりあえず「KEY_CODE」を選択して[描画開始]します。
伊豆・小笠原諸島を含む東京都全域が表示されました。
KEY_CODE
400km

10.3 属性データの修正

次に属性データを見て，不要なデータを削除し，単位と注を設定しましょう。

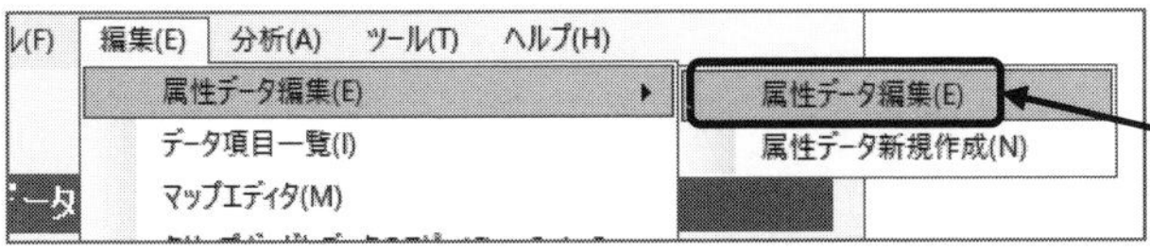

①[編集]>[属性データ編集]>[属性データ編集]を選択します。

1 番から 35 番までのデータ項目は，シェープファイルの中の DBF ファイルに含まれるデータです。

36 番以降のデータ項目は，「男女別人口総数及び世帯総数」と「住宅の建て方別世帯数」のデータです。

		1	2
	データの種類	通常のデータ	通常のデー
	空白セル	0または空白	0または空白
	タイトル	KEY_CODE	PREF
	単位		
	注	DBF	DBF
1	千代田区丸の内1丁目	13101001001	
2	千代田区丸の内2丁目	13101001002	
3	千代田区丸の内3丁目	13101001003	
4	千代田区大手町1丁目	13101002001	
5	千代田区大手町2丁目	13101002002	
6	千代田区内幸町1丁目	13101003001	
7	千代田区内幸町2丁目	13101003002	

34	35	36	37	38	39
通常のデー	通常のデー	文字データ	文字データ	通常のデー	通常のデー
0または空白	0または空白	0または空	0または空	欠損値	欠損値
Y_CODE	KCODE1	秘匿先T000848	合算T000848	人口総数	男
		STR	STR		
DBF	DBF	T000848	T000848	T000848	T000848
35.68151	0010-01			4	3
35.68038	0010-02			1	1
35.67682	0010-03			3	3
35.68811	0020-01			3	3
35.68626	0020-02			2	2
35.67112	0030-01			3	2
35.67112	0030-02			1	1

KEYCODE とは？

KEYCODE とは，市区町村内のオブジェクト固有のコードです。上 5 桁は市区町村の行政コードです。

「秘匿先」「合算」とは？

36,37 番の「秘匿先」「合算」は，人口の少ない集計単位において，個人・世帯が特定されないよう，他の集計単位に合算されている情報を示します。男女別の人口総数には秘匿箇所はありませんが，住宅の建て方別世帯数では何ヶ所かで行われています。

千代田区のデータを見ると，人口は 0 人ではないのに，主世帯等がすべて 0 になっている地区が少なくありません。これが秘匿値で，前ページのデータの読み込み画面で秘匿値を「0 にする」を選択していたので 0 となっています。

この部分から，内幸町 1 丁目，2 丁目，有楽町 2 丁目のデータ値が有楽町 1 丁目に合算されていることがわかります。

		40	41	42	43	44
	データの種類	通常のデー	通常のデー	文字データ	文字データ	通常のデータ
	空白セル	欠損値	欠損値	欠損値	欠損値	欠損値
	タイトル	女	世帯総数	秘匿先T000853	合算T000853	主世帯数
	単位			STR	STR	
	注	T000848	T000848	T000853	T000853	T000853
5	千代田区大手町2丁目	0	2	029001		0
6	千代田区内幸町1丁目	1	2	004001		0
7	千代田区内幸町2丁目	0	1	004001		0
8	千代田区有楽町1丁目	6	15		003001;003002;004002;0130	2
9	千代田区有楽町2丁目	0	3	004001		0
10	千代田区霞が関1丁目	0	0			0

データの意味がわかったところで，地図化に使わないデータ項目を（1～5,7～35 の DBF ファイル内のデータ，36,37,42,43 の秘匿値の情報）削除します

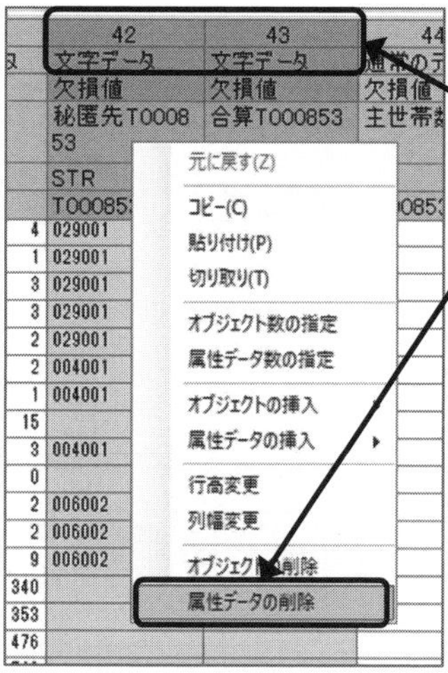

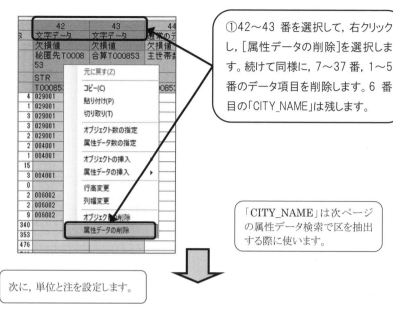

①42～43 番を選択して，右クリックし，[属性データの削除]を選択します。続けて同様に，7～37 番，1～5 番のデータ項目を削除します。6 番目の「CITY_NAME」は残します。

「CITY_NAME」は次ページの属性データ検索で区を抽出する際に使います。

次に，単位と注を設定します。

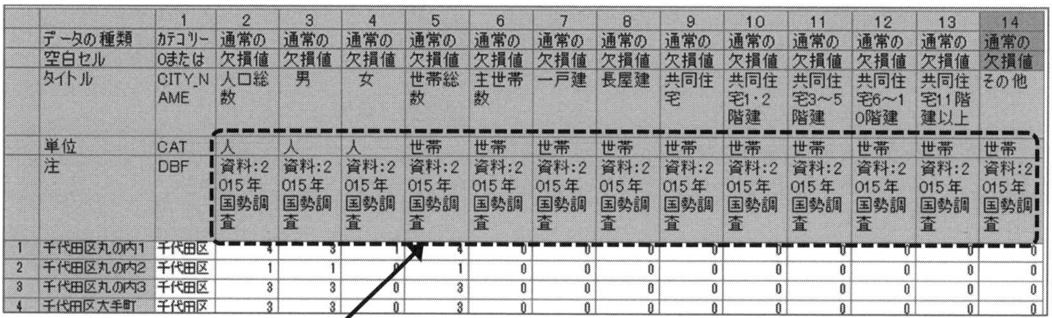

		1	2	3	4	5	6	7	8	9	10	11	12	13	14
	データの種類	カテゴリー	通常の	通常の	通常の	通常の	通常の	通常の	通常の	通常の	通常の	通常の	通常の	通常の	通常の
	空白セル	0または	欠損値	欠損値	欠損値	欠損値	欠損値	欠損値	欠損値	欠損値	欠損値	欠損値	欠損値	欠損値	欠損値
	タイトル	CITY_NAME	人口総数	男	女	世帯総数	主世帯数	一戸建	長屋建	共同住宅	共同住宅1・2階建	共同住宅3～5階建	共同住宅6～10階建	共同住宅11階建以上	その他
	単位	CAT	人	人	人	世帯	世帯	世帯	世帯	世帯	世帯	世帯	世帯	世帯	世帯
	注	DBF	資料:2015年国勢調査	資料:2015年国勢調査	資料:2015年国勢調査	資料:2015年国勢調査	資料:2015年国勢調査	資料:2015年国勢調査	資料:2015年国勢調査	資料:2015年国勢調査	資料:2015年国勢調査	資料:2015年国勢調査	資料:2015年国勢調査	資料:2015年国勢調査	資料:2015年国勢調査
1	千代田区丸の内1	千代田区	4	3	1	4	0	0	0	0	0	0	0	0	0
2	千代田区丸の内2	千代田区	1	1	0	1	0	0	0	0	0	0	0	0	0
3	千代田区丸の内3	千代田区	3	3	0	3	0	0	0	0	0	0	0	0	0
4	千代田区大手町	千代田区	3	3	0	3	0	0	0	0	0	0	0	0	0

②単位の行では，「人口総数」，「男」，「女」を「人」，それ以降を「世帯」とします。注の行では，「資料:2015 年国勢調査」とします。

属性データ編集画面では，コピーや貼り付け機能が使えます。

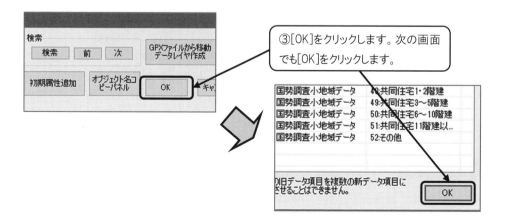

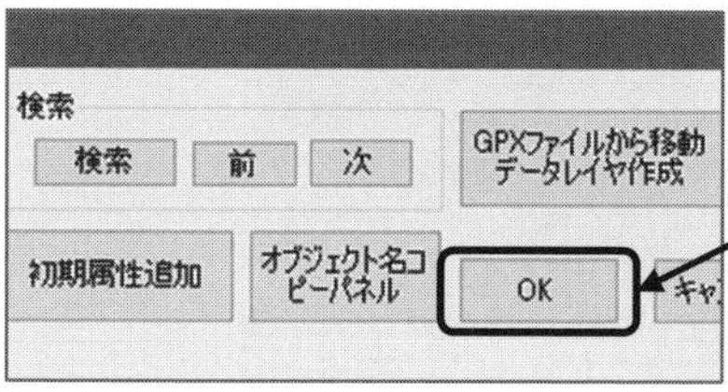

③[OK]をクリックします。次の画面でも[OK]をクリックします。

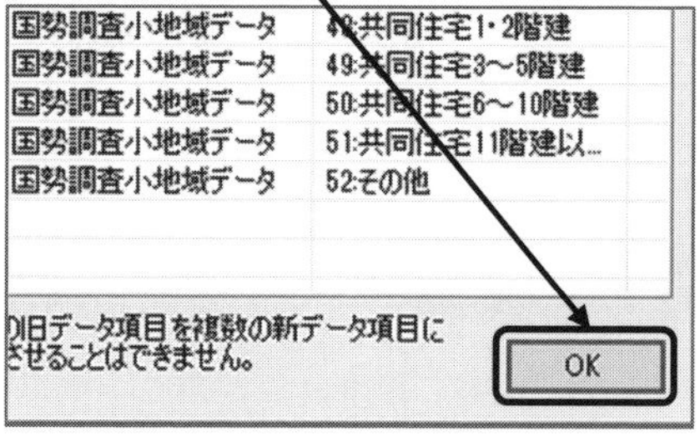

10.4 特別区部のみを抽出

読み込んだ状態では，東京都全域が表示されるため，まず東京都特別区部のみを抜き出します。

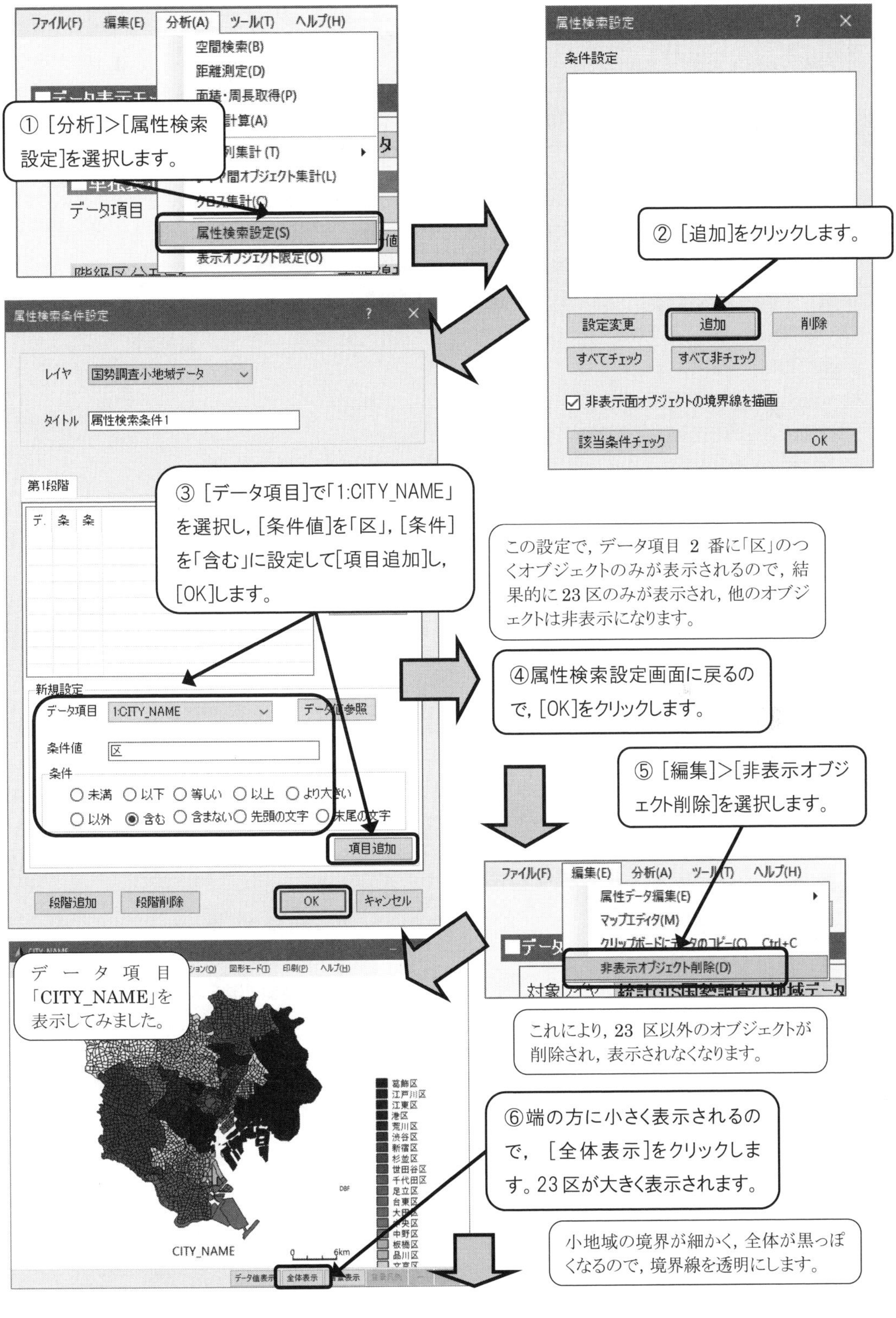
ファイル(F)
編集(E)
分析(A)
ツール(T)
ヘルプ(H)
空間検索(B)
距離測定(D)
属性検索設定(S)
表示オブジェクト限定(O)
データ項目
① [分析]>[属性検索設定]を選択します。
属性検索設定
条件設定
② [追加]をクリックします。
設定変更
追加
削除
すべてチェック
すべて非チェック
非表示面オブジェクトの境界線を描画
該当条件チェック
OK
属性検索条件設定
レイヤ
国勢調査小地域データ
タイトル
属性検索条件1
第1段階
③ [データ項目]で「1:CITY_NAME」を選択し，[条件値]を「区」，[条件]を「含む」に設定して[項目追加]し，[OK]します。
新規設定
データ項目
1:CITY_NAME
条件値
区
条件
未満
以下
等しい
以上
より大きい
以外
含む
含まない
先頭の文字
末尾の文字
項目追加
段階追加
段階削除
OK
キャンセル
この設定で，データ項目 2 番に「区」のつくオブジェクトのみが表示されるので，結果的に23区のみが表示され，他のオブジェクトは非表示になります。
④属性検索設定画面に戻るので，[OK]をクリックします。
⑤ [編集]>[非表示オブジェクト削除]を選択します。
属性データ編集(E)
マップエディタ(M)
非表示オブジェクト削除(D)
これにより，23 区以外のオブジェクトが削除され，表示されなくなります。
データ項目「CITY_NAME」を表示してみました。
CITY_NAME
⑥端の方に小さく表示されるので，［全体表示］をクリックします。23区が大きく表示されます。
全体表示
小地域の境界が細かく，全体が黒っぽくなるので，境界線を透明にします。

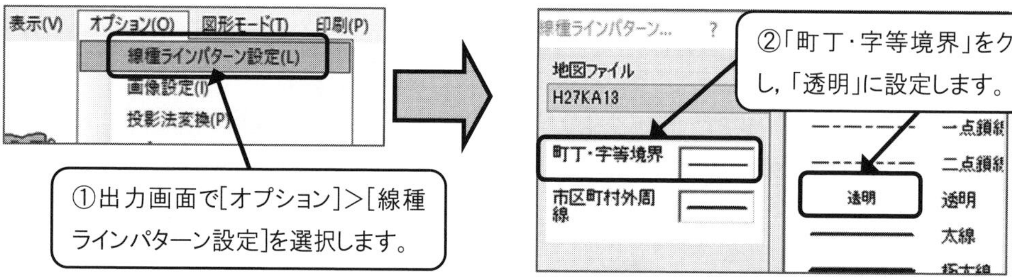

10.5 データを計算して地図化

取り込まれているデータ項目は人口や世帯数といった数を示すデータなので，記号の大きさモードなどで表示するのが適しています。しかし，東京都区部の小地域データでは，地域単位が多数にのぼるため，記号で埋め尽くされてわかりにくい地図になってしまいます。そこで，面積の影響を受けない密度や割合をデータ計算機能で計算して求め，地図化します。ここでは次の 6 種類の値を計算します。

・人口密度
・一戸建居住世帯比率
・共同住宅 1・2 階建居住世帯比率
・共同住宅 3～5 階建居住世帯比率
・共同住宅 6～10 階建居住世帯比率
・共同住宅 11 階建以上居住世帯比率

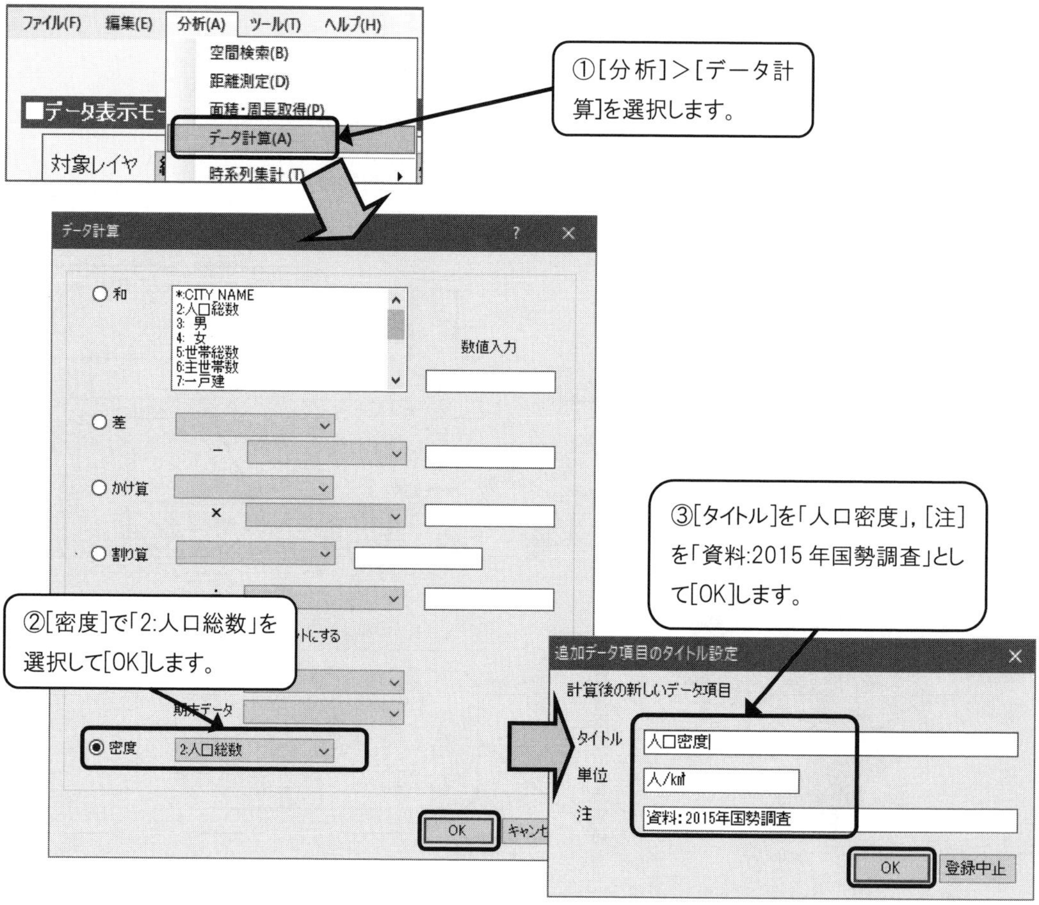

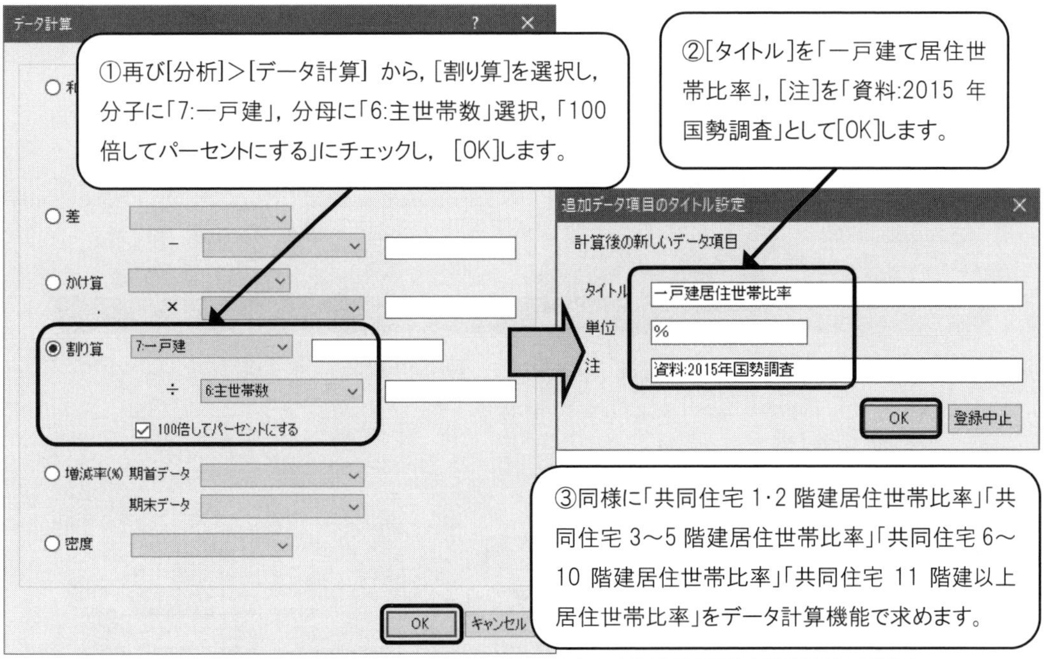

①再び[分析]>[データ計算] から，[割り算]を選択し，分子に「7:一戸建」，分母に「6:主世帯数」選択，「100倍してパーセントにする」にチェックし， [OK]します。

②[タイトル]を「一戸建て居住世帯比率」，[注]を「資料:2015 年国勢調査」として[OK]します。

③同様に「共同住宅 1･2 階建居住世帯比率」「共同住宅 3～5 階建居住世帯比率」「共同住宅 6～10 階建居住世帯比率」「共同住宅 11 階建以上居住世帯比率」をデータ計算機能で求めます。

④ペイントモードで階級区分値を次のように設定します。
　「15:人口密度」分割数 7，区分値 30000,20000,15000,10000,5000,1000
　「16:一戸建居住世帯比率」分割数 5,区分値 40,30,20,10
色はペイントモードの設定画面の[カラーチャート]から，わかりやすいものを選びましょう。

17 番以降のデータ項目の設定は，16 番の設定をコピーします。

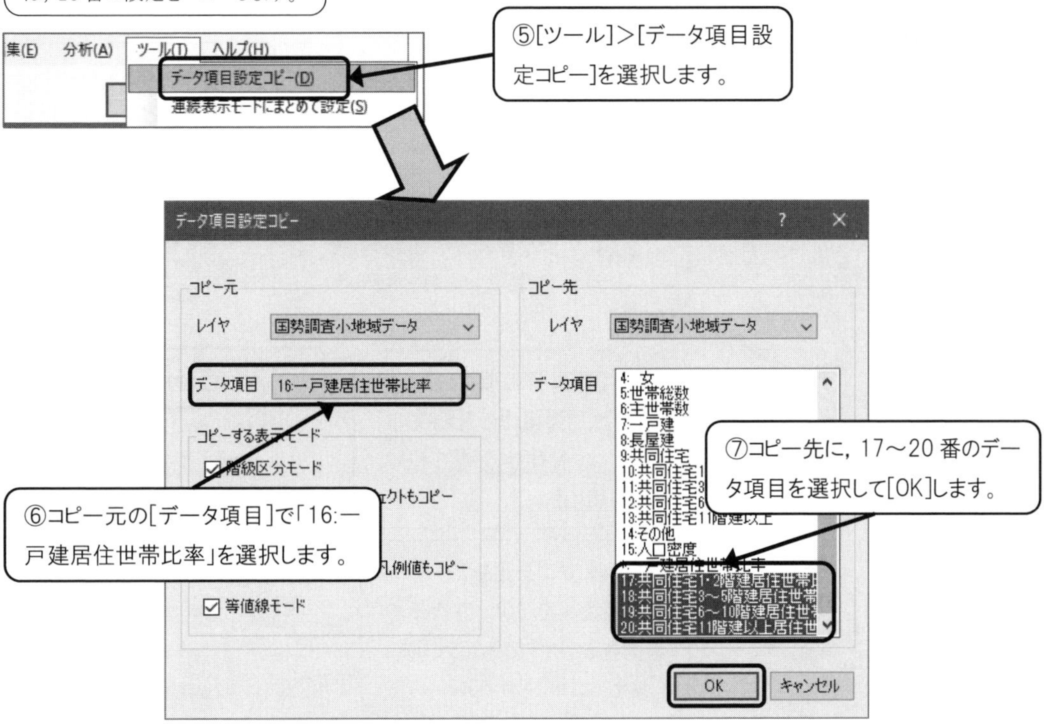

⑤[ツール]>[データ項目設定コピー]を選択します。

⑥コピー元の[データ項目]で「16:一戸建居住世帯比率」を選択します。

⑦コピー先に，17～20 番のデータ項目を選択して[OK]します。

設定したデータ項目を連続表示モードで見てみましょう

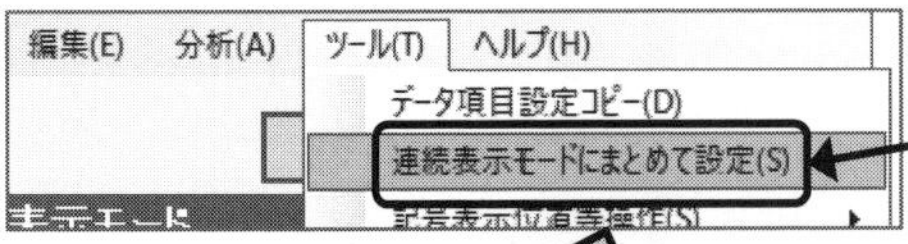

①[ツール]>[連続表示モードにまとめて設定]を選択します。

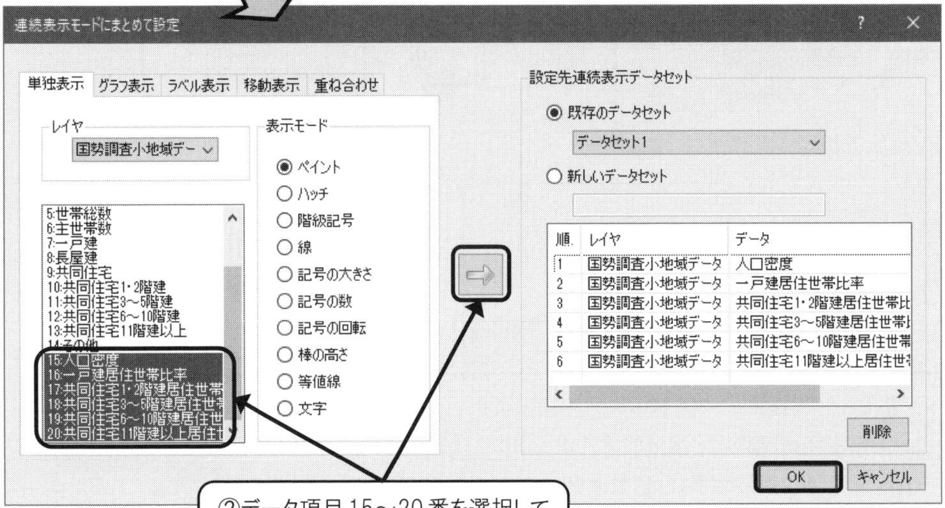

②データ項目15～20番を選択して右矢印をクリックし，[OK]します。

出力画面

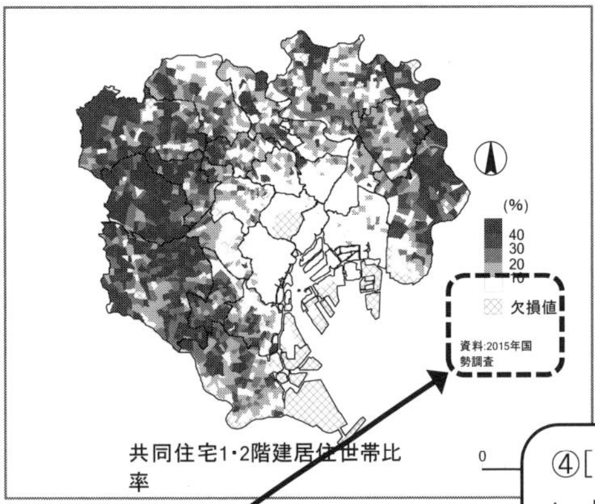

「欠損値」は主世帯数が0または秘匿値となっている地区です。文字を「欠損値」から「居住世帯なし」にかえてみます。

※連続表示モードの地図を切り替えるには，出力画面右下の矢印をクリックしてください【p.61】。

③出力画面で[オプション]>[オプション]を選択します。

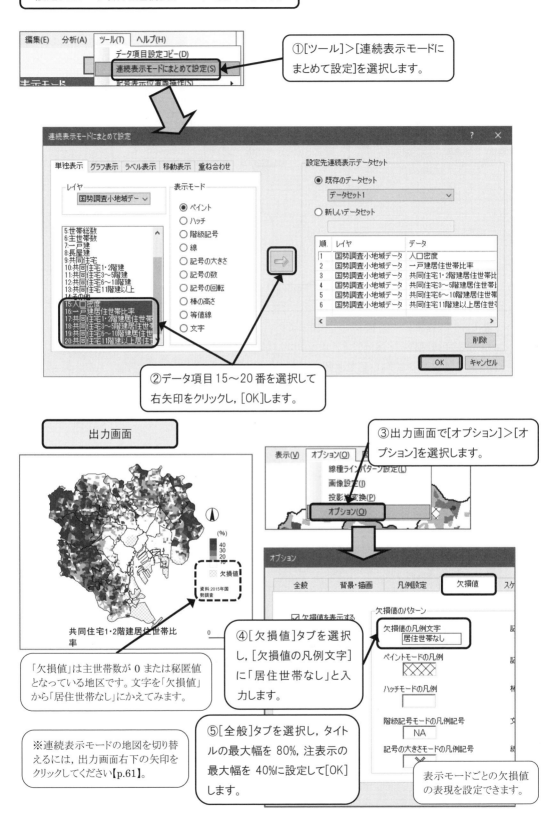

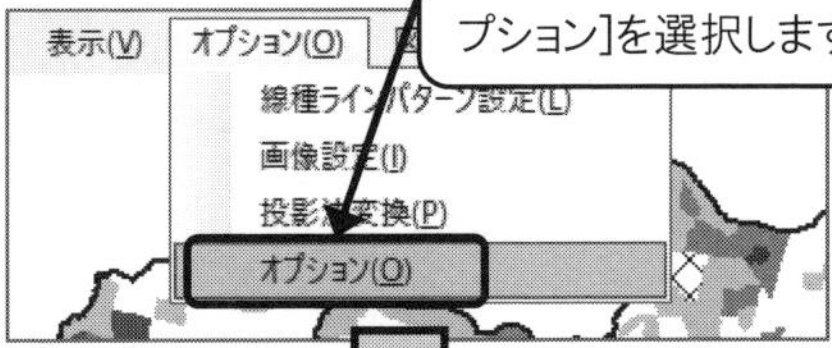

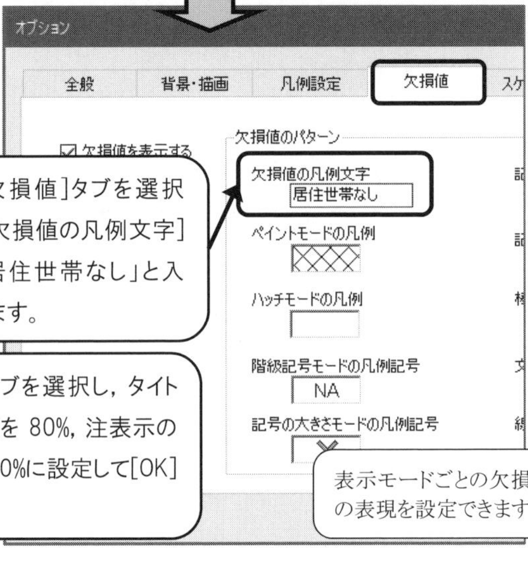

④[欠損値]タブを選択し，[欠損値の凡例文字]に「居住世帯なし」と入力します。

⑤[全般]タブを選択し，タイトルの最大幅を80%，注表示の最大幅を40%に設定して[OK]します。

表示モードごとの欠損値の表現を設定できます。

設定したデータ項目を連続表示モードで表示し，それぞれの違いを考えてみましょう。

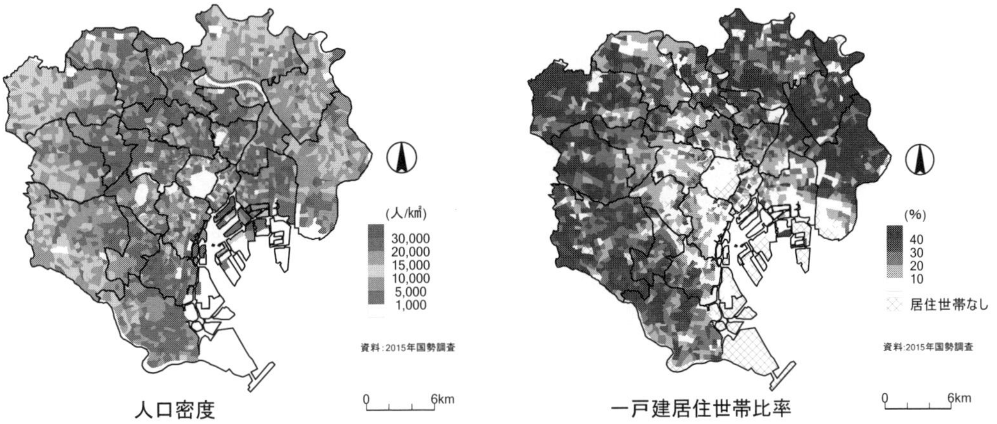

10.6 Leafletに出力

出力画面に表示した主題図を，第 7 章では KML ファイル，第 5 章では連続表示モードのファイル出力でさらに出力してきましたが，ここではインタラクティブに操作できるよう，Web 地図に重ねる形式で出力します。

①出力画面の[ファイル]>[Google マップ・Leaflet に出力]を選択します。

②[使用地図ライブラリ]で「Leaflet」を選択し，[出力ファイル]の[設定]から，出力する html ファイルを設定します。ここでは「tokyo2015.html」とします。

④ 幅を「800」，高さを「600」ピクセルにします。

③[タイトル]を「東京都の住宅の建て方別居住世帯数比率」とします。

⑤[ペイントモードで表示される〜]と[クリック時に〜]で 15 番から 20 番のデータ項目を選択し，[OK]します。

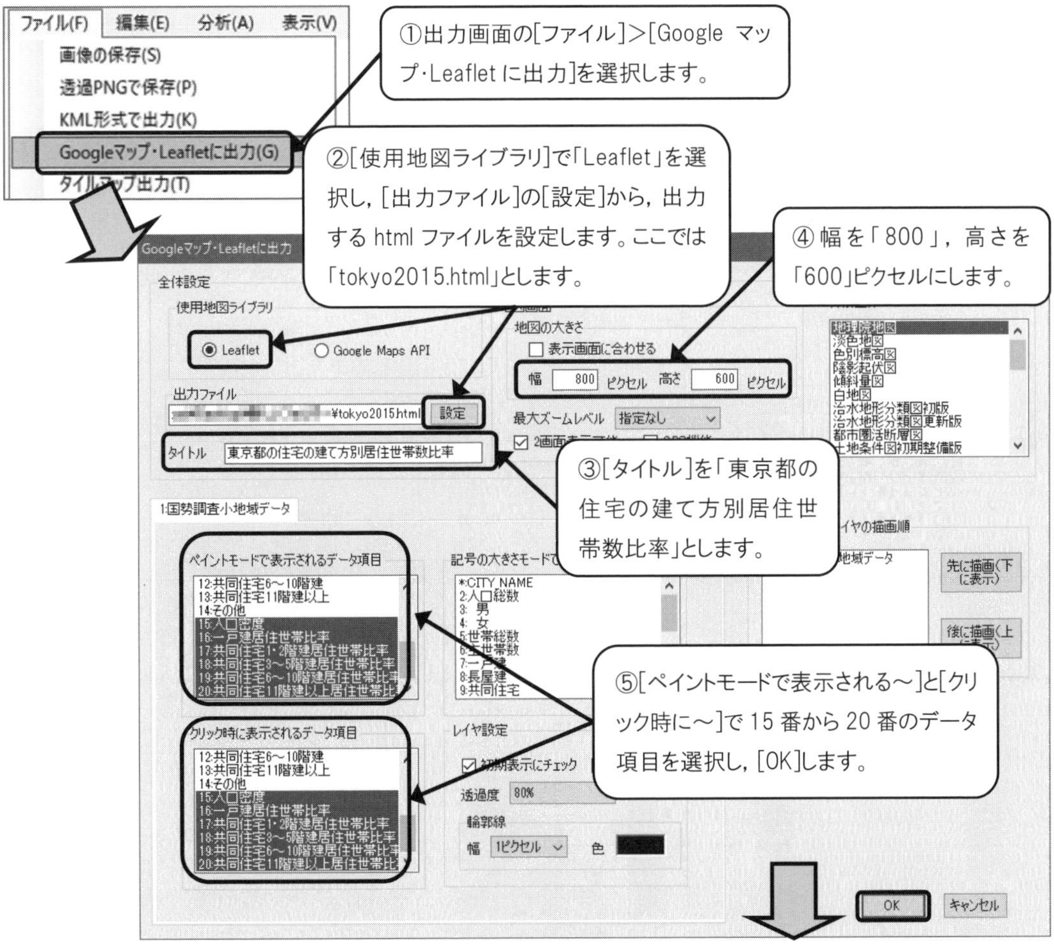

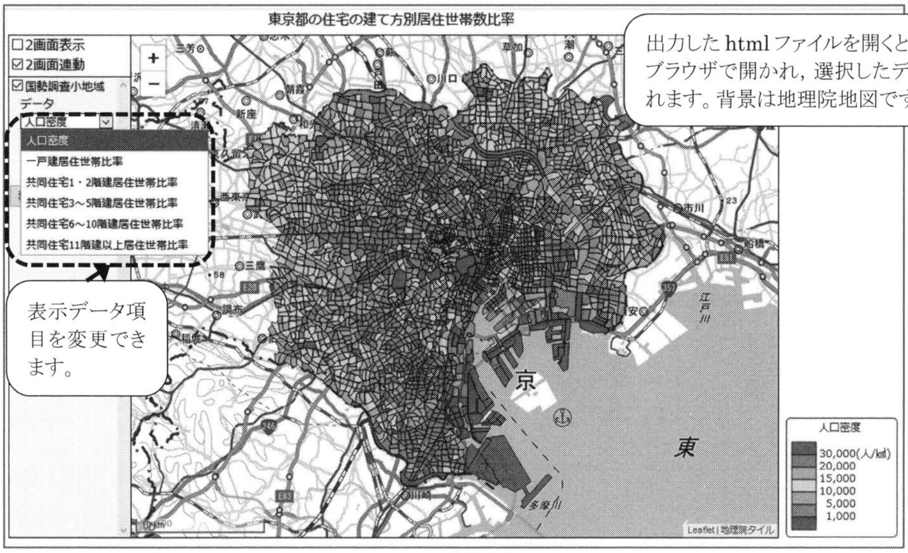

出力したhtmlファイルを開くと，既定のWebブラウザで開かれ，選択したデータが表示されます。背景は地理院地図です。

表示データ項目を変更できます。

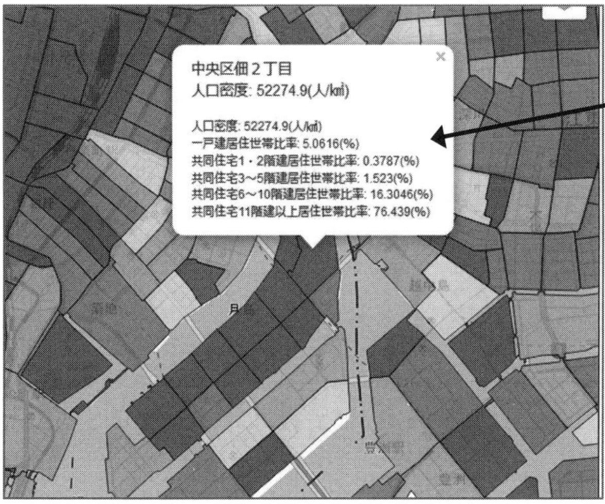

クリックするとデータ値が表示されます。

Leafletとは？

Leafletは馴染みのない方が多いかもしれませんが，Web地図サービスを動作させるオープンソースのライブラリのひとつです。無料で使えるため，国土地理院の「地理院地図」サイト，筆者の「今昔マップ on the web」サイトなど，幅広く使われています。Google Maps APIを使用した場合は，利用に登録が必要で，無料での使用に制限があります。

作成された２つのファイル

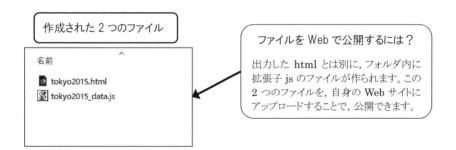

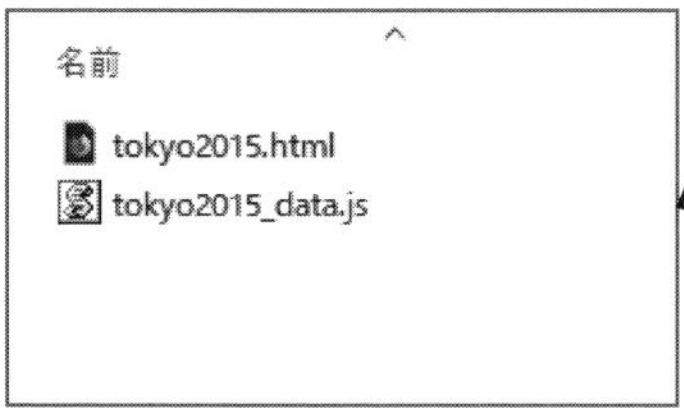

ファイルをWebで公開するには？

出力したhtmlとは別に，フォルダ内に拡張子jsのファイルが作られます。この２つのファイルを，自身のWebサイトにアップロードすることで，公開できます。

最後に，設定画面のファイルメニューからデータを保存します。シェープファイルを読み込んでいるので，地図ファイル付属形式【p.80】で保存されます。

第 11 章　マップエディタで地図ファイルを作ろう

本章の内容

① マップエディタで地図ファイルを見る
② 土地利用の境界データの作成（ライン編集モード）
③ 土地利用のオブジェクトの作成（オブジェクト編集モード）
④ 土地利用図の描画と面積の集計

ここまで MANDARA 付属の地図ファイルやシェープファイルを利用してきましたが，最後に第 11 章では，マップエディタで独自の土地利用図を作成し，地図ファイルとして保存，地図化します。

11.1　マップエディタで地図ファイルを見る

マップエディタでは地図ファイルを作成・編集し，保存することができます。まず，既存の地図ファイルを開いてみましょう。

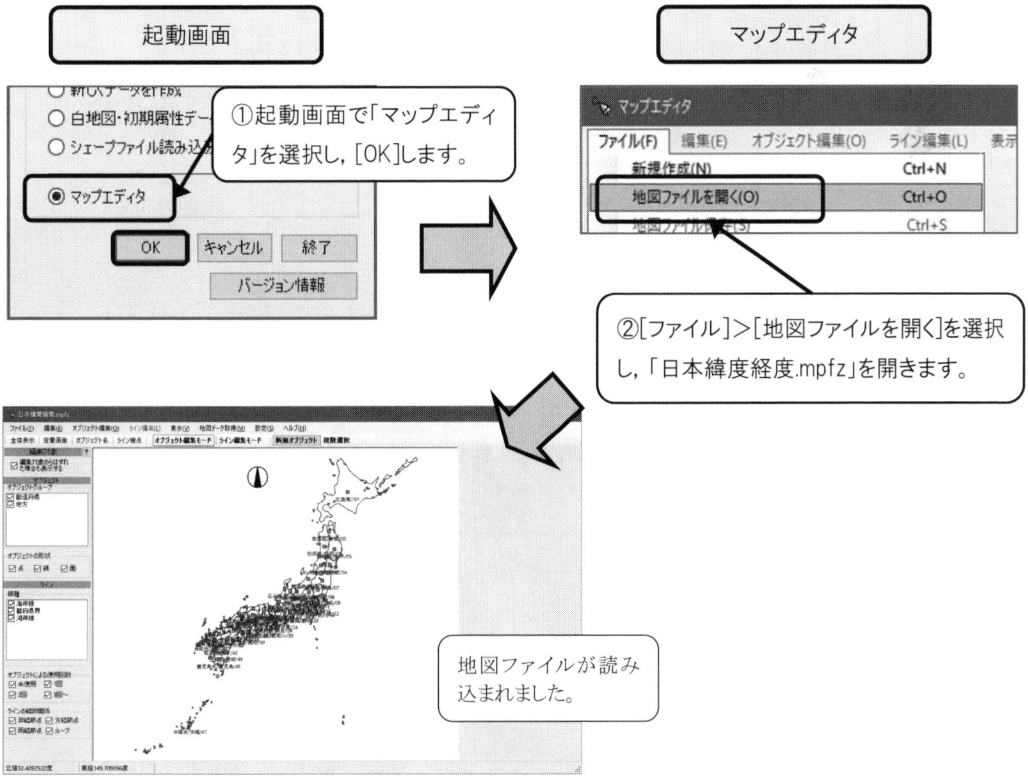

オブジェクト編集モード

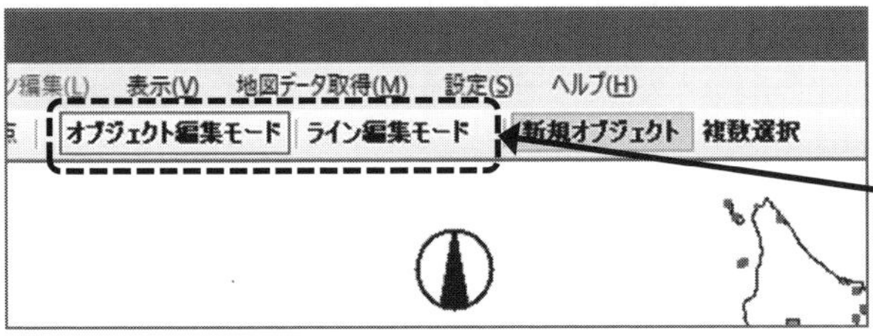

マップエディタでは，大きく「オブジェクト編集モード」と「ライン編集モード」の操作に分かれます。まずオブジェクト編集モードを見てみましょう。

「日本緯度経度.mpfz」ではひとつのオブジェクトに対し 3 つのオブジェクト名を設定しています。これを「オブジェクト名リスト」とよんでいます。

①拡大して任意の都道府県の緑色の■をクリックします。■の位置がオブジェクトの代表点です。

オブジェクトが所属するオブジェクトグループです。

「オブジェクト番号」はオブジェクトが登録された順番です。「形状」は点・線・面のどれかになります。「ライン数」はオブジェクトを構成するラインの数で，埼玉県は 7 本のラインで外周線が構成されていることがわかります。

②赤い線のひとつをクリックすると，選択から外れます。黒い線をクリックすると，オブジェクトの使用ラインに追加されます。

「形状」が線になりました。

③オブジェクト編集を試したところで[キャンセル]をクリックします。

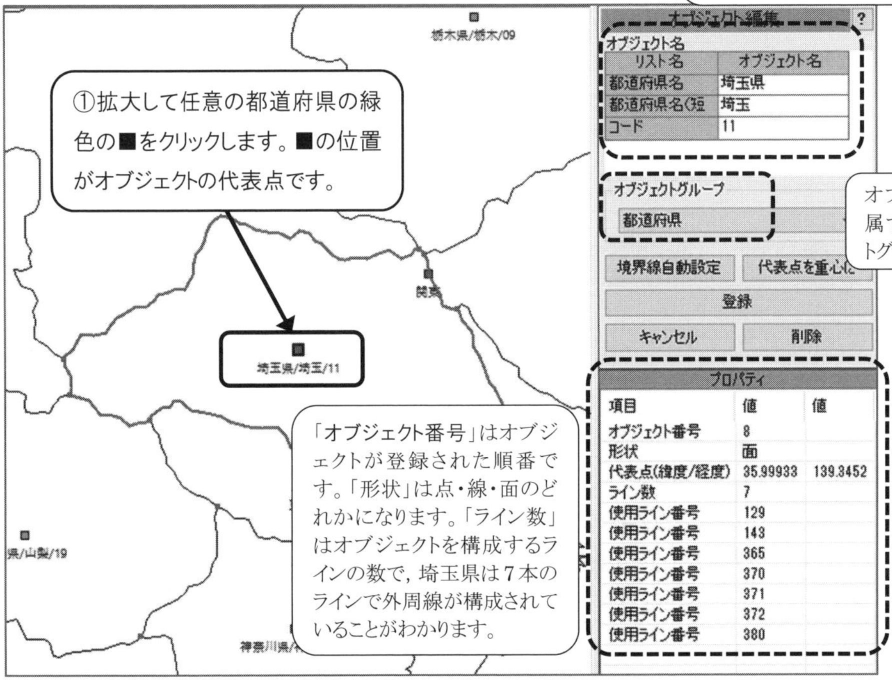

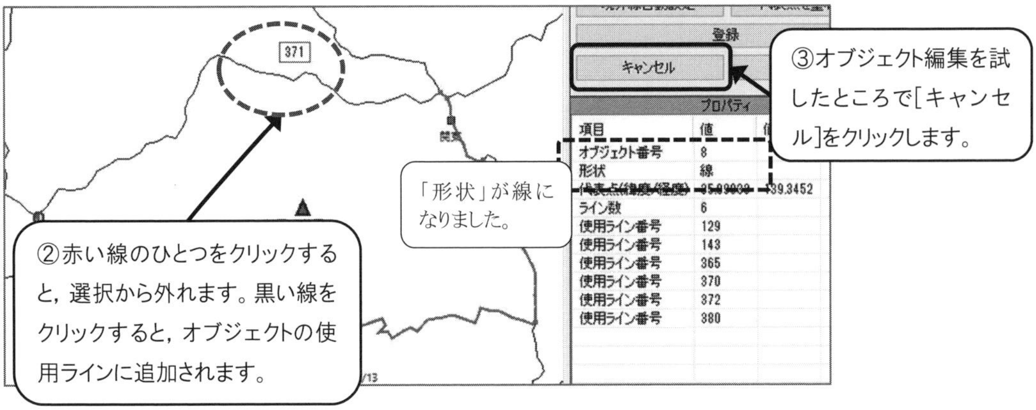

ライン編集モード

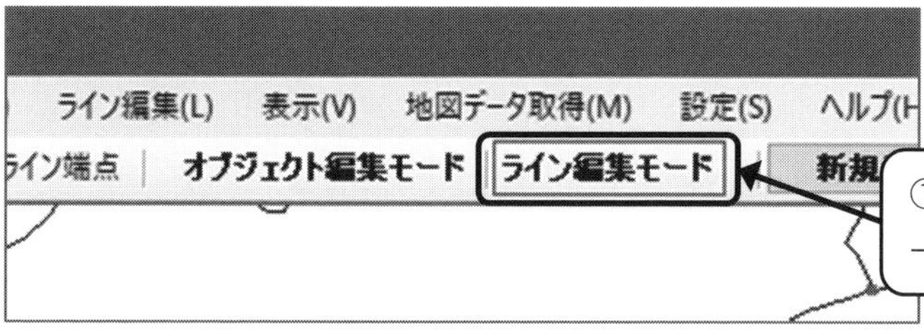

①次は[ライン編集モード]をクリックします。

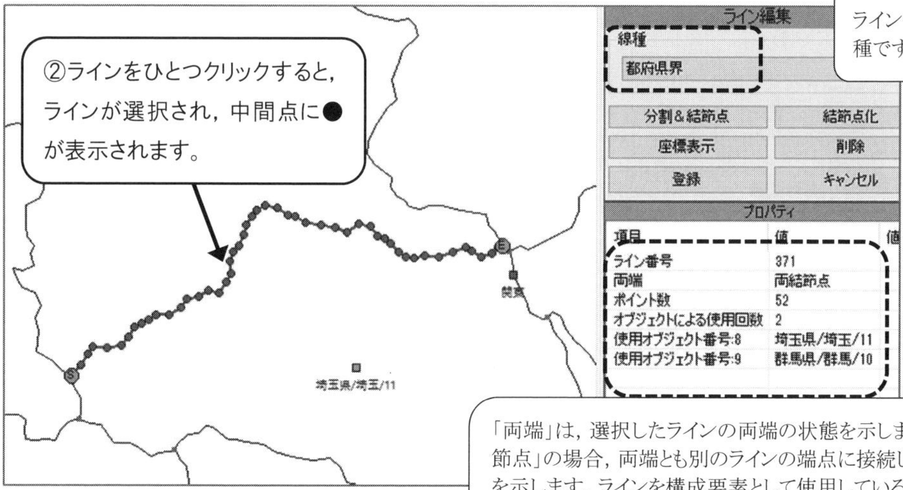

②ラインをひとつクリックすると，ラインが選択され，中間点に●が表示されます。

ラインが属する線種です。

「両端」は，選択したラインの両端の状態を示します。「両結節点」の場合，両端とも別のラインの端点に接続していることを示します。ラインを構成要素として使用しているオブジェクトは，「オブジェクトによる使用回数」でわかり，「2」とは埼玉県と群馬県です。このように，隣接する面形状のオブジェクトは境界ラインを共有しており，このような隣接関係を持つデータの構造を位相構造といいます。一方，シェープファイルはラインを共有せず，一周分の座標を持っています。

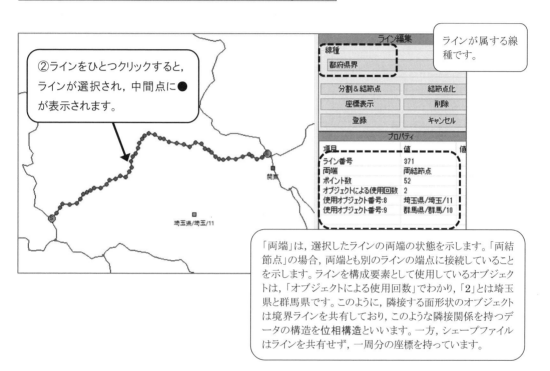

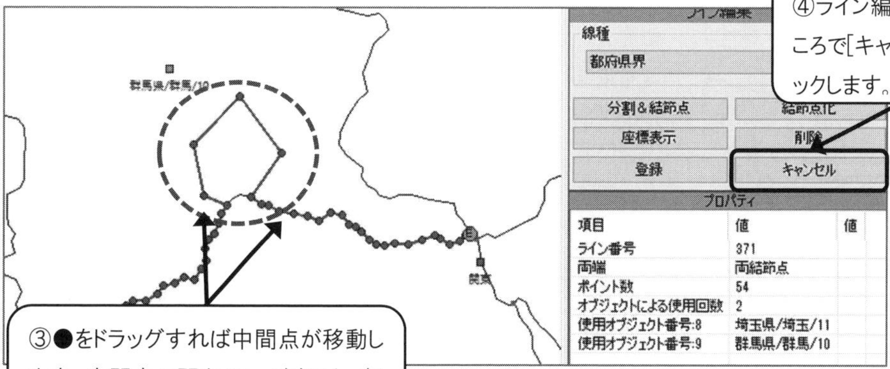

④ライン編集を試したところで[キャンセル]をクリックします。

③●をドラッグすれば中間点が移動します。中間点の間をドラッグすると，新たな中間点が作られます。

11.2 土地利用の境界データの作成

ここでは空中写真を背景に，狭い範囲の土地利用図を作ることで，マップエディタでの地図データの作成方法を学習しましょう。元となるシェープファイル等の何らかのデータを修正して作る方法もありますが，ここでは一から作っていきます。

作成する地図

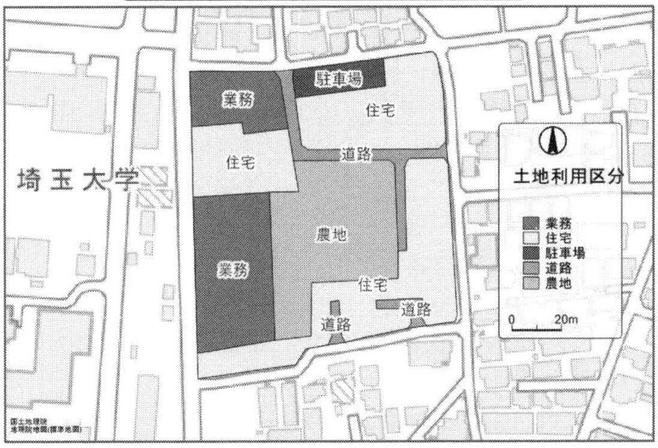

今回はこのような土地利用図を作成します。地味な作業ですが，土地利用ごとに面形状のオブジェクトを作成することで，土地利用ごとの面積を求めることができます。場所はさいたま市桜区の一部です。

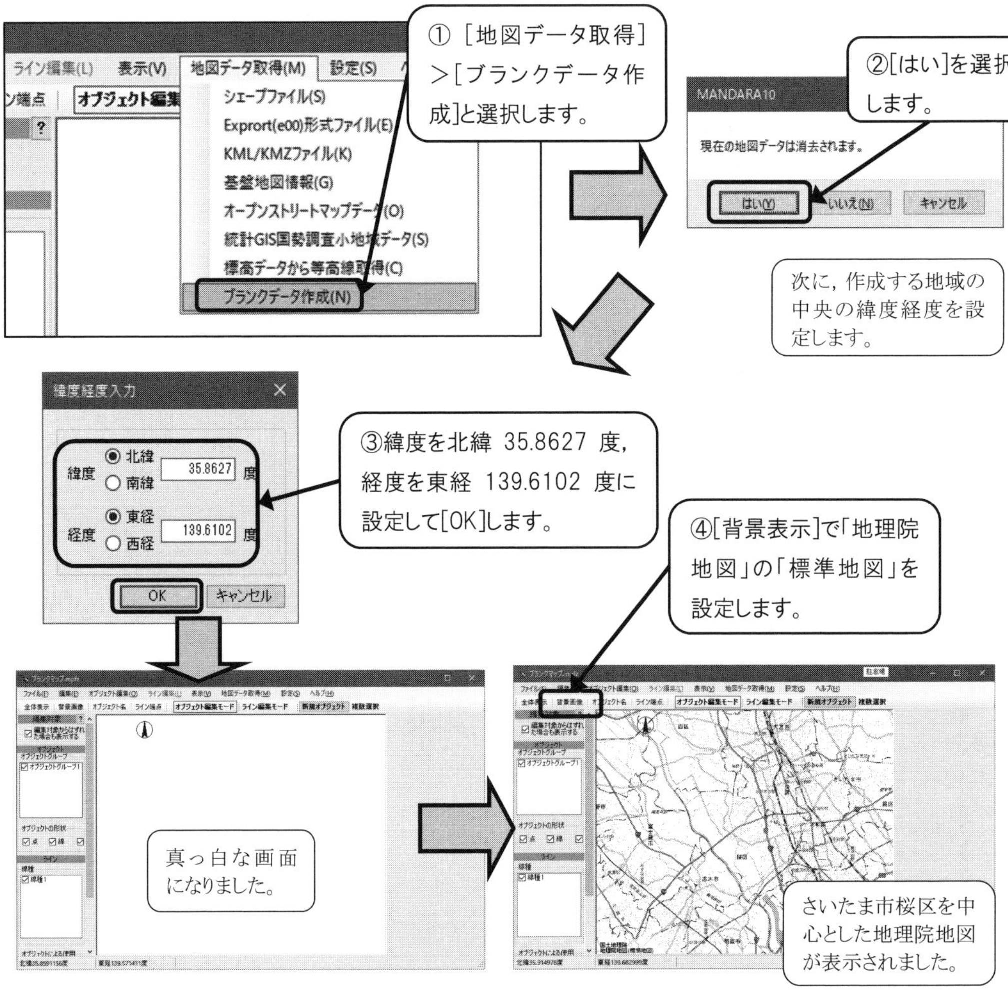

線種設定とオブジェクトグループ設定

まずベースとなる線種設定とオブジェクトグループ設定を行います

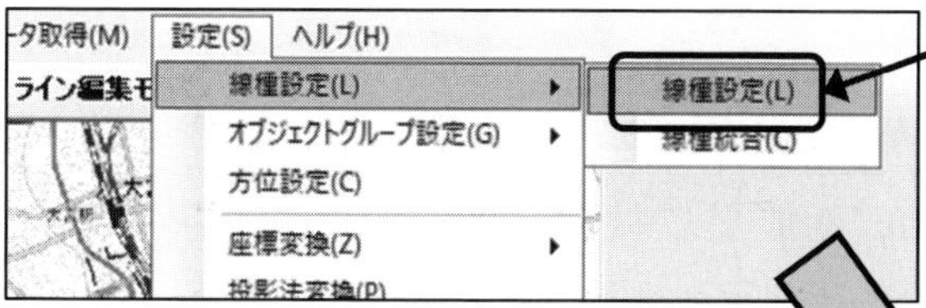

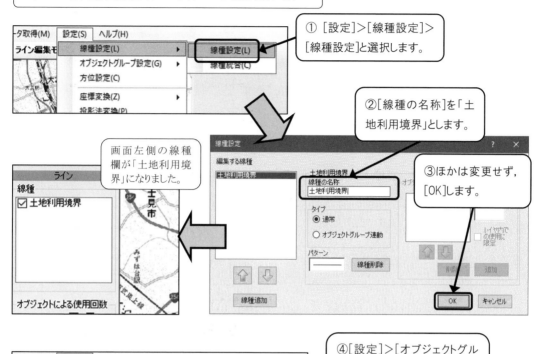

① [設定]>[線種設定]>[線種設定]と選択します。

②[線種の名称]を「土地利用境界」とします。

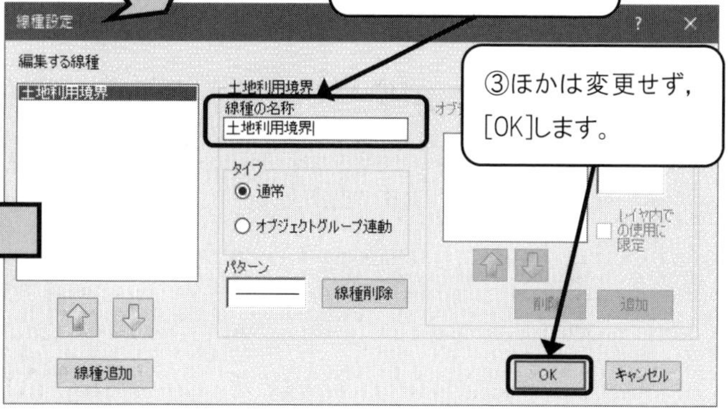

③ほかは変更せず，[OK]します。

画面左側の線種欄が「土地利用境界」になりました。

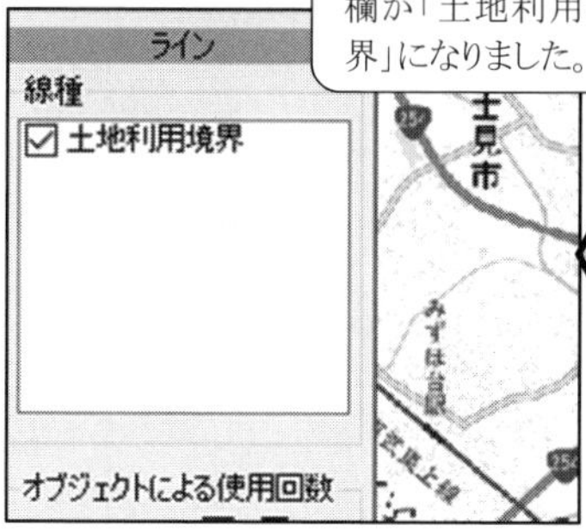

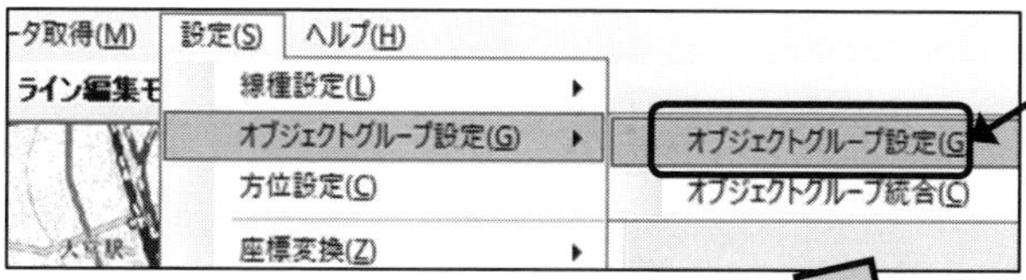

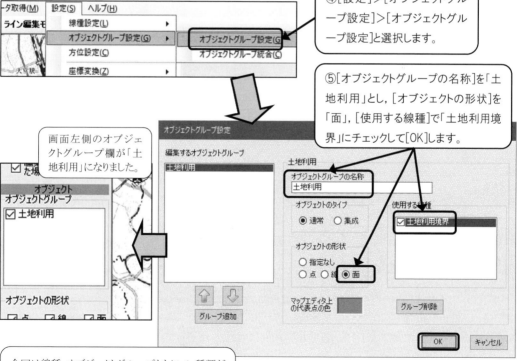

④[設定]>[オブジェクトグループ設定]>[オブジェクトグループ設定]と選択します。

⑤[オブジェクトグループの名称]を「土地利用」とし，[オブジェクトの形状]を「面」，[使用する線種]で「土地利用境界」にチェックして[OK]します。

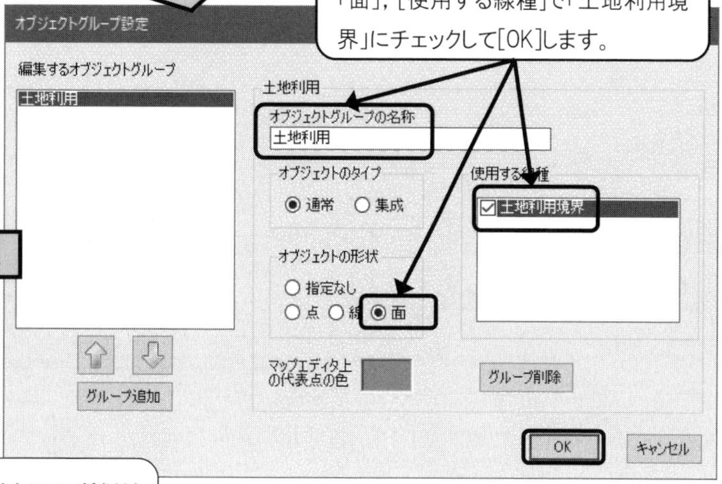

画面左側のオブジェクトグループ欄が「土地利用」になりました。

今回は線種・オブジェクトグループともに 1 種類だけです。複雑な地図ファイルでは，複数の線種，複数のオブジェクトグループを設定できます。

土地利用境界ラインの作成

さっそく，土地利用境界となるラインを作成します。

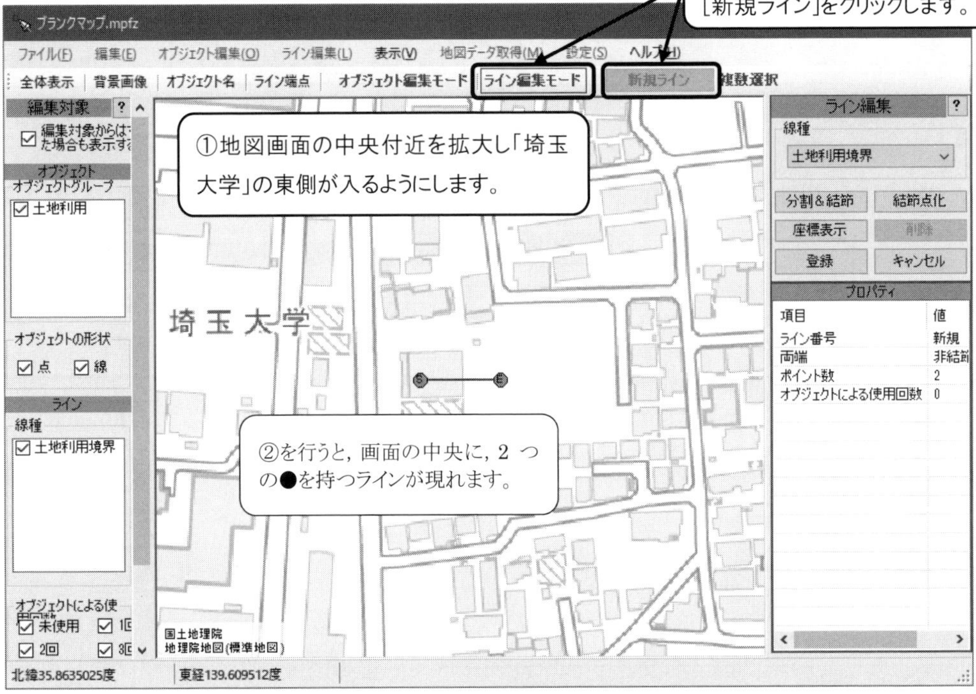

①地図画面の中央付近を拡大し「埼玉大学」の東側が入るようにします。

②[ライン編集モード]を選択し，[新規ライン]をクリックします。

②を行うと，画面の中央に，2つの●を持つラインが現れます。

外周ラインの作成

③片方のポイントをドラッグして，街区の北西隅に移動します。

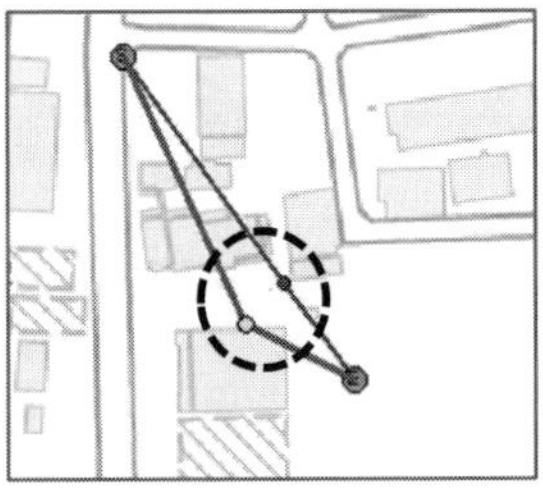

④線分の間をドラッグすると新しいポイントができるので，そのままドラッグして南西の隅に移動します。

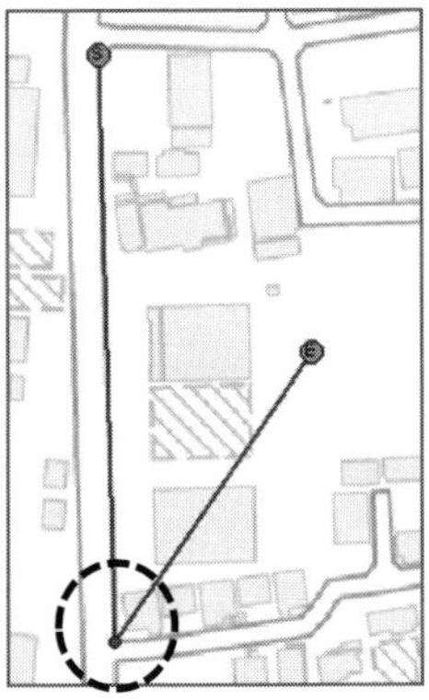

⑤同様に，ポイントを追加して，周囲の道路がカーブする箇所に合わせていきます。

ラインの終点と始点を一致させてループにします。ドラッグでは完全に同じ座標にできないので，右クリックメニューで行います。

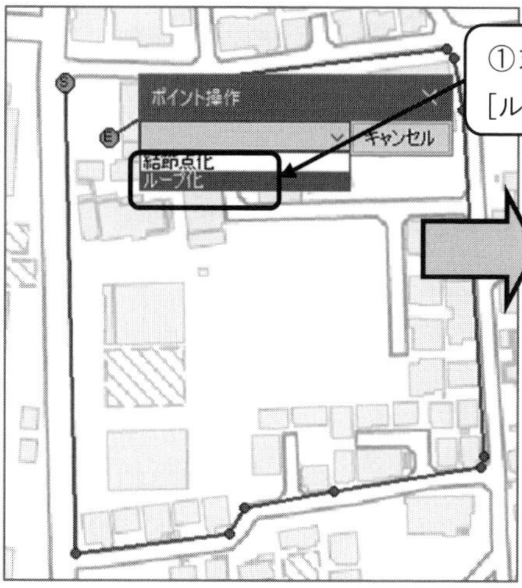

①末端のポイントで右クリックし[ループ化]を選択します。

②[登録]をクリックします。

始点の位置に終点が移動し，右側パネルで「両端」が「ループ」になりました。

道路外縁ラインの作成

次に，内側の道路の外縁ラインを作ります。

③[新規ライン]で，ひとつの道路の外縁ラインを作ります。この段階では，「両端」は「非結節点」で外周ラインと接続していません。

「分割＆結節点」機能は，非結節点の末端を，最寄りのラインと結合させ，結節点とする機能です。末端が少し移動し，外周線と合わさり，「両端」が「両結節点」となったことがわかります。

④[分割＆結節点]をクリックします。

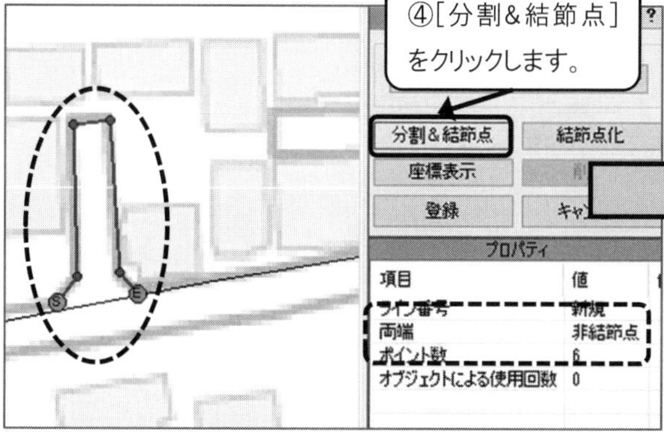

⑤[登録]をクリックします。

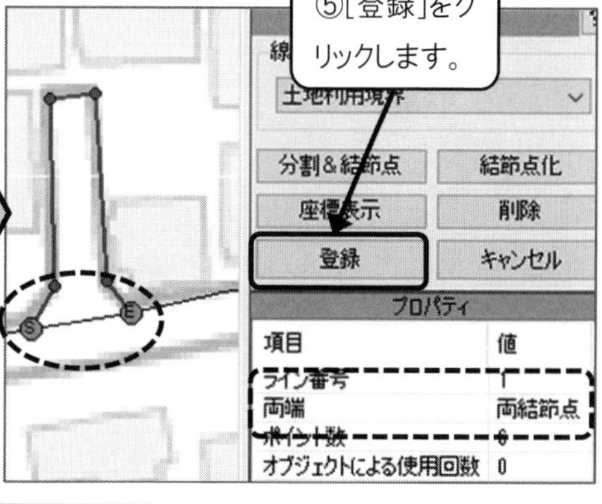

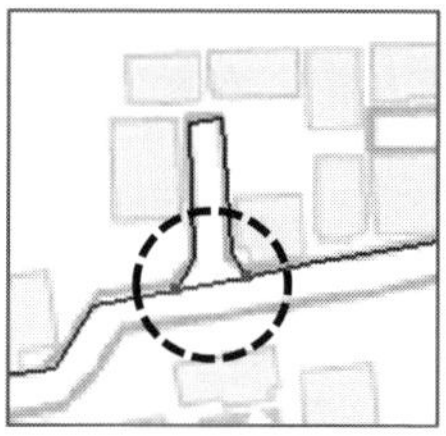

「分割&結節点」を行って登録すると，赤い点がライン上に表示されます。

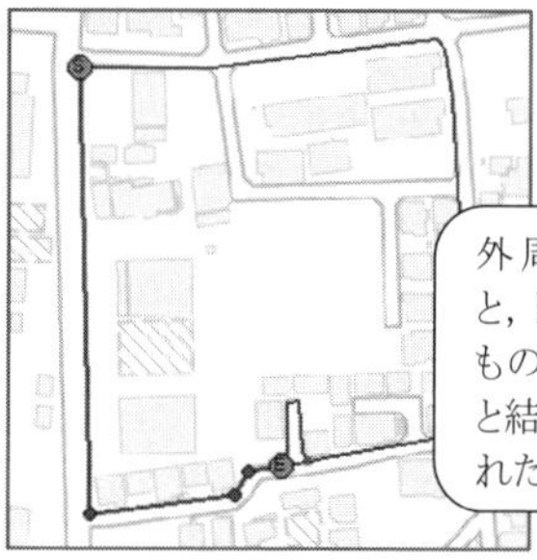

外周ラインを選択すると，当初はループだったものが，道路外縁ラインと結合した箇所で分割されたことがわかります。

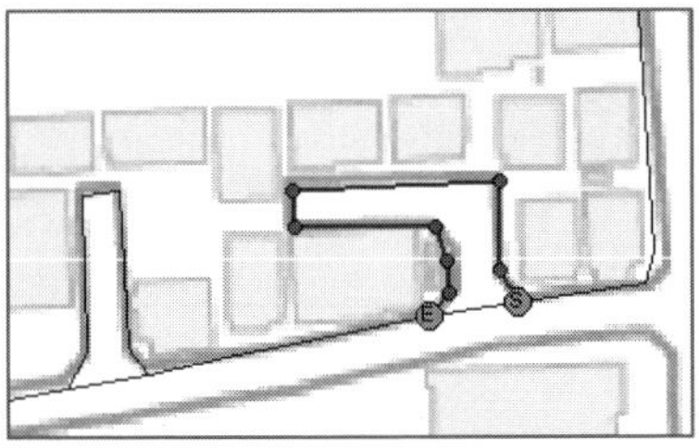

①同様に，他の道路外縁ラインを作っていきます。北東の道路は，行き止まりではないので，道路の両縁それぞれのラインを作成します。

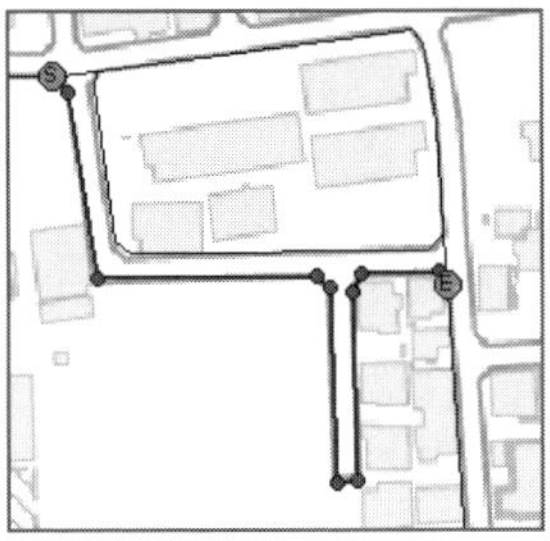

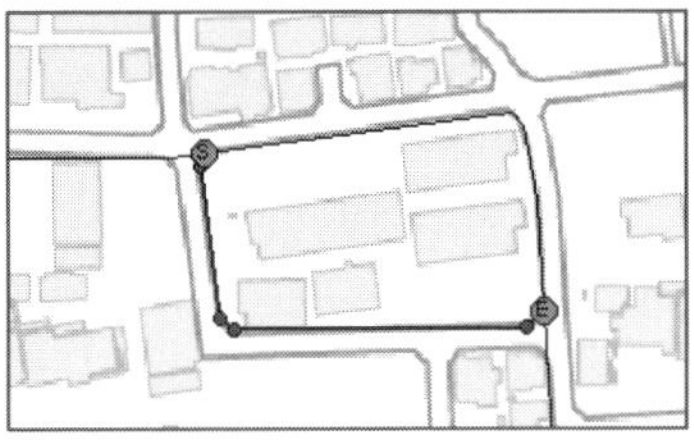

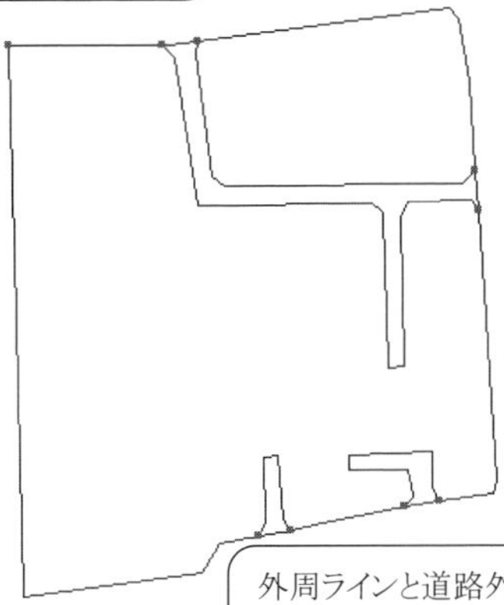

外周ラインと道路外縁ラインだけ表示するとこのようになります。

土地利用境界ラインの作成

次に，空中写真をトレースして，土地利用境界のラインを作ります。土地利用の区分は，業務，住宅，駐車場，農地の 4 種類とします。

②[背景画像]をクリックし，背景画像設定画面を表示します。

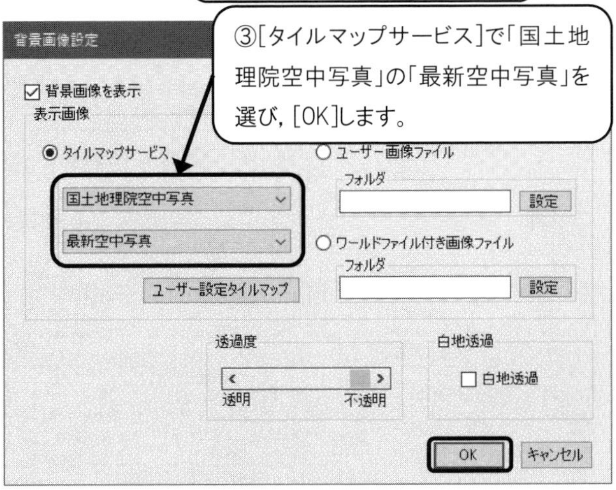

③[タイルマップサービス]で「国土地理院空中写真」の「最新空中写真」を選び，[OK]します。

最新空中写真の撮影時期は？

ここで使う「最新空中写真」の撮影時期は，地理院地図サイト（https://maps.gsi.go.jp）で調べることができます。[年代別の写真]＞[全国最新写真]＞[撮影期間]と選んで，調べたい地域を表示し，画面上をクリックします。現在データを作成している地域の空中写真は，2019 年 6 月～10 月に撮影されたものだとわかります。

地理院地図サイト

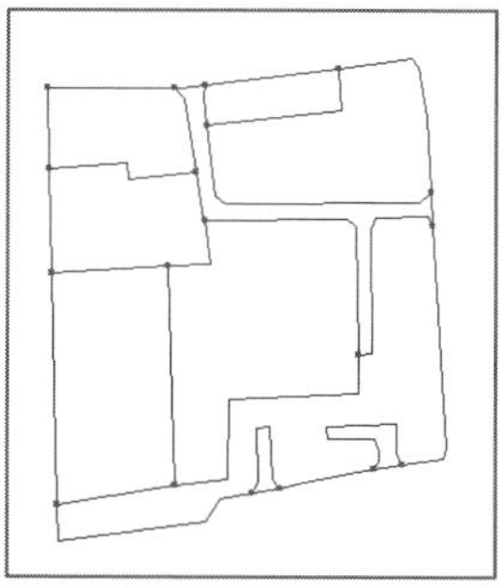

前ページの地図と背景の空中写真を見ながら，ラインの新規作成，ポイントの移動，分割&結節点，登録を繰り返します。間違えて登録した場合は，メニューの[編集]＞[元に戻す]を行ってください。

この図のようなラインで，すべて両結節点になれば，ライン編集は終了です。

両結節点になっているかどうか確認しましょう。

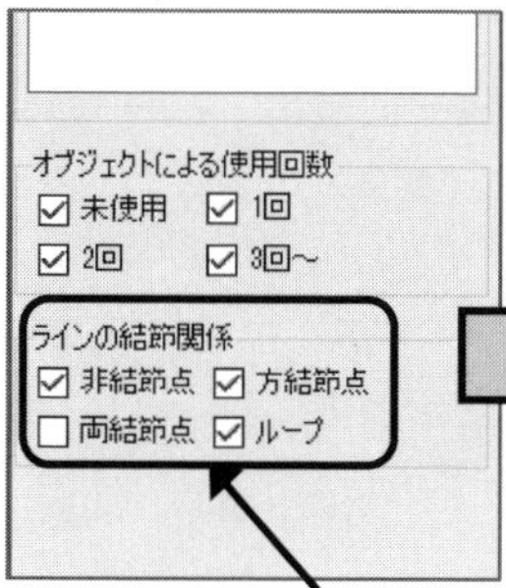

①画面左下[ラインの結節関係]で「両結節点」のチェックを外します。

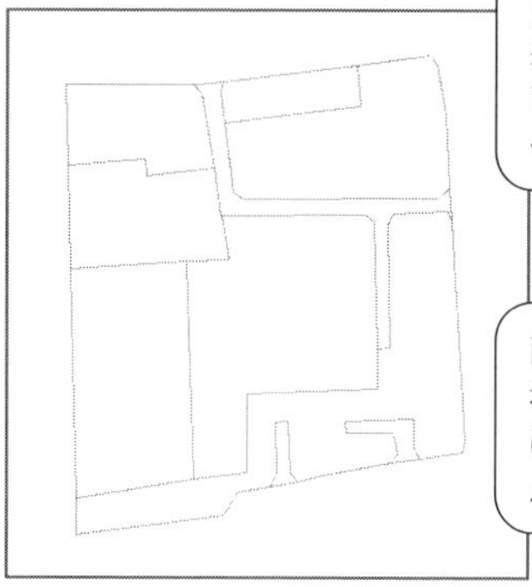

両結節点のラインの場合は，グレーで表示され，選択できなくなります。確認したら，再び「両結節点」にチェックしてください。

両結節点以外のラインがあった場合，選択し，結節点になるように「分割&結節点」または「結節点化」を行って登録します。

11.3　土地利用のオブジェクトの作成

境界データができたところで，区域ごとの土地利用データを入れるオブジェクトを作成します。まず，オブジェクト名リストの名称と，土地利用情報を入れる初期属性データのデータ項目を設定します。

②[オブジェクト編集モード]を選びます。

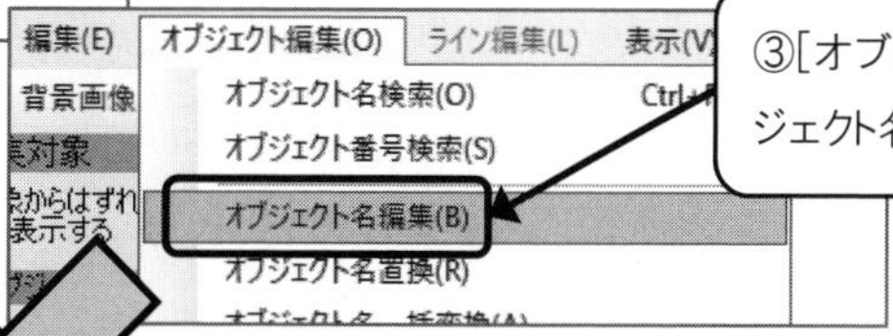

③[オブジェクト編集]＞[オブジェクト名編集]と選びます。

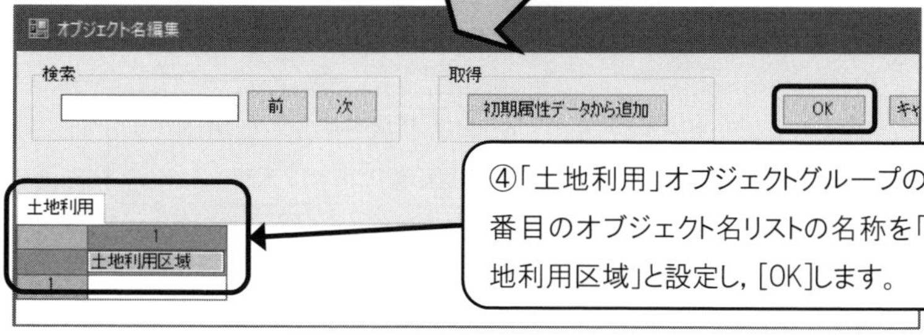

④「土地利用」オブジェクトグループの 1 番目のオブジェクト名リストの名称を「土地利用区域」と設定し，[OK]します。

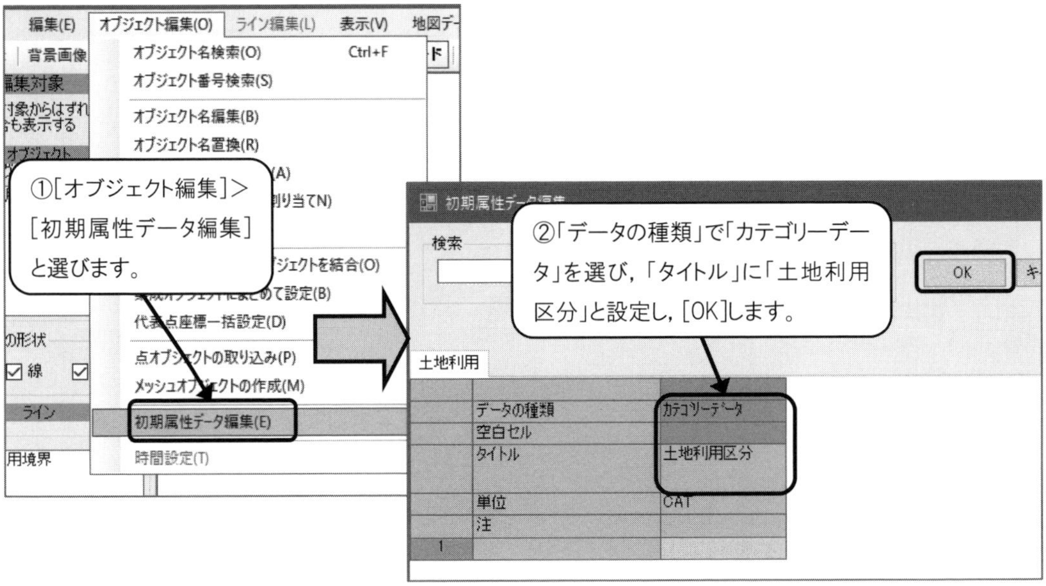

オブジェクトの作成

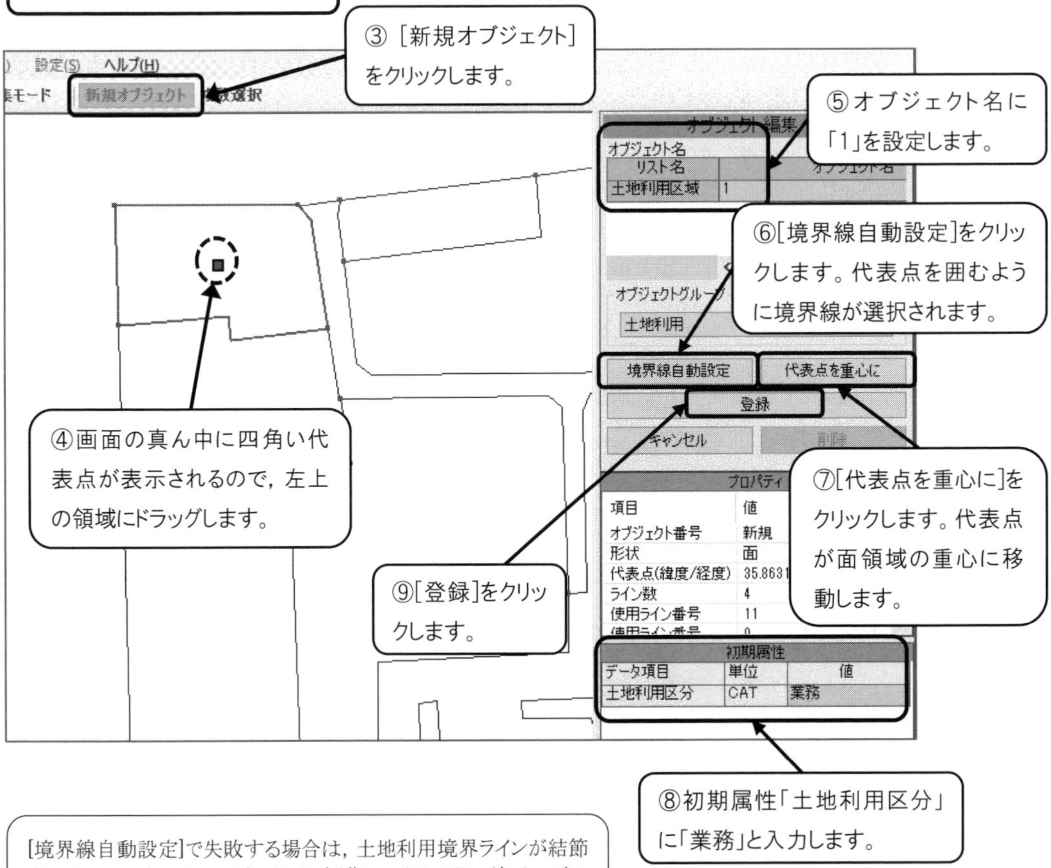

[境界線自動設定]で失敗する場合は，土地利用境界ラインが結節点になっていないためです。ライン編集モードに戻り，前ページの方法で両結節点でないラインを探して修正してください。

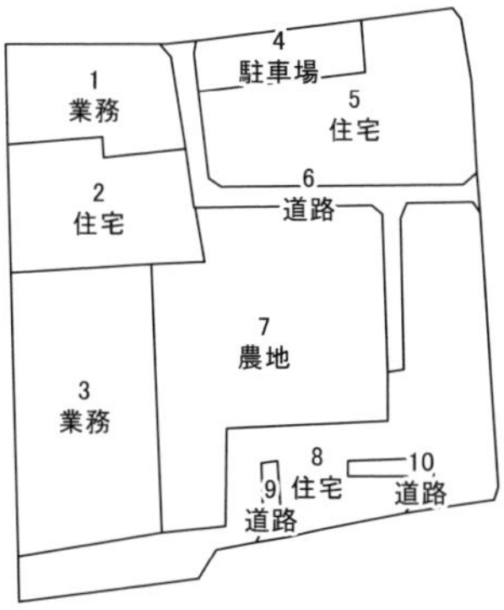

①この図のように，10 ヶ所の土地利用区域ごとに，オブジェクト名，境界線，初期属性を設定していきます。

数字はオブジェクト名として設定します。

②マップエディタで初期属性を確認するため，[表示]>[初期属性表示]と選びます。

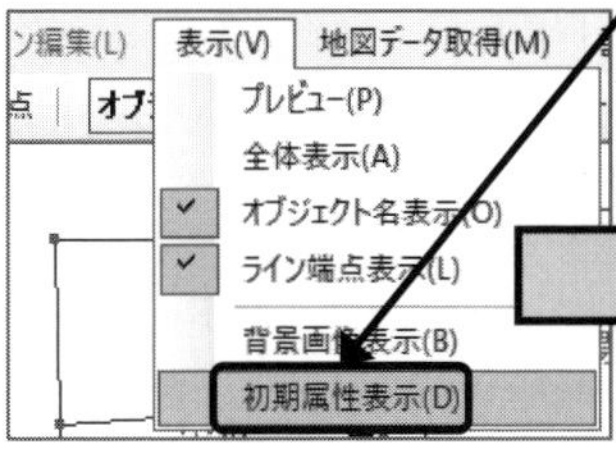

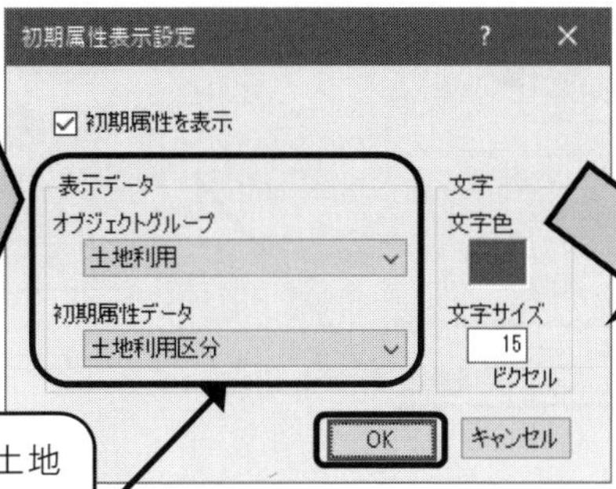

③[オブジェクトグループ]を「土地利用」，[初期属性データ]を「土地利用区分」として[OK]します。

土地利用が間違っていたら，当該オブジェクトを選択して修正してください。

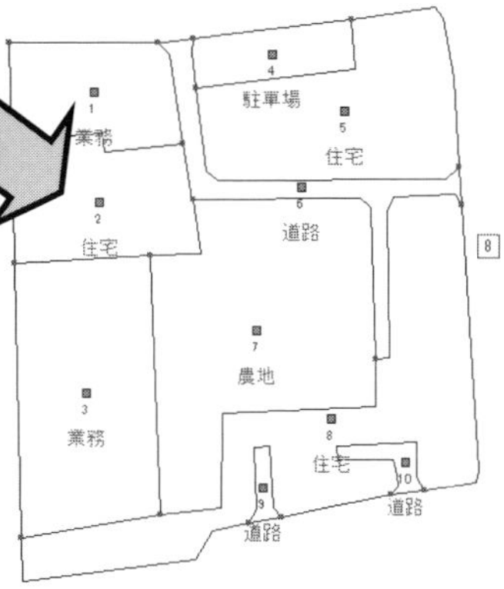

地図ファイルの保存

最後に地図ファイルを保存します。

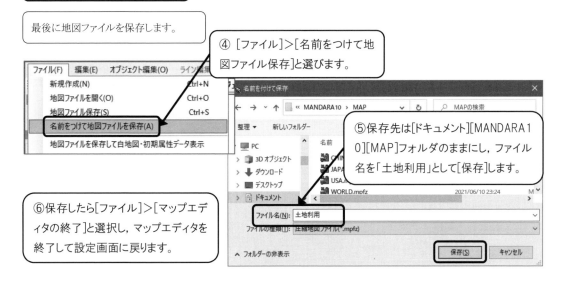

④ [ファイル]>[名前をつけて地図ファイル保存]と選びます。

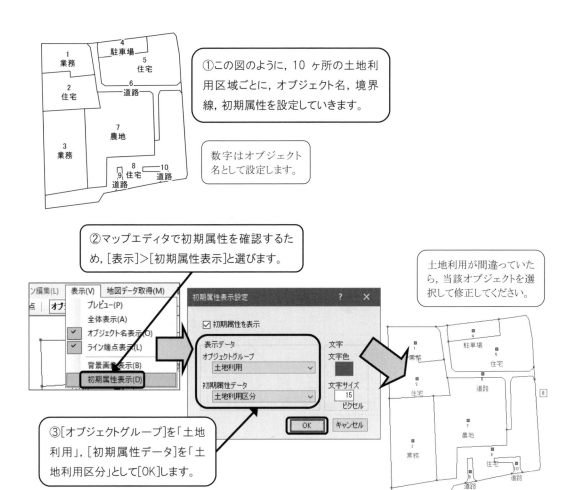

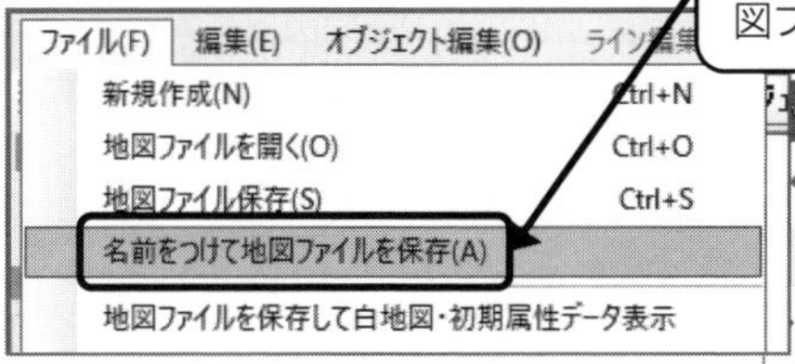

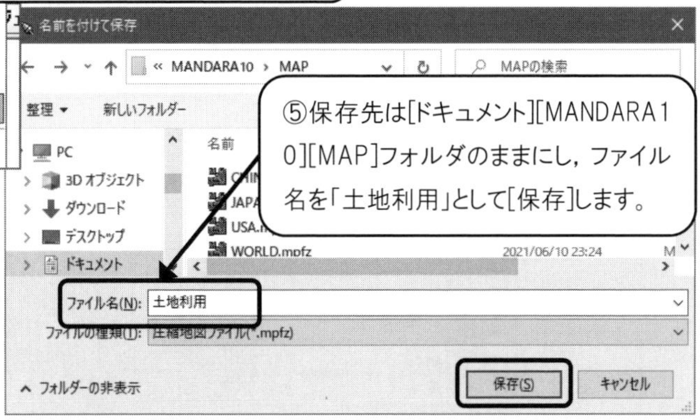

⑤保存先は[ドキュメント][MANDARA10][MAP]フォルダのままにし，ファイル名を「土地利用」として[保存]します。

⑥保存したら[ファイル]>[マップエディタの終了]と選択し，マップエディタを終了して設定画面に戻ります。

11.4　土地利用図の描画と面積の集計

作成した地図ファイル「土地利用.mpfz」を白地図・初期属性データ表示機能で表示し，土地利用ごとの面積を集計しましょう。

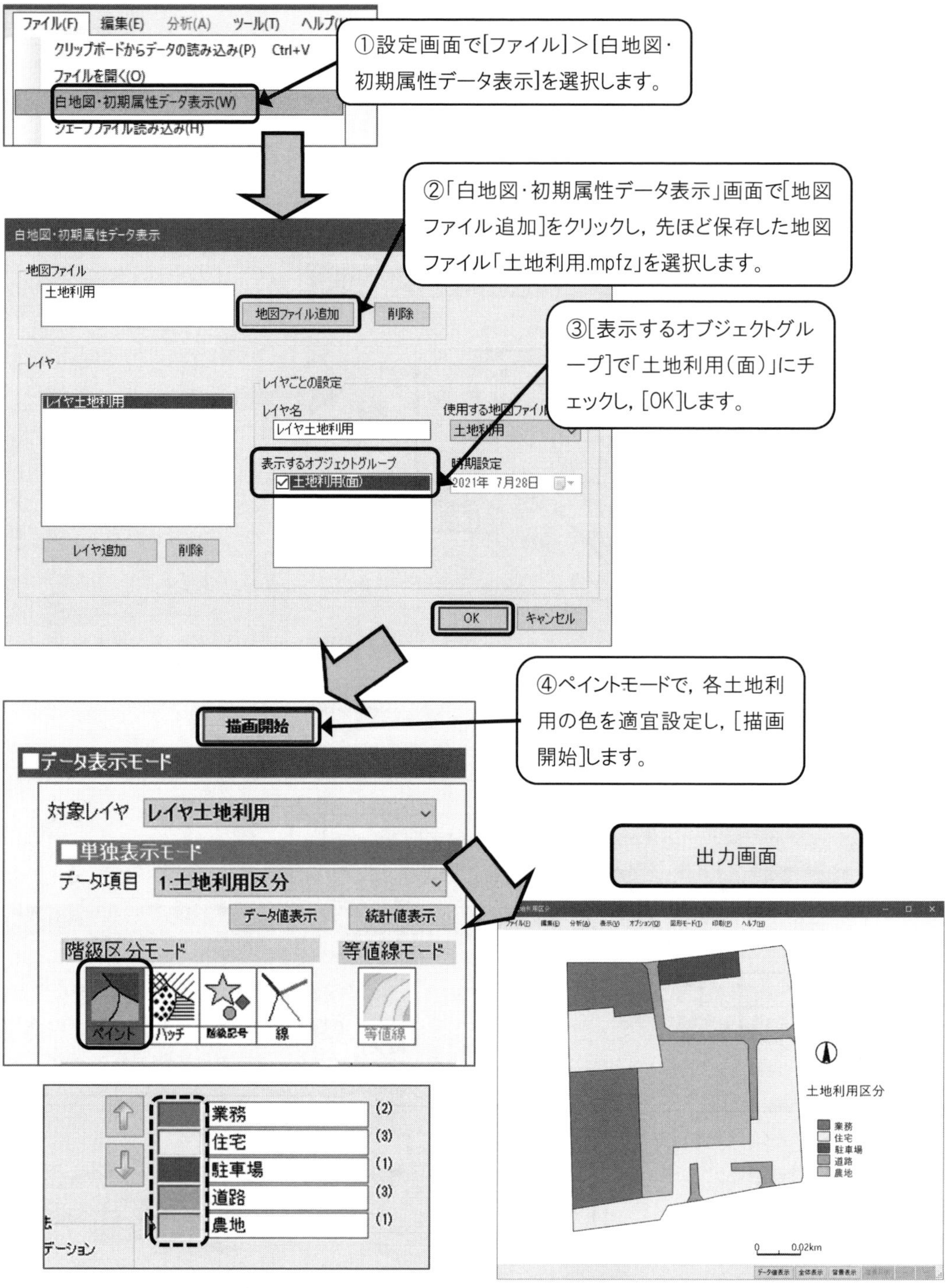

スケールバーの単位設定

スケールバーが 0.02km と細かいので，単位を km から m に変更します。

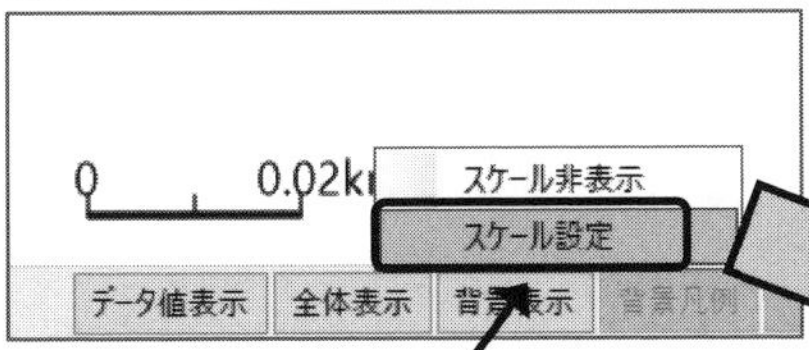

①スケールバーの上で右クリックし，[スケール設定]を選択します。

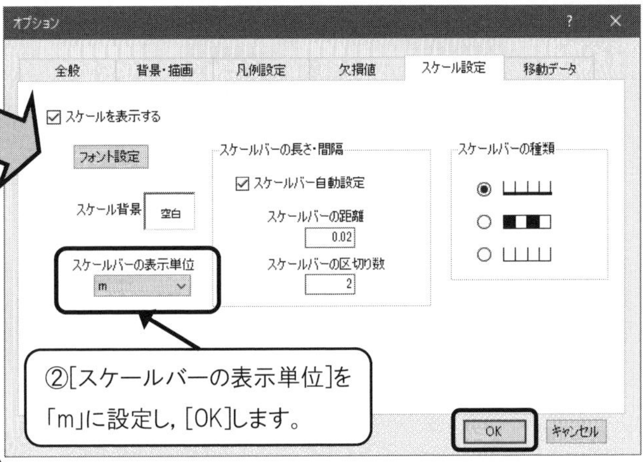

②[スケールバーの表示単位]を「m」に設定し，[OK]します。

表示単位が m になりました。

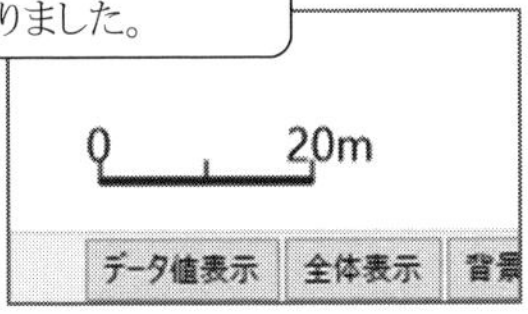

面積の取得とクロス集計

③設定画面で[分析]>[面積・周長取得]を選択します。

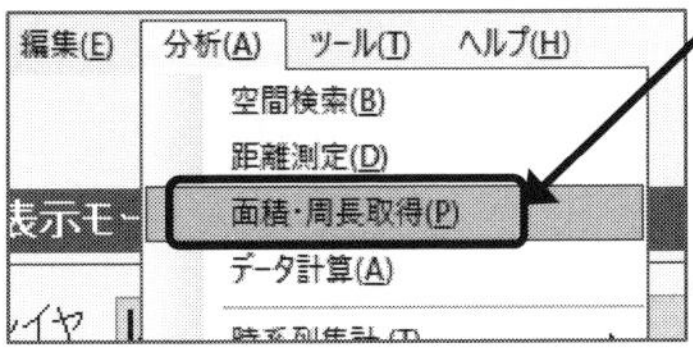

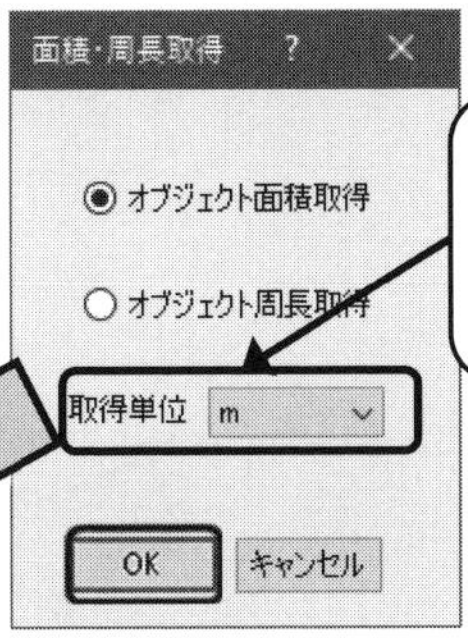

④ [取得単位]を「m」に設定し，[OK]します。次の画面でもそのまま[OK]します。

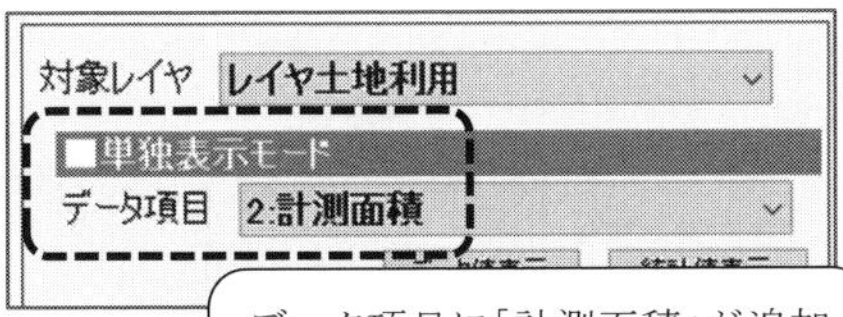

データ項目に「計測面積」が追加されました。この面積を土地利用区分ごとに集計します。

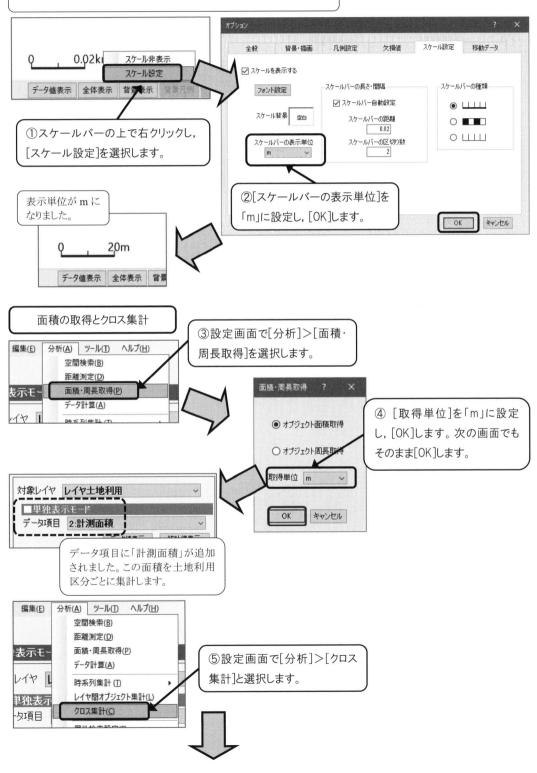

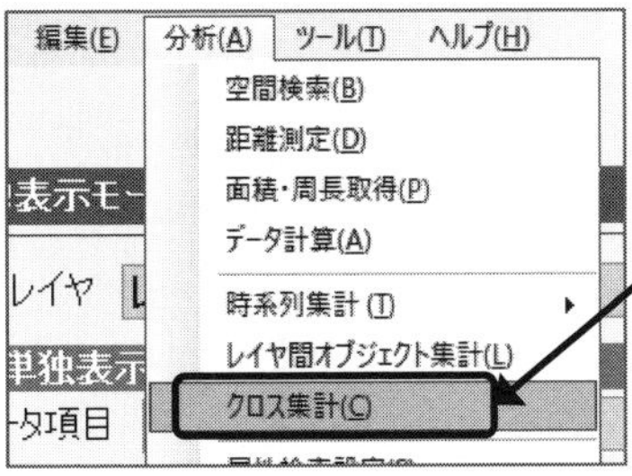

⑤設定画面で[分析]>[クロス集計]と選択します。

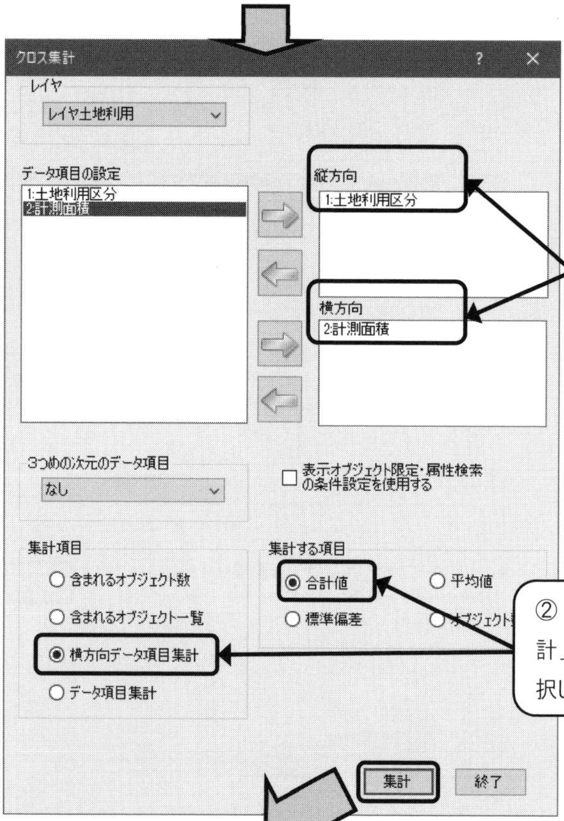

①[縦方向]に「1:土地利用区分」，［横方向]に「2:計測面積」を設定します。

② [集計項目]に「横方向データ項目集計」，[集計する項目]に「合計値」を選択し，[集計]をクリックします。

	1	2	3
1	横方向データ項目		
2	集計内容	合計値	
3			
4			計測面積
5	土地利用区分	業務	2773.8923
6		住宅	5182.903
7		駐車場	416.6534
8		道路	738.46224
9		農地	2696.857
10		計	11808.76794
11			

土地利用区分ごとの面積の合計値が集計されました。

③割合を求める式
=C6/C$11*100
を入力して下までコピーします。

Excel

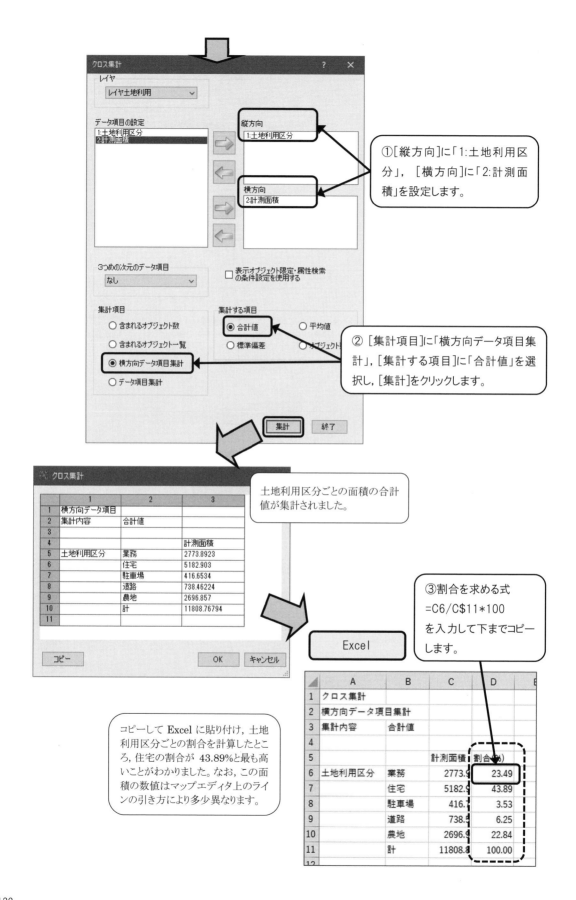

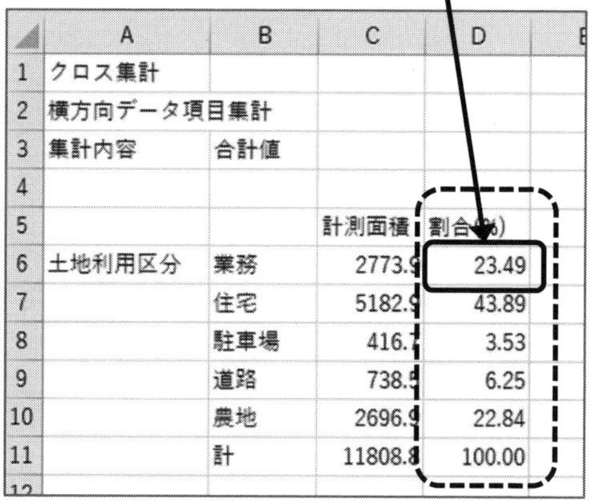

	A	B	C	D
1	クロス集計			
2	横方向データ項目集計			
3	集計内容	合計値		
4				
5			計測面積	割合(%)
6	土地利用区分	業務	2773.9	23.49
7		住宅	5182.9	43.89
8		駐車場	416.7	3.53
9		道路	738.5	6.25
10		農地	2696.9	22.84
11		計	11808.8	100.00

コピーして Excel に貼り付け，土地利用区分ごとの割合を計算したところ，住宅の割合が 43.89%と最も高いことがわかりました。なお，この面積の数値はマップエディタ上のラインの引き方により多少異なります。

パーフェクトマスターへ

ここまで，さまざまな地図を MANDARA で作成してきましたが，MANDARA は多くの機能を有しており，本書だけではすべての機能を紹介・解説できませんでした。本書で紹介できなかった機能をすべて網羅したテキストが，本書の姉妹本である『フリーGIS ソフト MANDARA10 パーフェクトマスター』です。最後に，この「パーフェクトマスター」で解説されている機能を簡単に紹介します。

移動データ表示機能

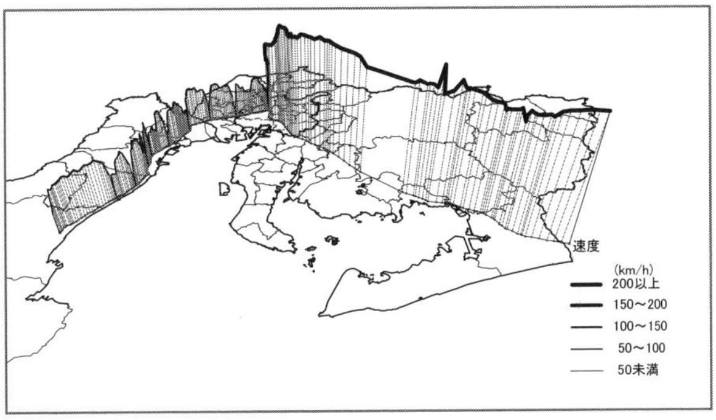

この機能では，移動データにいろいろな属性をつけて表示できます。MANDARA10 では，GPS のデータである GPX ファイルを取り込んで，速度，時間などを表現できます。右の図は，愛知県から三重県にかけて新幹線と近鉄線で移動した際の移動経路と移動速度を表現しています。

等高線取得機能

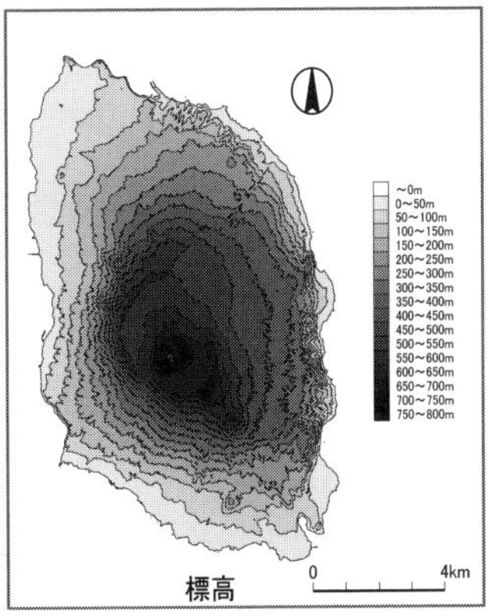

マップエディタでは，標高データから任意の間隔で等高線データを取得することができます。等高線は線として表示するだけでなく，面として色分けして表示することもできます。右の図は伊豆大島の標高を50m 間隔で色分けして表現しています。

地図データ編集機能

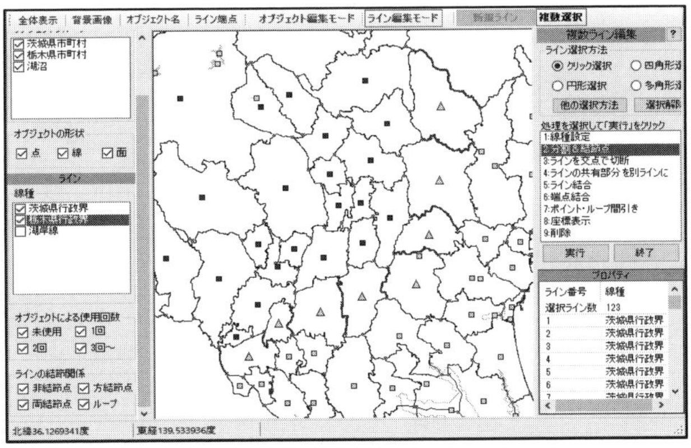

本書の第 11 章では，マップエディタを使って土地利用図の地図ファイルを作成しました。しかしそこで使った機能はマップエディタの持つ機能の一部にすぎません。マップエディタには，オブジェクトグループ連動型線種，時間属性の設定，集成オブジェクトなど，多くの編集機能があります。地図データを自分で編集し，独自の地図ファイルを作りたい場合は『パーフェクトマスター』の解説が役立ちます。

Web ブラウザで動作する MANDARA JS

MANDARA10 は Windows 上で動作するデスクトップ GIS です。そのため，別の OS を使う PC やタブレットでは利用できません。そこで現在開発を進めているのが，OS と関係なく Web ブラウザ上で動作する「MANDARA JS」です（以下，「JS 版」）。JS 版は一般的な WebGIS とは異なり，サーバーではなくブラウザ内部でデータを処理します。これは WebGIS ではなく，「ブラウザ GIS」とも呼べるでしょう。JS 版の機能は，MANDARA10 と比べ，マップエディタが含まれないなど簡易的ですが，統計地図の描画に関しては MANDARA10 とほぼ同じ機能を持っています。ここでは操作方法を簡単に見てみましょう。

MANDARA JS のページ　https://ktgis.net/mdrjs/

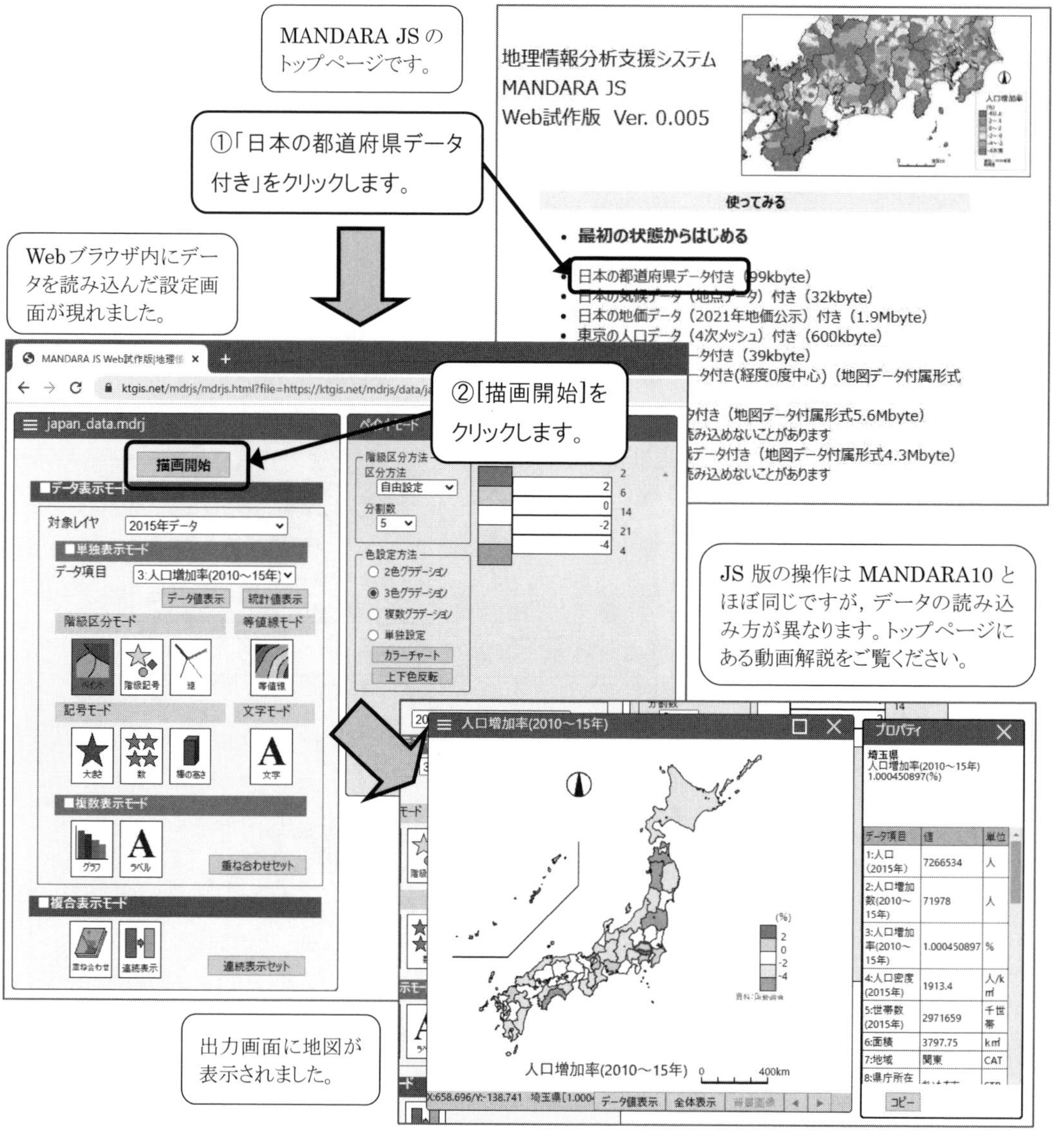

索引

た・な

は

ま・や・ら・わ

著者紹介

谷　謙二（たに けんじ）

1971年愛知県生まれ，名古屋大学大学院文学研究科博士課程修了，
日本学術振興会特別研究員を経て，
埼玉大学教育学部教授．博士（地理学）
2022年8月逝去．

主な著書・論文
『フリーGISソフトMANDARA10パーフェクトマスター』古今書院, 2018年。
『第3版MANDARAとEXCELによる市民のためのGIS講座－地図化すると見えてくる－』（共著）古今書院，2013年。
「今昔マップ旧版地形図タイル画像配信・閲覧サービスの開発」『GIS-理論と応用』25(1)，2017年。
「中学校における地理教育用GISの開発と教育実践」（共著）『GIS-理論と応用』10(2)，2002年。

書　名	**フリーGISソフトMANDARA10入門　増補版** **—かんたん！オリジナル地図を作ろう—**
コード	ISBN978-4-7722-8123-2　C1055
発行日	2018（平成30）年 4月 3日　初版第1刷発行 2022（令和 4）年 2月 1日　増補版第1刷発行 2024（令和 6）年 9月 6日　増補版第2刷発行
著　者	**谷　謙二** Copyright　©2021 TANI Kenji
発行者	株式会社古今書院　橋本寿資
印刷所	理想社
発行所	**（株）古 今 書 院** 〒113-0021　東京都文京区本駒込5-16-3
電　話	03-5834-2874
F A X	03-5834-2875
U R L	https://www.kokon.co.jp/
	検印省略・Printed in Japan

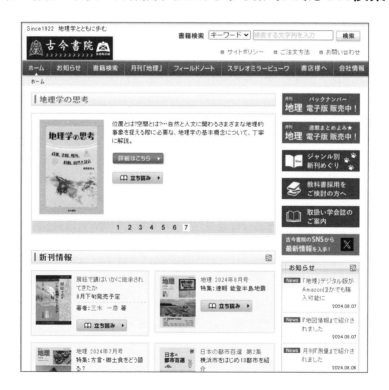